ReactJS实践入门

[美] 克里斯·明尼克(Chris Minnick)　著

王　超　　　　　　　　　　译

清华大学出版社

北　京

北京市版权局著作权合同登记号图字：01-2023-2823

图书在版编目(CIP)数据

ReactJS 实践入门 / (美) 克里斯·明尼克 (Chris Minnick) 著；王超译. —北京：清华大学出版社，2023.9
书名原文： Beginning ReactJS Foundations Building User Interfaces with ReactJS
ISBN 978-7-302-64567-2

I. ①R… II. ① 克… ② 王… III. ① 网页制作工具 IV. ① TP393.092

中国国家版本馆 CIP 数据核字(2023)第 187500 号

责任编辑：王　军
装帧设计：孔祥峰
责任校对：成凤进
责任印制：沈　露

出版发行：清华大学出版社
　　　　　网　　　址：https://www.tup.com.cn, https://www.wqxuetang.com
　　　　　地　　　址：北京清华大学学研大厦 A 座　　　　邮　　编：100084
　　　　　社 总 机：010-83470000　　　　　　　　　　　邮　　购：010-62786544
　　　　　投稿与读者服务：010-62776969, c-service@tup.tsinghua.edu.cn
　　　　　质 量 反 馈：010-62772015, zhiliang@tup.tsinghua.edu.cn
印 装 者：涿州汇美亿浓印刷有限公司
经　　销：全国新华书店
开　　本：170mm×240mm　　　印　　张：26.25　　　字　　数：544 千字
版　　次：2023 年 11 月第 1 版　　印　　次：2023 年 11 月第 1 次印刷
定　　价：128.00 元

产品编号：099117-01

译 者 序

在各种互联网新技术层出不穷、迅猛发展的时代，需要一种更好、更快的方式来开发交互式 Web 应用程序，为此，JavaScript 框架应运而生。JavaScript 框架使开发人员不必过多维护代码结构，而更专注于开发用户界面的互动元素。JavaScript 已成为单页面 Web 应用程序开发的主流。

作为最流行且功能最强大的 JavaScript 框架之一，ReactJS 是 Facebook 于 2013 年提供的开源 JavaScript 库，它采用了虚拟 DOM 技术和声明式设计，可用于将来自服务器端或用户输入的动态数据高效地渲染到复杂的用户界面中，实现了交互式前端界面的高性能开发。ReactJS 目前拥有大量活跃的社区，支持者众多，适用于移动端跨平台 Web 开发和原生应用构建。

ReactJS 框架采用基于组件的开发理念，具有明确的开发生命周期，响应速度快且灵活，使用单向数据流，还支持代码的可重用性，因而能提供满意的搜索引擎优化(SEO)效果。此外，由于该框架可通过不断的更新升级来保持高扩展性并减少缺陷，因此是开发人员构建各行业大规模应用项目的首选。ReactJS 经常被用在媒体、产品转换、零售、金融创新，以及人工智能等领域。目前，包括 Facebook、Instagram、Netflix 和 Microsoft 在内的多个公司都使用了 ReactJS。

本书主要介绍编写 React 组件所使用的函数方法和类方法，讲解如何使用 React Hooks 和 setState 方法来管理应用程序的状态，如何将组件合在一起以创建完整的动态用户界面，以及如何从外部数据源获取数据并在应用程序中使用。此外，本书还介绍如何在用户的 Web 浏览器中存储数据，以提高应用程序的性能和可用性。由于篇幅所限，书中只介绍部分 React 高级主题。为了便于读者理解，本书通过大量真实的示例来解释每种新语法。所有示例代码均可扫描本书封底的二维码进行下载。总之，本书旨在向任何希望掌握 React 应用程序编写技能的读者传授 React 基础知识。

在本书的翻译过程中得到了清华大学出版社编辑的热情帮助和大力支持，他们指出了译文中的一些不当之处，使我能够及时改正，以更好地表达出作者的原意，给读者更流畅的阅读体验，他们为本书的出版付出了辛苦努力，在此表示衷心的感谢！还要感谢我的家人，他们在工作和生活上为我提供了支持，使我能够专注于本书的翻译工作，最终顺利完稿。在翻译的过程中还参考了一些专业论坛资料，在此一并表示感谢。尽管我对译稿进行了多次校对和修改，但难免存在疏漏，敬请读者批评指正。

作 者 简 介

　　Chris Minnick 是一位多产的作家、博主、培训师、演说家和 Web 工程师。他创立的 WatzThis？公司，一直致力于寻找更好的方法向初学者教授计算机和编程技能。

　　Chris 拥有超过 25 年的全栈开发经验，他也是一名教龄超过 10 年的培训师，曾在世界许多大公司以及公共图书馆、工作室和研讨会上教授 Web 开发、ReactJS 和高级 JavaScript 课程。

　　Minnick 已撰写或与他人合著了十多本针对成人和儿童的技术书籍，包括 Beginning HTML5 and CSS3 for Dummies、Coding with JavaScript for Dummies、JavaScript for Kids、Adventures in Coding 和 Writing Computer Code。

技术编辑简介

  Rick Carlino 是芝加哥地区的全栈软件开发人员。他擅长使用 React 等开源工具。在使用 React 开发现代 Web 应用程序方面，Rick 有着十多年的教学和实践经验。在担任 JavaScript 讲师期间，他周游世界，向无数大型企业的员工讲授现代 Web 应用的实践方法。目前，他是开源农业机器人平台 FarmBot(以及 React 应用程序)的技术联合创始人和首席软件开发人员，旨在帮助园艺爱好者自动化食品生产。在工作之余，他志愿成为一个创客空间的联合创始人，以帮助所在社区的成员学习和使用技术。

致　谢

感谢我的朋友、家人、同事和团队提供的帮助、支持、经验和智慧，如果没有你们，本书不可能完成。我要特别感谢以下人士：

- Waterside Productions 公司的 Carole Jellen 和 Maureen Maloney。
- 项目编辑 Kelly Talbot。非常荣幸能和你这样眼光敏锐、经验丰富的专业人士一起工作。
- 技术编辑 Rick Carlino。Rick，你是个超级英雄。你的建议和纠正总是恰到好处，让我避免了无数次的尴尬和自责。
- 策划编辑 Devon Lewis。
- 副发行人 Jim Minatel。
- Wiley 团队的其他成员(Saravanan Dakshinamurthy、Kim Cofer 和 Louise Watson)。出版一本书需要的人员远不止这些，但我知道你们都很棒。
- Jill McVarish、Paul Brady、Mike Machado 和 Richard Hain，感谢你们作为读者和测试人员帮助我解决问题。
- 教我如何写作的导师和老师，包括 Roger Smith、Ken Byers、Conrad Vachon 和 Steven Konopacki。
- 所有上过我课或读过我书的人。
- 了不起的 React 社区，其中的博客文章、推特、书籍和视频等都或多或少地启发和激励了我。
- 多年来我的合著者，尤其是 Eva Holland 和 Ed Tittel。
- Sam，他教我如何酿酒，还在我被 Zach 电击(一次意外)时救了我。
- 广大的读者朋友，感谢你们在学习 React 之路上对我的信任。

—Chris Minnick

前　　言

自 2013 年由 Facebook 创建以来，ReactJS 已成为网络上最受欢迎和广泛使用的前端用户界面库之一。随着 2015 年推出 React Native，ReactJS 也已成为移动应用开发中使用最广泛的库之一。

ReactJS 一直在不断发展。多年来它经历了几次重大变化，但自始至终，React 的核心原则都保持不变。

如果你想学习如何使用最新的语法和工具来开发下一代跨平台的 Web 和移动应用，那么本书非常适合。书中汇总了我从网络和书本上搜集整理出来的各种开发经验，目的是避免你因无休止的试错而耗费大量的时间和精力。

无论你是作为一名移动开发者、Web 开发者还是其他任何类型的软件开发者来学习 React，本书都适合你。如果你有早期使用 ReactJS(约为版本 16 之前)的经验，本书也适合你！

在本书中，我不仅尝试提供了开发 ReactJS 应用程序所需的最新语法和模式，还介绍了足够多的背景知识和原理机制，以使其在未来几年仍然可用。

所以，欢迎使用 ReactJS。

为什么选择本书

感谢你选择和我一起开始或继续你的 React 之旅。我写本书的初衷是为 React 及其生态系统提供最新和全面的解释，以及实际操作的代码，使你能够在现实世界中快速有效地使用 React。

我很高兴能在这个时候撰写本书，原因有以下几点：

1. 我有足够的经验和知识来做好这件事。

2. React 是当今最流行的 JavaScript 库之一。

3. 我相信 React 在未来会更受欢迎。

4. 针对如何使用 React 进行编程，现有的在线资源和书籍提供的信息往往不完整并已过时。

下面快速了解一下这些要点，首先介绍我是谁，以及为何要写这本关于 React 的书。

关于我

我从 1997 年开始从事网页开发工作，从 1998 年开始使用 JavaScript 编程。多年来，我为一些全球最大的公司构建或管理 Web 应用程序。作为一名 Web 开发人员、作家和教师，我必须学习和使用多种语言和 JavaScript 框架。理论学习和实践应用是有区别的，到目前为止，我已使用 React 开发了多个项目并从事 React 咨询工作多年。

自 2000 年以来，我一直在线或面对面地教授 Web 开发和 JavaScript，自 2015 年以来，我一直在教授 React。在教授 React 的这几年里，我专门为面对面授课而设计制作了三门为期一周的课程，还有许多短视频课程和两门更长的视频课程。我在三大洲教授过 React，我的学生中有 Web 开发人员、Java 和 C 程序员、COBOL 程序员、数据库管理员、网络管理员、项目经理、平面设计师和大学生。

就在我写本书时，全球 COVID-19 的大流行已严重影响了面授培训行业。这种情况下让我有更多的时间在家陪宠物，也让我有时间深入研究 React 并构思了这本 React 教材。在写本书之前，我查阅了所有关于 React 的畅销书籍，了解了 React 的使用现状以及 React 未来可能的发展趋势。

React 很受欢迎

React 是一个 JavaScript 库，源自 Facebook 需要创建可扩展和快速用户界面的需求。自从 Facebook 将其作为开源项目发布以来，它一直是构建动态网页和移动应用最广泛使用的方法之一。

JavaScript 开发人员中流行的一个游戏是想出一个名词，为其添加".js"后缀之后，再搜索 GitHub，找到同名的 JavaScript 框架。如今新的 JavaScript 框架和库层出不穷，其中一些只是昙花一现，而 React 是自 2010 年发布以来被开发人员广泛使用的三个库之一，它将在未来很长一段时间内得到支持和推广。

React 既进步又保守

React 之所以能够坚持这么久并收获如此多的用户，是因为它始终是一个前瞻性的框架，能够灵活更新以适应 JavaScript 中的新特性、用户界面的新编写方法以及来自开发人员的反馈。多年来，在编写 React 应用程序的基本单元(组件)方面，React 经历了几次重大改动。但是，在所有这些改动中，React 始终坚持着一个核心范式，并且 React 的每次重大改动都与之前版本兼容。

不要盲信互联网

尽管所有这些改动的最终结果是，这些年来 React 变得更容易编写、更健壮，但互联网和书籍中往往提供的是一堆过时且通常有误的示例代码和教程。如果你在购买本书之前深入研究过 React，你肯定注意到了这一点，并可能会为此感到困惑。也许在阅读本书前，你有过一段在网上学习 React 的沮丧经历，通过对比可以发现网上的在线教程只介绍了 React 的旧版本。

　　本书全面而又深入地介绍了 React 中使用的所有最重要(以及一些不太重要的)特性、概念和语法。

本书内容

　　本书涵盖了编写高质量 React 代码要掌握的一切内容。你将学习使用函数方法和类方法编写 React 组件；学习如何使用几种不同的方法来管理应用程序的状态，包括使用 React Hooks 和 setState 方法；学习如何将组件合在一起来创建完整的动态用户界面；还将学习如何从外部数据源获取数据并在应用程序中使用。此外，本书介绍了如何在用户的 Web 浏览器中存储数据，以提高应用程序的性能和可用性。谈到可用性，你将会了解在移动设备和桌面上运行应用程序的最佳实践，还将了解如何确保应用程序可访问。

　　因为 React 利用了许多对底层 JavaScript 语言的最新且最好的改进和增强，所以本书将为你提供 JavaScript 教程。一些新的 JavaScript 语法可能会让初学者感到困惑，但我将提供大量简单和真实的示例来解释每种新的语法或快捷方式。

本书读者对象

　　尽管 React 是一个 JavaScript 库，但本书并不适合 JavaScript 或 Web 编程新手。我希望你至少有一些使用 JavaScript 的经验。如果你不熟悉 JavaScript 的最新添加和修订，那没有问题。但如果你是 JavaScript 或编程新手，我建议你在使用 React 之前先学习 JavaScript 编程的基础知识。

　　同样，这不是一本网页设计的书。本书假定你熟悉 HTML 和 CSS，并且能轻松地使用这两种语言。我还假设你对 Web 浏览器的工作方式以及网页在浏览器中的渲染方式有基本的了解。

　　最后，本书旨在向任何希望掌握 React 应用程序编写技能的人传授 React 的基础知识。尽管它确实涵盖 React 开发中许多最常用的模式和约定，也涵盖 React 中许多更高级的主题，但仍有许多主题仅会简单提及，或者由于篇幅的原因不得不省略。如果要介绍所有与更高级 React 开发相关的内容，我们需要几本书的篇幅，并且每隔几个月就需要更新一次。

　　一旦你理解了本书中讲授的 React 基本原理，就有能力去探索广阔的 React 在线生态系统，并找到适合的教程、文档和示例代码来继续学习 React。

　　超出本书范围的一些更高级的主题包括单元测试，以及使用 React Native、Redux 和同构/通用 React 来构建移动应用。如果这些内容听起来毫无概念，那么你来对地方了！到本书末尾，你可能还不知道如何实现所有这些更高级的功能，但你肯定会知道它们的概念，以及如何开始使用它们。

编程的先决条件

React 编程就像在瑞典家具店组装一件复杂的家具。有很多部分单独来说没有太大意义,但当你按照说明并以正确的方式将它们组合在一起时,整体的简约和完美可能会令你惊讶。

互联网连接与计算机

我假定你有一台配置足够高的台式机或笔记本电脑并能连接到互联网。在平板电脑或智能手机上编写代码是可能的,但可行性不强。本书的示例和截图在台式机或笔记本电脑上均可用,但不保证示例代码能在更小的设备上运行。此外,一些用于构建 React 应用程序的工具根本无法在智能手机或平板电脑上运行。

Web 开发基础知识

如前所述,在开始学习 React 之前,了解 HTML、CSS 和 JavaScript 是必不可少的。如果你的经验主要是复制和粘贴别人编写的代码,但乐意对代码进行更改以及通过查阅资料来解决疑问,那么你会喜欢本书。

代码编辑器

你需要一个代码编辑器。我目前使用并推荐的是 Microsoft Visual Studio Code。它可以在 macOS、Linux 和 Windows 上免费使用。如果你愿意使用其他代码编辑器,当然也可以。这些年来,我使用过许多不同的代码编辑器,我相信无论开发人员选择使用哪种代码编辑器,只要它最有效,就都是正确的选择。

浏览器

你还需要一个主流的 Web 浏览器。尽管 Mozilla Firefox、Google Chrome 和 Windows Edge 都可以满足我们的需求,但本书中的截图都是基于 macOS 上的 Google Chrome。请按个人喜好随意使用三种主流浏览器中的任一种,但是请理解你的体验可能与书中的截图略有不同,并且某些 React 开发者工具目前仅适用于 Chrome 和 Firefox。

安装所需的依赖项

虽然只需要一个文本编辑器和一个 Web 浏览器就可以在连接到互联网的计算机上编写并运行 React 应用程序,但是如果想要构建任何部署到公共 Web 上的应用程序,则需要在计算机上安装一些额外的软件包。当这些软件包组合在一起时,就是 Web 开发人员所说的工具链。

React 工具链中的所有工具都是免费的、开源的，易于下载和安装。接下来，我将逐步引导你安装并配置工具链，并展示使用新工具的一些操作，以现代、标准和专业的方式帮助你高效地构建、编译和部署 React 应用程序。

Visual Studio Code 简介

在我超过 25 年的 Web 开发职业生涯中，我用过许多不同的代码编辑器，但仍会根据项目或编写的代码类型不时地更换代码编辑器。

然而，似乎总有一种"流行"的代码编辑器是大多数 Web 开发人员都使用的。在过去的几年中，最受欢迎的编辑器已变换了几次，但在撰写本书时，最广泛用于编写前端 Web 代码的代码编辑器似乎是微软的 Visual Studio Code(简称 VS Code)，如图 0-1 所示。

图 0-1　VS Code

Visual Studio Code 是免费和开源的，可用于 Windows、Linux 和 macOS。它提供了对 React 开发的内置支持，并且已开发了许多插件，这些插件有助于编写和调试 React 项目。

出于这些原因，我将在本书中使用最新版本的 Visual Studio Code，并且某些地方的屏幕截图和分步说明可能仅适用于 Visual Studio Code。如果你选择使用不同的代码编辑器，请注意需要将一些特定的指令转换到所处的开发环境中。

如果尚未安装 Visual Studio Code，请按照以下步骤安装：

(1) 在浏览器中打开 code.visualstudio.com，然后单击操作系统适用的下载链接(见图 0-2)。

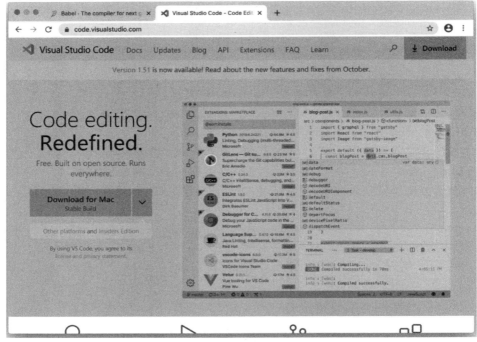

图 0-2　下载 VS Code

(2) 双击下载的文件以启动安装过程。

(3) 如果在安装过程中出现任何选项，请接受默认选项。

等待 Visual Studio Code 安装完成后，启动它。如果这是你第一次使用它，将会看到欢迎屏幕，如图 0-3 所示。

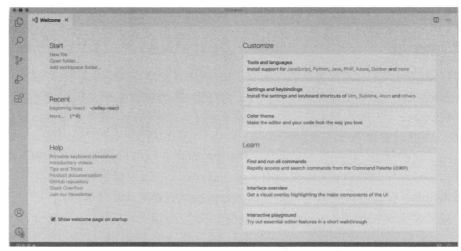

图 0-3　VS Code 欢迎屏幕

如果你想随时打开欢迎屏幕，可以从 Help 菜单中选择 Get Started。

学习 VS Code 的最先也最重要的事是使用命令面板。命令面板提供了快速访问 VS Code 所有命令的途径。可按照以下步骤熟悉命令面板：

(1) 从 View 菜单中选择命令面板，或按 Command+Shift+P 快捷键(在 macOS 上)或按 Ctrl+Shift+P 快捷键(在 Windows 上)打开命令面板。在 VS Code 界面的顶部会出现一个输入框，如图 0-4 所示。

注意：
因为你可能会经常使用命令面板，请花点时间记住这里提到的键盘快捷键。

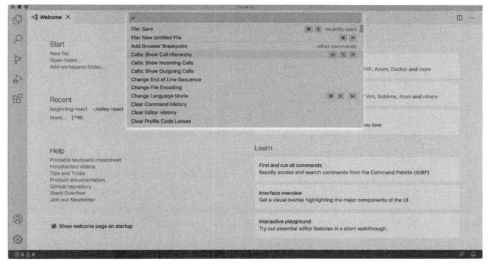

图 0-4　VS Code 命令面板

(2) 在命令面板输入字段中输入 new file。输入时，你将在输入下面看到可用命令的列表。

(3) 当你在命令面板顶部看到 File: New Untitled File(如图 0-5 所示)时，按 Enter 键。一个新的无标题文件将被创建。

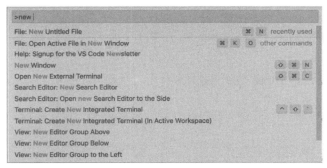

图 0-5　使用命令面板创建新文件

(4) 再次打开命令面板并输入 save。当 File: Save 高亮显示时，按 Enter 键保存文件。将文件命名为以.html 为扩展名的名称(如 index.html)。

(5) 在新文件的第一行中输入！符号，然后按 Tab 键。一个新 HTML 文件的基本框架会呈现出来，如图 0-6 所示。这个神奇的代码生成特性叫作 Emmet。Emmet 可用于自动化许多日常任务并加快代码的编写速度，因此最好现在就开始熟悉它并练习使用它。

(6) 使用 Ctrl+S 快捷键或命令面板来保存新文件。

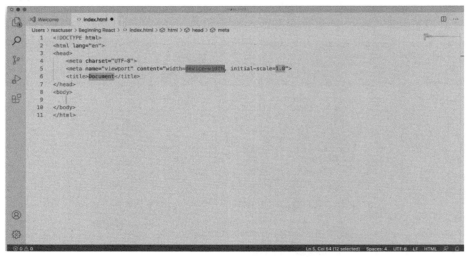

图 0-6   使用 Emmet 节省键入时间

Node.js

Node.js 最初是为了在 Web 服务器上运行 JavaScript。这样做的好处是，程序员可以在客户端(Web 浏览器中)和 Web 服务器(也称为"服务器端")上使用相同的语言。这不仅减少了程序员或程序员团队需要掌握的编程语言的数量，还简化了服务器和 Web 浏览器之间的通信，因为两者使用的是同一种语言。

图 0-7 显示了一个基本的 Web 应用程序，其中 Node.js 在服务器上运行，而 JavaScript 在 Web 浏览器中运行。

随着 Node.js 的流行，除了在 Web 浏览器上运行 JavaScript 程序，人们也开始在自己的计算机上运行它。具体来说，Web 开发人员使用 Node.js 来运行工具，以自动化现代 Web 开发中涉及的许多复杂任务，如图 0-8 所示。

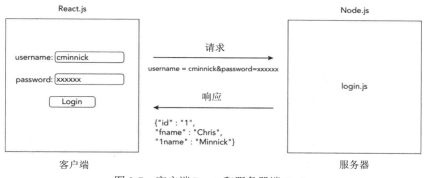

图 0-7　客户端 React 和服务器端 Node

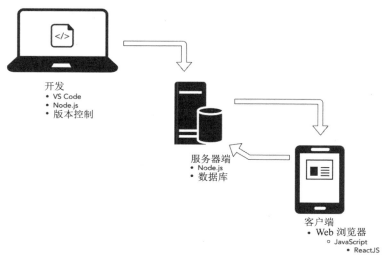

图 0-8　开发、客户端和服务器端

Node.js 可以协助完成开发中的常见任务，包括：

- **精简**：删除程序运行不需要但对程序员有帮助的空格、换行符、注释和其他代码的过程。精简提高了脚本、网页和样式表的效率和运行速度。图 0-9 显示了由程序员编写的 JavaScript 代码与精简代码之间的区别。

- **转译**：将编程代码从一种编程语言版本转换为另一种版本的过程。这在 Web 开发中是必要的，因为不是所有的 Web 浏览器都支持相同的 JavaScript 新特性，但它们都支持一些 JavaScript 特性的核心子集。使用 JavaScript 转译器，程序员可以使用最新版本的 JavaScript 编写代码，然后可以在任何 Web 浏览器中运行已转译的代码。图 0-10 展示了 ES2015 中引入的 JavaScript 模板字符串的示例用法，以及 JavaScript 早期版本中的类似功能。

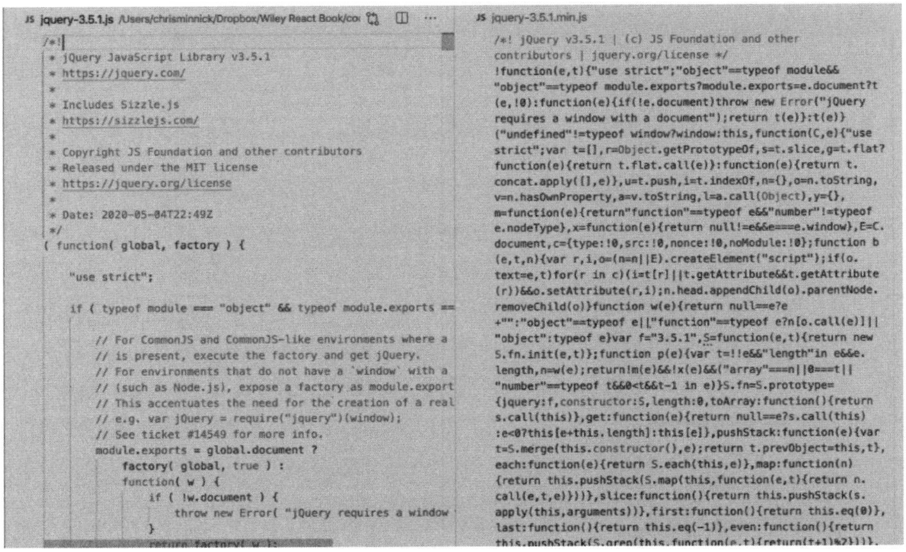

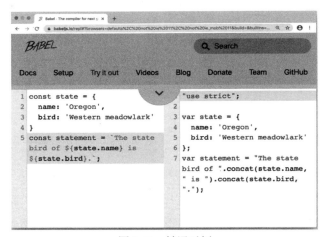

图 0-9　精简代码

图 0-10　转译示例

- **模块打包**：一个典型的网站可以使用数百个独立的 JavaScript 程序。如果一个 Web 浏览器必须单独下载每个不同的程序，那么从 Web 服务器请求文件涉及的开销会显著地减慢网页的速度。模块打包器的主要任务是组合(或"打包")Web 应用程序中包含的 JavaScript 和其他代码，以更快地服务应用程序。因为打包器必须处理程序中的所有文件，所以也可以在打包器中使用插件来完成精简和转译等任务。模块打包的过程如图 0-11 所示。

图 0-11　模块打包

- **软件包管理**：由于 JavaScript 开发中涉及多种不同类型的程序，仅安装、升级和跟踪这些程序就已经相当复杂。软件包管理器(在 Node.js 术语中也称为"包")是一个程序，主要用来管理所有这些程序。

- **CSS 预处理器**：CSS 预处理器(如 SASS 或者 LESS)允许使用 CSS 的超集(如 SCSS)为 Web 应用程序编写样式表，它支持 CSS 所缺少的编程特性，如变量、数学运算、函数、作用域和嵌套。CSS 预处理器通过使用替代语法编写的代码来生成标准 CSS。

- **测试框架**：测试是任何 Web 项目的重要组成部分。正确编写的测试可以告诉你应用程序的每个部分是否正常运行。编写逻辑以测试应用程序是否正常运行的过程，也有助于编写质量更高的代码。

- **构建自动化**：如果每次想要测试和部署现代 Web 应用程序都必须运行编译该程序所涉及的各种工具，这就需要遵循一系列非常复杂的步骤，并需要为其他可能接触这些代码的程序员提供培训。构建自动化是指编写一个程序或脚本，并以正确的顺序运行所有不同的工具，从而快速可靠地优化、编译、测试和部署应用程序的过程。

这些只是用 JavaScript 编写并在 Node.js 中运行的几种不同类型的工具，前端开发人员经常使用这些工具。如果想深入研究 Node.js 包，可访问本书相关链接[1]上的 npm 包库，或者继续阅读下一节学习如何管理和安装 Node.js 包。

Node.js 入门

与 Node.js 交互的最常见方式是在 UNIX 风格的终端中输入命令。在 Visual Studio Code 中可使用三种不同的方法访问终端：

1. 从 Terminal 菜单中选择 New Terminal。

2. 在 VS Code 的文件资源管理器中右击一个文件夹，选择 Open in Integrated Terminal。

3. 使用键盘快捷键 Ctrl+~。

无论选择哪种方式(我建议使用键盘快捷键，以避免切换到使用鼠标)，VS Code底部都会打开一个窗口，如图0-12所示。

图 0-12　VS Code 终端

学习使用 Node.js 的第一步是确保它已安装在你的计算机上。如果你有一台运行 macOS 或 Linux 的计算机，那么它很可能已安装好了，但需要升到新版本。在Windows 上，可能尚未安装，但这很容易解决。按照以下步骤检查你是否安装了Node.js，查看安装的版本，并升级到最新版本：

(1) 在 Visual Studio Code 中打开终端。

(2) 在终端中，输入 node -v。如果安装了 Node.js，它将返回一个版本号。如果版本号低于 14.0，则需要升级。继续执行步骤(4)。如果 Node.js 版本号大于 14.0，也可以执行步骤(4)并升级到最新版本的 Node.js，但这不是必需的。

(3) 如果 Node.js 尚未安装，你将收到一条消息，说明 node 是一个未知命令。请执行步骤(4)。

(4) 通过浏览器访问链接[2]，单击页面中的相应链接下载 Node.js 当前的 LTS版本。

(5) 当 Node.js 安装程序下载完成后，双击它并按照说明进行安装。

(6) 如果在 Visual Studio Code 中打开了一个终端窗口，请关闭它，然后再重新打开。

(7) 在终端中输入 node -v。现在你应该看到已安装最新版本的 Node.js。

使用 Node.js 软件包管理器 yarn 与 npm

现在已安装了 Node.js，下一步是学习使用包管理器来安装和升级 Node.js 包。安装 Node.js 后，同时也安装了一个名为 npm 的包管理器。这就是我们将在本书中使用的包管理器，因为它最常用，而且我们已安装了它。但还有其他的包管理器，其中名为 yarn 的包管理器已被广泛使用，但由于种种原因，本书中我们没有足够的篇幅来讨论它。用于 npm 和 yarn 的命令实际上非常相似。如果想了解更多关于 yarn 的知识，以及为什么要使用它，可以访问链接[3]。

　　如果你已安装了 Node.js，那么 npm 也已安装好了。可通过以下步骤来验证：

(1) 在 Visual Studio Code 中打开终端。

(2) 在命令行中输入 npm –v，会得到如图 0-13 所示的响应。

图 0-13　检查 npm 是否已安装

　　如果你安装的是较旧版本的 npm，可能会导致此处和本书其他章节中运行的一些命令失效。如果你使用 macOS，可通过在终端中输入以下命令来升级 npm：

```
sudo npm install -g npm
```

　　在终端中输入此命令并按 Enter 键，系统会要求你输入密码。这是你登录计算机时使用的密码。

　　如果使用 Windows，可通过输入以下命令升级 npm：

```
npm install -g npm
```

　　注意，你必须以计算机管理员身份才能运行该命令。

　　使用 npm install 命令，你可以在计算机上下载并安装 Node.js 包，这样就可以运行它们或让其他程序使用它们。当一个计算机程序需要另一个计算机程序才能运行时，我们称这个程序为需要依赖项的程序。由于 Node.js 程序由小软件包组成，这些小包通常具有单独的可重用性和有限的功能，因此 Node.js 包具有数百个依赖项并不罕见。

　　当运行 npm install 后跟 Node.js 包的名称时，npm 会在 npm 存储库中查找该包，下载它(连同它的所有依赖项)并对其进行安装。通过在 npm install 命令后指定-g 标志，可以将软件包安装到全局位置，从而使它们可用于计算机上的任何程序。因此，当输入 npm install-g npm 命令时，将安装最新版本的 npm 包。换句话说，它进行了升级。

　　除了能够在全局范围内安装软件包，npm 还可以在本地安装软件包，这使得它们只对当前项目可用。

注意：

　　只要有可能，最好只在本地安装软件包，以减少版本冲突的可能，并使程序更易于重用和共享。

可按照以下步骤查看 npm install 命令的运行情况：

(1) 打开 Visual Studio Code 并单击左侧工具栏上的 File Explorer 图标。

(2) 单击 Open Folder，使用打开的文件浏览器在计算机的 Documents 文件夹中创建一个名为 chapter-0 的新文件夹并打开该文件夹。

(3) 在 Visual Studio Code 中打开集成的终端应用程序。它将打开一个命令行界面，并将当前目录设置为已打开的文件夹。

(4) 输入 npm init -y。运行 npm init 会创建一个名为 package.json 的新文件，其目的是跟踪关于节点包的依赖项和其他元信息。

(5) 输入 npm install learnyounode -g，或 sudonpm install learnyounode -g(在 macOS 或 Linux 上)。这将安装一个由 NodeSchool (nodeschool.io)创建的 npm 包，它会教你如何使用 Node.js。下载和安装 learnyounode 包时，屏幕上会出现一些消息(可能是一些警告或错误——这些都是正常的，不必担心)。

(6) 当软件包安装完毕后，在终端中输入 learnyounode 来运行它。命令提示符将替换为课程菜单。建议你在方便时至少学习一两节这样的课程，这样就可以更好地理解 Node.js，尽管学习 React 并不需要深入理解它。

注意：

当你尝试在 Windows 上运行 npm install 命令时，可能会收到一条错误消息，提示运行脚本被禁用。如果是这样，在终端中输入以下命令应该可以解决问题：

```
Set-ExecutionPolicy -Scope Process -ExecutionPolicy Bypass
```

Chrome 开发者工具

谷歌的 Chrome 浏览器包含一套功能强大的工具，用于检查和调试网站以及 Web 应用程序。可按以下步骤开始使用 Chrome DevTools：

(1) 打开 Chrome 浏览器，访问链接[4]。你将看到一个简单的示例网页。可以从该页面开始你的 Chrome DevTools 学习之旅。

(2) 单击 Chrome 右上角的三个点打开 Chrome DevTools 面板(即 ChromeMenu)，然后选择 More Tools | Developer Tools，或者使用键盘快捷键：Command+Option+I(在 macOS 上)或 Ctrl+Shift+I(在 Windows 上)。键盘快捷键不仅更简单，而且相对固定，而开发者工具菜单项的位置在过去几年里已多次改变。无论你用哪种方式打开它，都会在浏览器中打开一个包含 DevTools 的面板，如图 0-14 所示。

图 0-14　Chrome DevTools

(3) 在 DevTools 面板的左上角找到元素选择器工具，然后单击它。可以使用元素选择器工具检查网页中的不同 HTML 元素。

(4) 使用元素选择器工具高亮显示 www.example.com 网页的不同部分。当页面的标题高亮显示时，单击它。创建标题的 HTML 将在 DevTools 的源代码视图中高亮显示，应用于标题的 CSS 样式将显示在源代码的右侧。

(5) 双击源代码视图中<h1>元素内的单词 Example Domain。单词将高亮显示并可编辑。

(6) 在源代码视图中高亮显示 Example Domain 字样的情况下，在其上输入新词以替换它们，然后按 Enter 键退出源代码编辑模式。新文本将作为<h1>元素出现在浏览器窗口中。

(7) 在源代码窗口右侧的样式窗格中找到<h1>元素样式，然后双击它。

(8) 尝试更改应用于<h1>元素的样式，注意它们会修改浏览器窗口中显示的内容。

(9) 单击 DevTools 面板顶部的 Console 选项卡。这将打开 JavaScript 控制台。

(10) 在 JavaScript 控制台中输入以下 JavaScript 代码：

```
document.getElementsByTagName('h1')[0].innerText
```

按 Enter 键时，打开和关闭<h1>标记之间的文本将被记录到控制台。

要理解我们使用 Chrome DevTools 所做的一切操作，以及 React 运行机制的关键，在于需要知道一件重要的事情，那就是你实际上并没有改变 HTML 网页本身。它安全地存储在 Web 服务器上。你所改变的是 Web 浏览器对网页的内存表示。如果刷新页面，它将被重新下载，并显示为首次加载时的样子。

DevTools 通过文档对象模型(Document Object Model，DOM)操作网页。DOM 是网页的 JavaScript 应用程序编程接口(API)。通过操作 DOM，可以动态更改 Web 浏览器窗口中的任何内容。DOM 操作是 JavaScript 框架和库(包括 React)使网页更具交互性，更像本地桌面应用程序的一种方式。

React Developer Tools

为了帮助开发人员调试 React 应用程序，Facebook 创建了一个名为 React Developer Tools 的浏览器扩展程序。React Developer Tools 目前只适用于 Chrome 和 Firefox。安装完成后，React Developer Tools 将在浏览器开发者工具中提供两个新按钮：Components 和 Profiler。

下面先介绍如何安装 React Developer Tools，然后了解它的功能。

按照以下步骤在 Chrome 中安装 React Developer Tools：

(1) 使用 Chrome 浏览器登录 Chrome Web Store 位于链接[5]的站点。

(2) 在搜索框中输入 React Developer Tools。显示的第一个结果将是 Facebook 的 React Developer Tools 扩展。

(3) 单击 React Developer Tools 扩展，然后单击 Add to Chrome 按钮。该扩展将随后安装在你的浏览器中。

下面介绍如何在 Firefox 中安装 React Developer Tools 插件：

(1) 打开 Firefox 浏览器并访问链接[6]。

(2) 单击 Add to Firefox 按钮。

(3) 当 Firefox 请求安装插件的权限时，单击 Add。

安装好之后，按照以下步骤开始使用 React Developer Tools：

(1) 打开 Chrome DevTools 或 Firefox Developer Tools。

(2) 注意，如果当前浏览的网页没有使用 React，你就不会发现 Developer Tools 中有任何不同。

(3) 在浏览器中访问链接[7]。在 Developer Tools 中，你将看到新的 Components 和 Profiler 选项卡。

(4) 单击 Components 选项卡。你将看到 React 用户界面的树形视图，如图 0-15 所示。

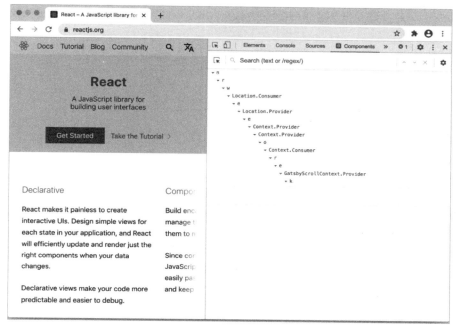

图 0-15　React Developer Tools Components 视图

React Components 视图中的每个项目都是 React 应用程序中的不同组件。在大多数使用 React 的公共网站上，React Developer Tools 中显示的组件名称几乎没有任何意义，而且 React Developer Tools 功能有限。这是因为 React 实际上有单独的版本用于开发(构建和调试应用程序)和生产(部署应用程序并可供终端用户使用)。

React 的生产版本使用了简化的组件名称，并且删除了大部分调试功能，以提高性能并减少浏览器运行 React 所需的下载量。

花几分钟时间单击 Components 选项卡，浏览不同的组件。单击 React Developer Tools 中的检查器图标，它出现在窗口的左上角，类似于你前面看到的 Chrome DevTools 元素检查器的图标。

React Developer Tools 的元素检查器的用法类似于 Chrome DevTools 的元素检查器(也类似于 Firefox 的元素检查器)。然而，理解这两个工具之间的区别非常重要。浏览器的元素检查器可用于高亮显示并查看浏览器 DOM 中的 HTML 和样式，而 React 元素检查器则允许高亮显示并查看页面上渲染的 React 组件。你可以将 Components 选项卡视为高级视图。

通过 React Developer Tools 检查的 React 组件最终会生成 DOM 节点(表示 HTML 和样式)，可使用浏览器的元素检查器来浏览这些节点。

Profiler 提供了有关 React 应用程序性能的信息。在 React 的生产版本中，Profiler 功能被禁用了，所以当你查看使用 React 创建的公共网页时，该选项卡的作用微乎其微。我们将在第 5 章探索和使用 Profiler，并展示如何使用它来调试和优化 React 应用程序。

Create React App 简介

开始使用 React 的最常见方法是使用名为 Create React App 的节点包。Create React App 是一个官方支持的工具，它为 React 开发安装工具链，并配置一个样板 React 应用程序，可以用来开发你自己的应用程序。

要安装和运行 Create React App，可以使用 npm 包管理器中的 npx 命令。npx 是一个包运行程序。在本节的前面，我们使用 npm install 命令安装了节点包。安装包后，可以使用 npm start 命令运行它。npx 类似于 npm install 和 npm start 的组合。如果在发出带有 npx 的运行命令时，该包已全局安装在计算机上，那么会运行已安装的包。如果该包没有安装，用 npx 运行它将导致它被下载、临时安装在本地并运行。

要使用 Create React App 创建新的 React 应用程序，可使用 npx 命令，后跟 create-react-app，以及新 React 应用程序的名称。例如：

```
npx create-react-app my-new-app
```

为 React 应用程序命名

新应用程序的名称由你自己决定，只要它符合 Node.js 包的命名规则即可。这些规则包括：

- 长度必须小于 214 个字符。
- 名称不能以点或下画线开头。
- 名称中不能有大写字母。
- 不能包含 URL 中不支持的任何字符(如&符号和美元符号)以及 URL 中"不安全"的字符(如百分号和空格)。

除了这些规则，对于 Node.js 包以及使用 Create React App 创建的应用程序，还有几个常见的命名约定：

- 尽可能保持简单和简短。
- 只使用小写字母。
- 用破折号代替空格。
- 不要使用与普通 Node.js 包相同的名称。

创建首个 React 应用程序

按照以下步骤使用 Create React App 来创建你的第一个 React 应用程序：

(1) 在 Visual Studio Code 中创建或打开一个新文件夹。

(2) 打开终端并将新文件夹设置为工作目录。可通过右击文件夹名称并选择

Open in Integrated Terminal，或者通过打开终端并使用 Unix cd(用于更改目录)命令将工作目录更改为创建新应用程序的目录。注意，如果你使用的是 Windows，那么集成终端可能是 Windows 命令提示符，在这种情况下，更改工作目录的命令是 dir。

(3) 使用 npx 运行 create-react-app，并为新应用程序命名。例如：

```
npx create-react-app my-test-app
```

(4) 按 Enter 键开始安装 create-react-app 并配置新应用程序。你会在终端中看到一系列消息和进度条。你可能还会看到一些错误和警告，但通常不需要担心这些。

(5) 当新 React 应用程序安装和配置完成后，通过输入 cd，后跟应用程序的名称，切换到包含新应用程序的目录：

```
cd my-test-app
```

(6) 使用 npm start 命令启动应用程序。注意：npm start 实际上是 npm run start 的缩写。当运行 npm start 时，其实是让一个名为 start 的脚本运行其命令。

(7) 等待并观察你生成的 React 应用程序启动，然后在浏览器中打开以显示 React 徽标和消息，如图 0-16 所示。

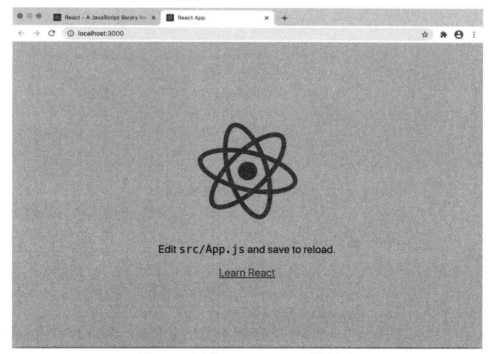

图 0-16　默认的 Create React App 样板程序

(8) 打开 Chrome DevTools 窗口，使用与 React Developer Tools 一起安装的 Components 窗格来检查 React 应用程序。注意，这个示例应用程序比前面看到的组成 reactjs.org 网站的应用程序要小得多，也没有那么复杂。

现在你已创建了一个 React 应用程序，可以尝试按照以下步骤对它进行更改：

(1) 打开 Visual Studio Code 中的集成终端，并打开位于应用程序文件夹中的 src/App.js。

> **注意：**
> React 应用程序由分层组件构成，该组件是顶层组件，也是 Create React App 生成的默认应用程序中的唯一组件。

(2) 找到 App.js 中包含代码清单 0-1 所示代码的部分。

代码清单 0-1：默认 Create React App 样板程序中的 return 语句

```
<div className="App">
  <header className="App-header">
    <imgsrc={logo} className="App-logo" alt="logo" />
    <p>
      Edit <code>src/App.js</code> and save to reload.
  </p>
  <a
    className="App-link"
    href="https://reactjs.org"
    target="_blank"
    rel="noopener noreferrer"
>
    Learn React
  </a>
  </header>
</div>
```

> **注意：**
> 你在这里看到的类似 HTML 的语法是 JSX，它是 React 项目的一个特殊特性，我们将在第 3 章中详细介绍。

(3) 更改<p>和</p>标签之间的文本，然后保存 App.js。

(4) 切换回浏览器，注意浏览器窗口已更新，以反映对 App.js 所做的更改！

恭喜你，继续努力！

如果已经做到了这一步，那么你已踏上了 React 的学习之旅。你已建立了工具链，学习了使用两个浏览器内置测试工具(Chrome DevTools 和 React Developer Tools)的基础知识，安装了 Create React App，并使用它生成了一个样板 React 应用程序。

请随意使用你在本前言中所学的工具和命令，并尝试对 Create React App 样板代码进行其他更改，看看会发生什么。

准备好后，继续阅读第 1 章，你将获得构建和修改第一个 React 组件的实际经验！

本书代码资源

本书提供了数百个代码清单。我将这些代码设计得足够简单，容易理解，又足够实用，可以帮助你从学习 React 过渡到编写 React 代码。为了充分发挥本书的作用，建议你运行并实践每个代码清单。

为了更容易地运行这些示例，我将它们全部放在了网上，包括尽可能多的工作示例。

关于代码和链接下载

在阅读本书中的示例时，你可以选择手动输入所有代码，或者使用本书附带的源代码文件。每个代码清单的工作示例、补充信息以及本书 Github 存储库的下载链接详见链接[8]，也可扫描本书封底的二维码下载这些资源。

如果你希望在自己的计算机上下载和运行示例代码，可以使用 Git 复制存储库，然后按照 README 文件中的说明查看每个代码清单的工作版本。

如果没有安装 Git，则可以在浏览器中访问链接[8]并单击 Download 按钮将所有代码下载到你的计算机。

如果因为 React 的某些意外更新导致需要更改书中的任何代码，你也可以在链接[8]上找到更正。

在此要说明的是，读者在阅读本书时会看到一些有关链接的编号，形式是编号加方括号，例如，[1]表示读者可扫描封底二维码的下载 Links 文件，在其中可找到相应章节的[1]所指向的链接。

目　　录

第 **1** 章

Hello,World！

自古以来，人们在学习任何编程语言的过程中构建的第一个程序都是"Hello，World"演示程序。当然，显示什么词并不重要，你可以选择使用任何喜欢的词语来显示。本章的重点是通过编写一个简单的程序，使你快速了解 React 的用法。你在本章中学习的基本工具和技术对学习 React 来说至关重要。如果你只想阅读本书的一章，那么这一章是最重要的。在本章中，你将了解：

- 在没有工具链的情况下如何使用 React
- 如何编写你的第一个 React 应用程序
- 如何创建和修改用 Create React App 构建的 React 应用程序

1.1 在没有工具链的情况下如何使用 React

大多数 React 应用程序开发都使用在 Node.js 中运行的构建工具链(例如 Create React App 创建的工具链)作为其基础。不过，也可以将 React 包含在现有的网站中，或者通过将若干脚本导入网页中来构建一个使用 React 的网站，甚至可以将 React 代码与使用其他库或框架编写的 JavaScript 代码一起使用。

可按照以下步骤创建一个 HTML 页面并添加 React：

(1) 在 Documents 文件夹中创建一个新文件夹，并在 Visual Studio Code 中打开它。

(2) 打开命令面板(macOS 中快捷键为 Command+Shift+P；Windows 中快捷键为 Ctrl+Shift+P)，运行 File: New File 命令，或者从顶部菜单中选择 File │ New File。

(3) 将新文件保存为 index.html。

(4) 输入！(叹号)后紧接着按下 Tab 键，以使用 emmet 生成 HTML 模板。如果愿意，也可以在新的空白文件中输入以下代码：

```
<!DOCTYPE html>
<html lang="en">
<head>
    <meta charset="UTF-8">
    <meta name="viewport" content="width=device-width, initial-scale=1.0">
    <title>Hello, React!</title>
</head>
<body>

</body>
</html>
```

(5) 在<body>和</body>标签之间，创建一个空的 div 元素，并赋给它一个值为 app 的 id 属性。React 会在这里渲染其输出。在 React 中，我们称之为容器元素。实际的 id 值在这里并不重要，但 app 值是一个有意义、简单且非常常用的值，还容易记忆。

注意：
可以将 React 容器元素放在网页 body 元素内的任何位置。

(6) 在浏览器中访问链接[1]，从 CDN(Content Delivery Network，内容分发网络) 中找到包含 React 和 ReactDOM 的脚本标签，如图 1-1 所示。

图 1-1　React CDN 链接

(7) 复制这两个脚本标签并将它们粘贴到 index.html 的</body>标签之前。

注意：
这些脚本必须放在网页主体的末尾，因为它们可以对你的网页进行更改。考虑 JavaScript 的加载方式并且它在加载后立即执行，如果在加载容器元素之前加载并执行了 React 代码，那么浏览器将显示错误消息。

第一个脚本 react.development.js 是实际的 React 库，它处理 React 组件的渲染、组件之间的数据流、对事件的响应，并包含了 React 开发者在 React 中可控制的所有功能。

第二个脚本是 react-dom.development.js，它处理编写的 React 应用程序和浏览器 DOM 之间的通信和转换。换句话说，它控制在浏览器中渲染以及更新组件的方式和时间。

从 reactjs.org 复制的 CDN 链接将在你查看页面时显式指定 React 的最新版本。如果你希望确保页面始终使用 React 的最新版本，请将 @ 后面的数字更改为 "latest"，如下所示：

```
<script src="https://unpkg.com/react@latest/umd/react.development.js"
crossorigin></script>
<script src="https://unpkg.com/react-dom@latest/umd/react-dom.
          development.js" crossorigin></script>
```

注意：
步骤(7)中 URL 内的 "umd"，是 Universal Module Definition 的缩写，代表通用模块定义。UMD 允许 CDN 版本的 React 不需要经过编译步骤就能在浏览器中工作。

(8) 在包含 UMD 版本的 react 和 react-dom 的脚本标签之后，编写另一个包含名为 HelloWorld.js 文件(我们很快就会创建这个文件)的脚本标签：

```
<script src="HelloWorld.js"></script>
```

index.html 文件现在应该如代码清单 1-1 所示。

代码清单 1-1：在没有工具链的情况下使用 React 的 HTML 文件

```
<!DOCTYPE html>
<html lang="en">
<head>
    <meta charset="UTF-8">
    <meta name="viewport" content="width=device-width, initial-scale=1.0">
    <title>Hello, World!</title>
</head>
<body>
    <div id="app"></div>
    <script src="https://unpkg.com/react@latest/umd/react.development.js"
    crossorigin></script>
    <script src="https://unpkg.com/react-dom@latest/umd/react-dom.
    development.js" crossorigin></script>
    <script src="HelloWorld.js"></script>
</body>
</html>
```

(9) 在与 index.html 相同的目录中创建一个新文件，命名为 HelloWorld.js。

(10) 在 HelloWorld.js 中添加以下代码：

```
'use strict';

class HelloWorld extends React.Component {
  constructor(props) {
    super(props);
    this.state = { personName:'World' };
  }

  render() {
    return React.createElement('h1', null, 'Hello, ' + this.state.personName);
  }
}
```

(11) 在步骤(10)中输入的代码之后，将以下内容添加到 HelloWorld.js 的末尾：

```
const domContainer = document.querySelector('#app');
ReactDOM.render(React.createElement(HelloWorld), domContainer);
```

(12) 在浏览器中打开 index.html。你应该看到"Hello, World"消息作为第一级标题显示，如图 1-2 所示。

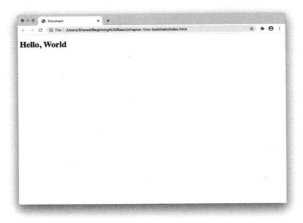

图 1-2   浏览器中运行的"Hello, World"

(13) 在 HelloWorld.js 的 constructor 函数中，修改 state 对象中 personName 属性的值，如代码清单 1-2 所示。

代码清单 1-2：更改组件中 state 对象的数据

```
'use strict';

class HelloWorld extends React.Component {
  constructor(props) {
    super(props);
    this.state = { personName:'Murray' };
  }

  render() {
```

```
      return React.createElement('h1', null, 'Hello, ' + this.state.personName);
   }
}
```

```
const domContainer = document.querySelector('#app');
ReactDOM.render(React.createElement(HelloWorld), domContainer);
```

(14) 保存 HelloWorld.js 并刷新浏览器窗口。你应该会看到更新后的消息。恭喜！
你现在已构建了第一个自定义的 React 应用程序。

花几分钟时间研究一下 HelloWorldd.js 的代码。如果你熟悉 JavaScript 对象和类，
就会注意到代码并没有神奇之处。它只不过是简单的 JavaScript。

接下来逐行快速浏览该文件中的所有代码并简要说明其含义：

(1) 我们创建了一个名为 HelloWorld 的 JavaScript 类，它扩展了 React.Component 类：

```
class HelloWorld extends React.Component {
```

> **注意：**
> 第 4 章中将学习如何使用 JavaScript 中的类。

(2) 接下来，编写 constructor 函数：

```
constructor(props) {
   super(props);
   this.state = { personName:'World' };
}
```

在安装组件之前，constructor 函数只运行一次。在 constructor 函数中，我们使
用 super 方法从基类(即 React.Component)导入属性。最后，创建一个名为 state 的对
象，并赋给它一个名为 personName 的属性。

(3) 在 HelloWorld 中创建一个名为 render()的新函数：

```
render() {
   return React.createElement('h1', null, 'Hello,' + this.state.personName);
}
```

render 函数生成每个 React 组件的输出。该输出是通过 React.createElement 方法
生成的，它接收三个参数：

- 要创建的 HTML 元素
- 可选的 React 元素属性
- 应放入已创建元素的内容

(4) 最后，使用 ReactDOM 的 render 方法在 HTML 文档中渲染 HelloWorld 类的
返回值：

```
const domContainer = document.querySelector('#app');
ReactDOM.render(React.createElement(HelloWorld), domContainer);
```

> **注意：**
> 我们使用了两个不同的 render()函数。第一个是 React.render()，它创建组件的输出；第二个是 ReactDOM.render()，它使该输出显示在浏览器窗口中。

如果你认为这些代码的作用仅仅是用来生成网页显示文本，那么事实的确如此。

幸运的是，有了本书前言中介绍的工具(特别是 Node.js 和 Create React App)，编写 React 代码的方法要简单得多。

下面将迄今为止所学的内容结合起来，用 Create React App 创建"Hello，World"应用程序的交互式版本，从而结束本章。

1.2 使用 Create React App 和 JSX 创建交互式 "Hello,World" 应用程序

尽管通过将 UMD 构建包含到 HTML 文件中，可以在没有工具链的情况下使用 React，但这远非一种理想的方法，只能实现简单的应用程序。

通过使用工具链，可以获得一组测试和调试工具，这些工具可以帮助你编写更好的代码。还可以编译 React 组件，以便它们在用户浏览器中的运行速度更快。

你已经知道了如何使用 Create React App 构建样板用户界面。现在看看如何构建更复杂和更具交互性的界面。

> **注意：**
> 如果你不想安装和配置 Create React App 样板，可以跳过前三个步骤，使用本书前言中创建的同一个应用程序。

(1) 使用 Visual Studio Code，创建一个新目录并打开集成终端。

(2) 在终端中输入 npx create-react-app react-js-foundations 并按 Enter 键。

(3) 等待 Create React App 配置完成后，输入 cd react-js-foundations，然后输入 npm start。Create React App 将启动你的应用程序，并在浏览器中打开它。

(4) 在 Visual Studio Code 中打开 src/App.js。

(5) 更新 App.js 的代码，如代码清单 1-3 所示，然后保存文件。

代码清单 1-3：交互式的"Hello, World"组件

```
import React from 'react';
import './App.css';

function App() {
  const [personName,setPersonName] = React.useState('');

  return (
    <div className="App">
```

```
    <h1>Hello {personName}</h1>
    <input type="text" onChange={(e) => setPersonName(e.target.value)}/>
  </div>
);
}

export default App;
```

(6) 返回浏览器，注意默认的 Create React App 屏幕已被输入字段和上方的 h1
元素替换。

> **注意：**
> 在 Create React App 中运行的应用程序可以检测文件何时发生更改，并更新浏
> 览器中显示的内容，而不必手动重新加载页面，这种功能被称为"热重载"。

(7) 在输入字段中输入内容。输入的所有内容都应该出现在 h1 元素中，如图 1-3
所示。

(8) 使用完这个组件后，返回到 VS Code 中的内置终端，按 Ctrl+C 快捷键停止
重新编译和热重载脚本。

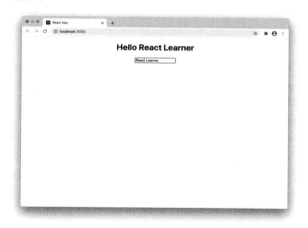

图 1-3　完成的交互式"Hello, World"组件

1.3　本章小结

　　恭喜你！至此，你已体验了编写 React 代码的最原始方法以及最新、最先进的
方法。React 一直在不断完善编写 React 代码的方法和工具，以使开发人员更容易上
手。从这两个示例中你已经看到了两个极端—— 一个是不借助任何工具构建的 React
应用程序，另一个是使用 Create React App 以及最新的增强和简化工具构建的 React
应用程序，这些工具在撰写本文时已添加到了 React 中。

在本章中，我们学习了：

- 如何使用 React 的 UMD 构建来编写 React 应用程序。
- React.render 和 ReactDOM.render 的区别。
- 如何使用 React.createElement 编写组件。
- 如何使用 Create React App 编写和运行基本的交互式组件。

在接下来的章节中，你将了解所有这些内容。继续阅读下一章，你将学习 React.js 的内部工作原理，以及它在 Web 应用程序中的作用。之后，第 3 章将带你进一步了解更多的代码。

第2章

React 基础

    React 是一个 JavaScript 库，通过使用组件来创建交互式用户界面。它由 Facebook 于 2011 年创建，用于 Facebook 的新闻推送和 Instagram。2013 年，React 的第一个版本作为开源软件向公众发布。如今，许多大型网站和移动应用程序都在使用它，包括 Facebook、Instagram、Netflix、Reddit、Dropbox、Airbnb 和成千上万的其他网站。

    使用 React 编写用户界面需要你改变对 Web 应用程序的已有认知。你需要了解什么是 React，如何在更高层次上使用它，以及它所基于的计算机科学思想和模式。在本章中，你将学习：

- 为什么它被称为 React
- 什么是虚拟 DOM
- 组合和继承的区别
- 声明式编程和命令式编程之间的区别
- React 中"惯用法"的含义

2.1 React 名称的由来

    首先从"React"这个名字开始讲起。Facebook 设计 React 的初衷是为了能够有效地响应网站事件的更新需求。可以触发网站更新的事件包括用户输入、来自其他网站和数据源的新数据进入应用程序以及来自传感器的数据(如来自 GPS 芯片的位置数据)进入应用程序。

    传统上，对于随时间变化的数据，Web 应用程序的处理方法是每隔一段时间刷新自己，检查此过程中是否有新数据。Facebook 希望创建一种更容易构建响应新数据的应用程序的方法，从而不管基础数据是否发生了变化，它都可以对新数据做出响应，而不是简单地刷新页面。你可以把这两种方法的区别视为拉(更新网站的传统方法)和推(构建网站的反应式方法)。

这种根据数据变化来更新用户界面的方法称为反应式编程。

2.2 UI 层

Web 应用程序通常使用模型-视图-控制器(MVC)模式来构建和描述。MVC 中的模型是数据层，控制器用来与数据层进行通信，而视图是用户看到和交互的内容。在 MVC 应用程序中，视图向控制器发送输入，控制器在数据层和视图之间传递数据。React 只关注 MVC 中的 V，即视图。它将数据作为输入，并以某种形式渲染给用户。

图 2-1 所示为 MVC 模式示意图。

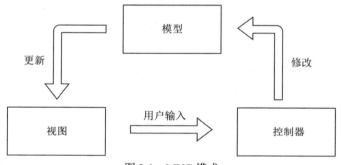

图 2-1 MVC 模式

React 本身并不关心用户使用的是手机、平板电脑、桌面 Web 浏览器、屏幕阅读器、命令行界面，还是未来可能出现的其他设备或界面。React 只是渲染组件。如何将这些组件渲染给用户取决于一个单独的库。

在 Web 浏览器中处理 React 组件渲染的库称为 ReactDOM。如果要向原生移动应用程序渲染 React 元素，请使用 React Native。如果要将 React 组件渲染为静态 HTML，可以使用 ReactDOMServer。

ReactDOM 为 React 和 Web 浏览器之间的接口提供了大量的接口函数，但是每个 React 应用程序都会使用的一个函数叫作 ReactDOM.render。图 2-2 说明了 React 和 ReactDOM 之间的关系。

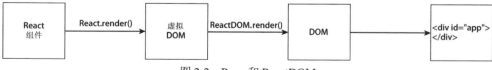

图 2-2 Reac 和 ReactDOM

ReactDOM 使得在 React 中构建的用户界面能够高效地处理现代 Web 应用程序

所需的大量屏幕更改。它使用虚拟 DOM 来实现该功能。

2.3　虚拟 DOM

文档对象模型(DOM)是 Web 浏览器对网页的内部表示。它将 HTML、样式和内容转换为可以使用 JavaScript 进行操作的节点。

如果你曾使用过 getElementById 函数或设置过元素的 innerHTML 值，就已经使用 JavaScript 与 DOM 进行了交互。对 DOM 的更改会导致 Web 浏览器中显示的内容发生变化，而在 Web 浏览器上进行的更新(例如，在表单中输入数据时)会导致 DOM 发生变化。

与其他类型的 JavaScript 代码相比，DOM 操作速度慢且效率低。这是因为每当 DOM 更改时，浏览器都必须检查这些更改是否需要重绘页面，然后才会进行重新绘制。

DOM 的函数并不具有易用性，其中一些函数的名称过长，如 Document. getElementsByClassName，这增加了 DOM 操作的难度。出于这两个原因，人们已经创建了许多不同类型的 JavaScript DOM 操作库。一直以来，最受欢迎和广泛使用的 DOM 操作库是 jQuery。它为网络开发者提供了一种简单的方法来更新 DOM，这也改变了在网络上构建用户界面的方式。

尽管 jQuery 简化了 DOM 操作，但是它需要程序员专门编程来决定 DOM 何时更新以及如何更新。由于使用了 jQuery，下载和响应用户交互的速度都比较慢，结果造成构建用户界面的效率低下。因此，jQuery 以速度慢而著称。

当 Facebook 的工程师设计 React 时，他们决定不再让程序员来处理更新 DOM 的方式和时间等细节。为此，他们在程序员编写的代码和 DOM 之间创建了一个层，并将这个中间层称为虚拟 DOM。

下面是虚拟 DOM 的工作方式:

1. 程序员编写 React 代码来渲染用户界面，这将导致返回单个 React 元素。

2. ReactDOM 的渲染方法在内存中创建了 React 元素的轻量级简化表示(这是虚拟 DOM)。

3. ReactDOM 侦听需要更改网页的事件。

4. ReactDOM.render 方法为网页创建新的内存表示。

5. ReactDOM 库将网页的新虚拟 DOM 表示与之前的虚拟 DOM 表示进行比较，并计算两者之间的差异。这个过程叫作调和。

6. ReactDOM 仅以最有效的方式将最小的更改集应用于浏览器 DOM，并使用最有效的批处理和更改计时。

通过让程序员退出实际更新浏览器 DOM 的过程，ReactDOM 可以决定进行所需更新的最佳时间和最优方法。这大大提高了更新浏览器视图的效率。

图 2-3 显示了虚拟 DOM 的工作原理。

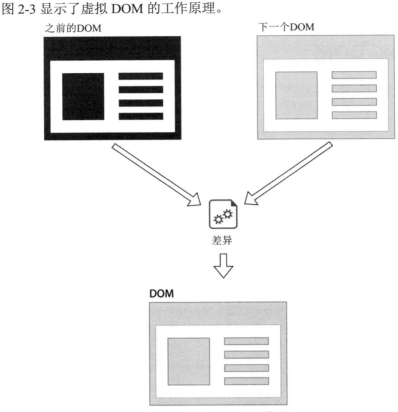

图 2-3　虚拟 DOM 的工作原理

2.4　React 的原理

如果你使用过其他 JavaScript 库，就会发现使用 React 与过去编写动态用户界面有很大不同。通过学习 React 的工作原理，你就能更好地理解和欣赏它。

2.4.1　关于组件

React 是一个用于创建和拼凑(或合成)组件以构建用户界面的库。React 组件是可重用的独立部件，可以相互传递数据。

一个组件可以是简单的按钮，也可以是更复杂的组件，比如由一组按钮和下拉列表组成的导航栏。

程序员可以决定应用程序中每个组件的大小，但一个很好的经验法则是单一责任原则。

在编程中，单一责任原则是指一个组件应该对程序功能的单个部分负责。对此，

Robert C. Martin(也称为"Bob 叔叔"，软件设计领域最重要的思想家和作家之一)，曾这样描述单一责任原则：

> 单一责任意味着一个类(或者 React 中的"组件")应该只有一个更改的理由。

2.4.2　组合与继承

在面向对象编程(OOP)中，创建继承父类属性的类的变体是很常见的。例如，程序有一个名为 Button 的类，该类可能有一个子类 SubmitButton。SubmitButton 将继承 Button 的所有属性，然后覆盖或扩展它们以创建其独特的功能和外观。

React 没有使用继承来创建更具体的组件以用于处理特定的情况(比如提交按钮)，而是鼓励创建更广泛可重用的单个组件，并通过将数据传入其中，然后与其他组件组合来进行配置，以便处理更具体的情况。

例如，一个提交按钮可以简单地将一个参数传递给名为 label 的 Button 组件和另一个名为 handleClick 的参数，后者包含按钮要执行的操作。这个通用按钮有多种用途，具体取决于传给它的 label 和 handleClick 的值。代码清单 2-1 显示了该组件。

代码清单 2-1：创建可配置组件

```
function Button(props){
  return(
    <button onClick={props.handleClick}>{props.label}</button>
  );
}
```

一旦创建了可配置组件，就可通过组合更通用的组件来创建更具体的组件。这种技术称为组合。代码清单 2-2 显示了如何使用组合从一般的 Dialog 组件创建一个特定的 WelcomDialog 组件。

代码清单 2-2：使用组合

```
function Dialog(props){
  return(
    <div className="dialogStyle">{props.message}</div>
  )
}

function WelcomeDialog(props){
  return(
    <Dialog message="Welcome to our app!" />
  )
}
```

2.4.3　React 是声明式的

React 编程与许多其他 JavaScript 库编程在方法上的区别在于，React 是声明式的，而许多其他库是命令式的。

那么，什么是声明式编程？传统上，程序员的工作是将复杂的过程分解为多个步骤，以便计算机能够执行这些步骤。例如，如果你想通过编程让机器人做一个三明治，首先需要弄清楚这个过程中涉及的高级步骤：

(1) 拿两片面包。

(2) 找一把刀。

(3) 拿到花生酱。

(4) 用刀抹匀花生酱。

(5) 组装三明治。

当然，这些步骤对于机器人来说太高级了，无法执行，因此需要将每个步骤分解为更小的步骤：

(1) 拿两片面包。

    1a. 使用视觉传感器定位面包。

        1aa. 如果找到面包，朝它走去。

        1ab. 如果找不到面包，请返回步骤(1)。

    1b. 使用抓取臂尝试打开面包包装。

通过将复杂的过程分解成小步骤，任务最终变得足够简单，可以由计算机来执行。我们称这种循序渐进的编程风格为命令式编程。命令式方法是 React 之前大多数 DOM 操作库的工作方式。

例如，要使用 jQuery 更改浏览器中的一段文本，可以编写如下代码：

```
$('#para1').html('<p>This is the new paragraph.</p>');
```

这段代码查找 id 属性等于 para1 的段落，并将其 HTML 内容更改为括号内指定的新内容。

React 采用了一种不同的方法，我们称之为声明式编程。在声明式编程中，计算机(更确切地说是计算机语言解释器)对于它可以执行的任务类型有一定的了解，程序员只需要告诉它该做什么，而不需要告诉它如何做。

在声明式编程中，我们的三明治制作机器人知道制作三明治的步骤，编程时程序员会说"给我做一个这样的三明治"。

React 采用的声明式方法应用于 DOM 操作时，它允许程序员说："让页面看起来像这样。"React 将页面的新外观与当前外观进行比较，并找出有什么不同，决定哪些地方需要更改，以及如何进行更改。

从程序员的角度看，构建和更新 React 用户界面仅需要指定用户界面应该是什么样子，并告诉 React 渲染它。

2.4.4 React 是惯用语

与其他 JavaScript 库相比，React 本身是一个功能有限的小型库。除了少数 React

独有的概念和方法，React 组件只是 JavaScript。如果 React 组件的结构和代码对你来说很陌生，那很可能是因为它使用了你还不熟悉的 JavaScript 编程风格，或者是因为它使用了你还不熟悉的 JavaScript 新特性。好消息是，通过进一步了解 JavaScript，你将能更好地使用 React 进行编程。

你可能会听到有人用"惯用 JavaScript"来描述 React。这意味着，编写 JavaScript 代码的程序员很容易理解 React 代码。反之亦然：如果你了解 JavaScript，那么理解如何编写 React 代码并不难。

2.4.5　为什么要学习 React

如果你读到此处，可能已经有了自己学习 React 的理由。到目前为止，你已经知道了 React 从发布的第一天起就越来越受欢迎。对开发人员的调查始终表明，在他们的首选库中，React 是最顶尖的，或者非常接近顶尖，并且已经迁移到 React 或正在迁移到 React 的公司名单已赫然在目。

React 将会存在很长一段时间，现在是学习它的最佳时机。

2.4.6　React 与其他框架的比较

如今，作为一名软件开发人员，尤其是使用 JavaScript 和 Web 的开发人员，需要对数量惊人且不断增长的库、框架、协议、标准、最佳实践和模式有所了解。一个优秀的程序员不仅要知道如何随时应用所使用的语言和框架，还要知道如何快速学习新的语言和框架。

学习一门新语言最好将它与你已经了解的语言进行比较，而"React 与(x)相比如何"是学生最常问我的问题之一。在接下来的章节中，我将 React 与它的两个最强劲的竞争对手 Angular 和 Vue 进行比较。虽然我不喜欢偏袒任何一方，但我对每一方都有足够的了解，能够给出一些事实和评价。

1. React 与 Angular

Angular(angular.io)由 Google 创建，在某种意义上它出现的时间比 React 还要早。下面是两者的相同点：

1. **目的**。Angular 和 React 都可以创建可扩展的动态用户界面。

2. **稳定性**。Angular 和 React 都是由互联网巨头公司创建的，并且都拥有众多开发者和爱好者。

3. **健壮性**。任何 JavaScript 库或框架关注的主要问题是它在企业开发中的安全性、可靠性和可接受性。Angular 和 React 在企业软件开发中都很受欢迎并被广泛使用。

4. **许可证**。这两个框架都使用 MIT 许可证，只要源代码的任何副本中包含原始版权和许可证通知，就可以无限制地免费使用和重用。

自 React 出现以来，Angular 经历了一些重大的变化。在我们如今所说的"Angular"之前，出现过 AngularJS，它在 2016 年被 Angular 2.0 所取代。Angular 2.0 是一个重大改变，与 AngularJS 不兼容。它的引入导致许多开发人员决定学习 React，而不是重写的 Angular。

Angular 被认为是一个"框架"，而 React 称自己为"库"。库和框架的区别在于，框架通常采用一种无所不包的方式，而库通常被视为一种有特定用途的工具。

React 库本身就是一个利用组件创建用户界面的工具。另一方面，Angular 是一个用于构建前端 Web 应用程序的完整系统。通过组装组件和库，React 可以完成 Angular 所能做到的一切。甚至，如果你需要更细粒度的操作，例如生成一些 HTML，React 也可以做到。

Angular 比 React 更难掌握。除了使用框架本身需要学习的技能外，Angular 还需要使用微软的 TypeScript，这是专为开发大型应用而设计的 JavaScript 超集。使用 TypeScript 也可以编写 React，但对于 Angular 来说，这是必备的。

与 React 不同，Angular 是在真实 DOM 上而不是在虚拟 DOM 上运行，它通过使用一种称为"变化检测"的方法来优化对 DOM 的更改。当某个事件导致 Angular 中的数据发生变化时，框架会检查每个组件，并根据需要进行更新。你可能会认为这种方法对于 DOM 操作来说是一种更加命令式的方法(与 React 的声明式方法相比)。

React 和 Angular 在应用程序内的数据传输方式也有所不同。正如你将看到的，React 使用单向数据传输。这意味着浏览器中发生的每一次更改都始于数据模型的更改。这与 Angular 和 Vue 不同，后者都具有双向数据绑定功能，其中浏览器中的更改可以直接影响数据模型，而数据模型的更改可以影响视图。

2. React 与 Vue

Vue.js(vuejs.org)相对而言是 JavaScript 框架领域中的新秀，但它已经越来越受欢迎，现在被认为是排名前三的框架之一，与 React 和 Angular 并驾齐驱。

与 React 和 Angular 一样，Vue 也是开源的。然而，与 React 和 Angular 不同，Vue 没有大公司的支持或控制。相反，许多程序员和公司通过贡献他们的技能来维护并支持它的运行。这可以被看作一个加分或减分项，具体取决于你对互联网巨头的看法。

Vue 采取了介于 React 简单实用和 Angular 强大全能之间的折中方案。与 Angular 一样，它也有用于状态管理、路由和 CSS 管理的内置功能。但像 React 一样，它是一个小型库(从必须下载到浏览器的总字节数来看，甚至比 React 还小)，而且其使用方式是高度可定制的。

在这三个库中，Vue 可能是最容易上手的。

2.4.7　React 不是什么

重要的是，你不仅要记住 React 是什么，还要记住它不是什么。除了经常重复的(主要是语义上的)关于 React 是一个库还是一种框架的争论之外，更重要的是前端库、后端库和开发环境之间的区别。

React 是最常用的一个前端库。这意味着 React 的一切操作都发生在 Web 浏览器中。它不能直接控制或访问远程数据库(除非通过网络)，也不提供网页服务。

当被问及我的课程中前端、后端和开发环境之间的区别时，我喜欢用图 2-4 来说明。

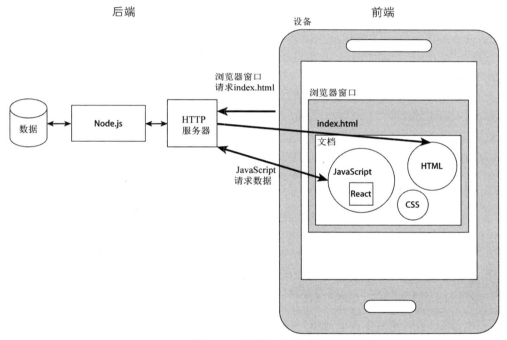

图 2-4　网页的工作方式

你已经知道 React 是一个前端 JavaScript 库。从图 2-4 可以看到，网络生态系统还包含许多其他部分。以下是 React 不具备的一些特性。

1. React 不是 Web 服务器

Web 服务器(也称为 HTTP 服务器)的主要任务是接收来自 Web 浏览器的网页请求，然后将这些网页及其所有链接的图像、CSS 文件和 JavaScript 文件返回给浏览器。

React 库和使用 React 创建的用户界面是 Web 服务器发送给 Web 浏览器的链接 JavaScript 文件，React 本身无法处理来自 Web 浏览器的请求，尽管它可以像任何

JavaScript 代码一样，通过浏览器的应用程序编程接口(API)与浏览器交互。

2. React 不是一种编程语言

React 是一个 JavaScript 库，这意味着它只是程序员可以使用的 JavaScript 函数的集合。库的思想是简化程序员需要经常执行的任务，这样他们就可以专注于编写独一无二的程序代码。

如果你有足够的时间和知识，可以自己使用 JavaScript 重写 React 库的每一部分，但当然，你不需要这样做，因为 React 开发人员已经完成了这些工作。

3. React 不是数据库服务器

React 无法以安全或永久的方式存储数据。相反，React 用户界面(就像所有 Web 和移动 Web 用户界面一样)通过互联网与服务器端数据库通信，以存储和接收数据，如登录信息、电子商务交易数据、新闻提要等。

那些 React 用来使用户界面动态化的数据，以及你在 React 用户界面中能随时查看的数据(我们称之为"会话"数据)，都不是持久的。除非 React 用户界面将会话数据保存在 Web 浏览器中(使用 Cookie 或浏览器的本地存储)，否则当你导航到其他 URL 或刷新浏览器窗口时，这些数据都会被删除。

4. React 不是一种开发环境

正如你在本书前言中看到的，我们将使用大量不同的工具来进行 React 编程。这些统称为开发环境。我介绍了一些最常用的工具(在某些情况下，只是我自己的个人喜好)，但是 React 并不要求你必须使用这些特定的工具。在很多情况下，还有其他选择，你可能会发现自己更喜欢或者更好的工具，而我还未曾发现。可以使用任何想要的工具来编写完美的 React 代码，或者根本不使用任何工具(除了文本编辑器)。

5. React 不适用于所有问题

React 适用于许多类型的应用程序，但它并不总是最佳解决方案。这对任何 JavaScript 库都适用，而且也适用于所有已发明的工具。因此，了解各种不同的语言和库是很重要的，这样你就可以做出正确的选择，并知道你首选的工具或者最佳工具什么时候适用，什么时候不适用。

2.5　本章小结

React 是一种编写 Web 用户界面的不同方式，它确实蕴含了一些概念和基本思想，在你完全掌握它的用法之前，理解这些概念和基本思想非常重要。然而，最终编写 React 用户界面非常简单：

1. 编写组件来描述用户界面的外观和行为。

2. React 渲染组件以创建节点树。

3. React 渲染器会找出最新渲染的组件树和之前的组件树之间的差异，并相应地更新用户界面。

本章内容：

- 为什么 React 被称为 React，以及术语"反应式编程"的含义。

- React 库和 ReactDOM 库的用途。

- 组合的含义。

- 什么是声明式编程以及它与命令式编程的区别。

- 为什么应该学习 React。

- React 与 Angular 以及 React 与 Vue.js 的比较。

- React 在 Web 应用程序中的作用，以及 React 在 Web 应用程序生态系统中不能胜任的角色。

在下一章，你将学习用来编写 React 组件的一种最基本的工具：JSX。

第3章

JSX

React 新手经常评论说 React 似乎打破了 Web 开发的一个基本规则,那就是不要将编程逻辑和 HTML 混在一起。本章解释了这种对 React 的误解从何而来,并介绍了 JSX,它为我们提供了一种简单的、类似 HTML 的语法来组合 React 组件。在本章中,你将学到:

- 如何编写 JSX
- JavaScript 中模块的用法
- 转译器的作用
- 如何在 JSX 代码中包含 JavaScript 字面量
- 如何在 React 中进行条件渲染
- 如何在 JSX 中渲染子级

3.1 JSX 不是 HTML

首先看一下代码清单 3-1。如果你对 HTML 有一定了解,就能猜到这个函数的结果是什么——返回一个包含两个输入字段和一个按钮的表单。

代码清单 3-1:React 组件

```
import React from "react";

function Login(){

    const handleSubmit = (e)=>{
        e.preventDefault();
        console.log(`logging in ${e.target[0].value}`);
        // do something else here
    }

    return (
        <form id="login- form" onSubmit={handleSubmit}>
```

```
        <input type="email"
            id="email"
            placeholder="E-Mail Address"/>
        <input type="password"
            id="password"/>
        <button>Login</button>
    </form>
    );
}

export default Login;
```

但是，如果你对 JavaScript 有一定了解，可能会认为该 JavaScript 函数运行的结果应该是错误的——HTML 不是有效的 JavaScript 语法，因此 return 语句的值将导致此函数失败。

但这是一个结构完整的 React 组件，return 语句中的标记实际上不是 HTML，而是用 JSX 编写的，JSX 是 JavaScript 的扩展，用于辅助描述组件的外观。

JavaScript 教程：使用 AMD、CJS 和 ESM 理解模块

模块化是软件开发中的一个基本概念，它将程序组织成可重用的代码单元。模块化使软件更容易构建、调试、测试和管理，并支持软件的团队开发。正如函数创建了可在 JavaScript 文件中重用的功能单元一样，模块创建了可在程序中重用的 JavaScript 文件。

由模块组成的计算机程序可能如图 3-1 所示。

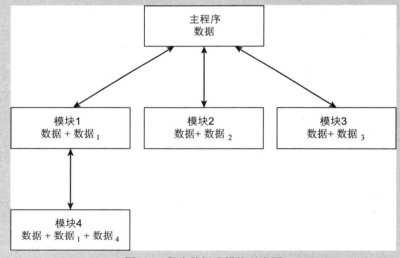

图 3-1　程序的组成模块示意图

JavaScript 模块的历史

JavaScript 最初是一种用于 Web 浏览器的脚本语言。在早期，用 JavaScript 编写的脚本很小。因为它不被认为是一种"真正的"编程语言，所以没有在 JavaScript

中包含创建模块的方法。相反，程序员只需要在一个文件中编写 JavaScript，然后使用脚本元素将其导入 HTML 文件，或者将所有 JavaScript 直接写入脚本元素。

随着 JavaScript 语言的功能越来越强大，JavaScript 的用途也越来越广泛，JavaScript 文件的复杂性和大小也随之增加。

JavaScript 模块的兴起

由于 JavaScript 没有原生支持模块化的功能，因此当需要(也有必要)将大型 JavaScript 程序拆分为更小的模块时，JavaScript 开发人员按照惯例创建了新的库，用于在 JavaScript 中实现模块化。

RequireJS

在 Web 浏览器中模块化 JavaScript 的最流行的方法是使用 RequireJS 库。RequireJS 使用一种称为异步模块定义(AMD)的加载模块的方法。

顾名思义，AMD 模块是异步加载的，这意味着在执行这些模块中的任何代码之前要运行模块中的所有导入。

有了 RequireJS，就可使用 define 函数创建模块，然后使用 require()函数将这些模块包含到其他 JavaScript 代码中。要使用 RequireJS，还需要使用一个脚本标签将 RequireJS 脚本包含到你的 HTML 文件中，如下所示：

```
<script data-main="scripts/main" src="scripts/require.js">
</script>
```

以上脚本标签指定应用程序的单个入口点是 scripts/main.js。

在 HTML 文件中包含脚本标签后，就可以使用 RequireJS 的 define 函数在其他文件中创建单独的模块，如下所示：

```
// messages.js
define(function () {
    return {
        getHello: function () {
            return 'Hello World';
        }
    };
});
```

然后，可以使用 requirejs 函数将定义的模块加载到 main.js 中，接着把模块中的各个函数分配给变量并使用它们，如下所示：

```
requirejs(["messages"], function (messages) {
 // module usage here
});
```

该函数在加载 scripts/messages.js 时被调用。如果 messages.js 调用 define 函数，那么此函数在 messages 的依赖项加载完成后才被触发，messages 参数将保存该模块的值。

CommonJS

虽然 RequireJS 创建了一种在 Web 浏览器中包含模块的方法,但 Web 浏览器并不是 JavaScript 代码运行的唯一场所。在 2009 年之前,没有统一的标准方法可以模块化在浏览器外部运行的 JavaScript 代码。

在创建 CommonJS(也称为 CJS)时,这种情况发生了变化。CommonJS 被内置到 Node.js 中,并迅速成为服务器端 JavaScript 最广泛使用的模块化库。

在 CommonJS 中,可以使用 exports 函数从文件中导出变量、函数或对象,如下所示:

```
// mathhelpers.js
exports.getSum = function(num1,num2) { return num1 + num2; }
```

定义模块后,可以使用 require 函数将其导入任何其他 JavaScript 文件:

```
const mathHelpersModule = require('mathHelpers.js');
var theSum = mathHelpersModule.getSum(1,1);
```

与 RequireJS 不同,CommonJS 将同步加载和解析模块,会在加载时解析并执行每个模块。

图 3-2 说明了 CommonJS 和 AMD 系统(如 RequireJS)加载模块方式的区别。

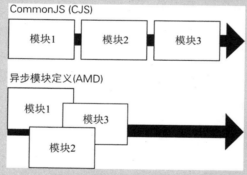

图 3-2　模块加载方式的比较

ES 模块

然而,创建和使用模块的方法并非只有一种,这使得模块的可重用性降低,而 JavaScript 程序员的终极梦想一直是希望 JavaScript 有一种内置的方法来模块化代码。随着 ECMAScript 模块(ESM)的标准化,这个梦想成为现实。

ESM 的特性是异步模块加载,就像 RequireJS,但它的语法很简单,类似 CommonJS。用于创建和使用 ES 模块的语句是 import 和 export。

使用 import 和 export

React 组件是 JavaScript 模块,因此在 React 中随处可见 import 和 export 语句。关于 import 和 export,最基本的知识是 export 语句创建模块,而 import 语句将模块导入其他 JavaScript 代码中。由于 import 和 export 现在都内置于 JavaScript 中，因此不需要包含单独的库来使用它们。

export 语句创建模块

假设你有一个计算电子商务商店运费的函数。该函数的基本框架可能如下所示：

```
function calculateShippingCharge(weight,shippingMethod){
  // do something here
  return shippingCharge;
}
```

将该函数转换为一个模块将使它更易于重用，因为这样就可以简单地将其包含到任何需要计算运费的文件中，甚至可以在不同的程序中使用它。

使用 export 的基本语法是将 export 关键字放在函数定义之前，如下所示：

```
export function calculateShippingCharge(weight,shippingMethod){
  // do something here
  return shippingcharge;
}
```

现在，可以将该模块与其他模块一起放入一个文件中(该文件名可以是 ecommerce-utilities.js)，并将该文件中的单个函数或每个函数导入程序中的任何其他文件中。

import 语句导入模块

要从 JavaScript 模块导入函数、变量或对象，可以使用 import 语句。要使用 import，至少需要命名一个模块，后跟 from 关键字，然后包含要导入的模块的文件路径。

可以从文件中导入单个项目，方法是用花括号括起来，如下所示：

```
import { shippingMethods, calculateShippingCharges } from
'./modules/ecommerce- utilities.js';
```

使用默认导出

使用 export 的另一种方法是创建默认导出。默认导出可用于指定模块提供的默认函数：

```
function calculateShippingCharge(weight,shippingMethod){
  // do something here
}
export default calculateShippingCharge;
```

每个文件只能有一个默认导出。创建默认导出后，可使用不带花括号的 import 语句来导入默认导出指定的模块，如下所示：

```
import calculateShippingCharge from
'./modules/calculateShippingCharge.js';
```

除了创建组件库，通常使用默认导出来创建 React 组件。

注意：你会经常看到指定的模块路径末尾没有.js。例如：

```
import calculateShippingCharge from
'./modules/calculateShippingCharge';
```

当 import 语句的文件名末尾省略.js 时，导入方式与你专门编写的 import 语句完全相同。还要注意模块文件的路径以'./'开头。这是 UNIX 系统的方式，表示从当前目录开始，并从中创建一个相对路径。ES 模块要求模块的路径是相对路径，因此它总是以./(当前目录)或../(父目录)开头。通常，如果要加载的模块在文件层次结构中处于较高位置，则可能需要有多个../。

因此，在上例中，modules 文件夹是包含导入模块的文件的目录的子目录。

如果你使用 npm 安装了 Node.js 包，比如 React 库本身，就不需要在导入 Node.js 包时使用./或指定它的路径。例如，使用 React 库函数的组件将使用一个导入 React 的 import 语句。通常如下所示：

```
import React from 'react';
```

不过，也可以看到从 React 库中单独导入对象的语句，如下所示：

```
import React, {Component} from 'react';
```

ES2015 模块的一些重要规则

关于如何使用 import 和 export，还有一些更重要的规则：

● import 和 export 语句都需要位于 JavaScript 文件的顶层，也就是说，不能位于函数或任何其他语句内部。

● 必须在模块中的任何其他语句之前完成导入。

● import 和 export 只能在模块内部使用(不能在普通 JavaScript 文件中使用)。

3.2 什么是 JSX

JSX 是 JavaScript 基于 XML 的语法扩展。简而言之，它是一种使用 XML 编写 JavaScript 代码的方法。尽管 JSX 并不是 React 所特有的，甚至也不是编写 React 组件所必需的，但它是每个 React 开发人员编写组件不可或缺的一部分，因为它使编写组件变得更容易，并且在性能或功能方面没有负面影响。

3.2.1 JSX 的工作方式

React 使用 JSX 元素表示自定义组件(也称为用户定义组件)。如果你创建了一个名为 SearchInput 的组件，就可以通过使用名为 SearchInput 的 JSX 元素在其他组件中使用该组件，如代码清单 3-2 所示。

代码清单 3-2：在 JSX 中使用用户定义的 React 组件

```
import {useState} from 'react';
import SearchInput from './SearchInput';
import SearchResults from './SearchResults';

function SearchBox() {
  const [searchTerm,setSearchTerm] = useState('');

  return (
    <div id="search-box">
      <SearchInput term={searchTerm} onChange={setSearchTerm}/>
      <SearchResults term={searchTerm}/>
    </div>
  )
}

export default SearchBox;
```

同样，React 也为 HTML5 中的每个元素都内置了组件，在编写 React 组件时可使用任何 HTML5 元素名称，结果是 React 将输出该 HTML5 元素。例如，假设你希望 React 组件生成以下 HTML 标记：

```
<label class="inputLabel">Search:
  <input type="text" id="searchInput">
</label>
```

告诉 React 组件输出 HTML 的 JSX 代码如下所示：

```
<label className="inputLabel">Search:
  <input type="text" id="searchInput"/>
</label>
```

如果仔细研究前面的两段代码，就会发现一些不同之处。它们之间的区别，以及 JSX 不是 HTML 这一事实，对于理解 JSX 的真正作用至关重要。

通过使用 React.createElement 方法，完全可以在不使用 JSX 的情况下创建 React 组件。以下是使用 React.createElement 编写之前输出 HTML 标记的代码：

```
React.createElement("label", {className: "inputLabel"}, "Search:",
  React.createElement("input", {type: "text", id: "searchInput"}));
```

如果仔细研究这段 JavaScript 代码，应该能够基本了解它的原理。React.createElement 方法接收一个元素名称、HTML 元素的任何属性、元素的内容(本例中为“Search:”)及其子元素。在本例中，label 元素有一个子元素 input。

这基本上就是 React.createElement 的全部内容。如果你有兴趣学习 React.createElement 的确切语法，可以访问链接[1]以了解更多相关信息。

但实际上，很少有 React 开发人员需要考虑 React.createElement，因为我们在开发环境中会使用转译器工具。

3.2.2　转译器

在运行使用 JSX 和模块的 React 应用程序之前，必须先对其进行编译。在编译(也称为"构建")过程中，所有模块都连接在一起，JSX 代码被转换为纯 JavaScript。

1. 编译与转译

React 应用程序的编译与程序员理解的真正"编译"语言(如C++或Java)的编译方式有所不同。在编译语言中，你编写的代码被转换为计算机软件解释器可以理解的低级代码。这种低级代码称为字节码。

另一方面，在编译 React 应用程序时，它们会从一个版本的 JavaScript 转换为另一个版本的 JavaScript。因为 React 编译过程实际上并没有创建字节码，所以从技术上来说，更正确的说法是转译。

2. JSX 转换

转译 React 代码的步骤之一是 JSX 转换。JSX 转换是一个过程，在这个过程中，转译器获取 JSX 代码(Web 浏览器自身无法理解 JSX 代码)并将其转换为普通 JavaScript(Web 浏览器可以理解 JSX)。

3. Babel 简介

JavaScript 中用于转译的工具叫作 Babel。Babel 集成在 Create React App 中，是编译用 Create Rect App 构建的 React 应用程序的自动工具。

> **注意:**
> 在 React 17 之前，JSX 转换将 JSX 转换为 React.createElement()语句。在 React 17 中，JSX 转换被重写，以便不使用 React.createElement()就可以将 JSX 转换为浏览器可读的代码。其结果是，开发人员不再需要为了使用 JSX 而将 React 导入每个组件。

通过查看正在运行的 React 应用程序的源代码或将 JSX 代码粘贴到 Babel 基于 Web 的版本中(详见链接[2])，就能看到 Babel 如何将 JSX 转换为 JavaScript，有时你可能会觉得这一过程很有趣，如图 3-3 所示。

Babel 不仅仅是将 JSX 转换成 JavaScript。它还在组件中引入了使用新的和实验性语法(可能不被所有目标 Web 浏览器支持)编写的 JavaScript，并将其转换为可在任何你期望访问 React 用户界面的 Web 浏览器中理解和运行的 JavaScript。

图 3-3　在网上试用 Babel

4　消除浏览器不兼容性

使用转译可以消除浏览器不兼容的老问题，但是必须等到每个浏览器都支持新的 JavaScript 语言特性后才能使用它。Babel 不需要开发人员编写特殊的代码和多个 if/then 分支来适应旧版浏览器，而是允许开发人员使用最新的语法编写 JavaScript，然后将其转译为一个通用的标准，使其在任何可能访问应用程序的 Web 浏览器中运行。

3.3　JSX 的语法基础

正如前面已提到的(我将再次提到，因为这一点非常重要)，JSX 不是 HTML。因为它不是 HTML，所以不能像编写 HTML 那样随意编写。

3.3.1　JSX 是 JavaScript XML

关于 JSX，首先要知道它是 XML。因此，如果对 XML 有一点了解(或者使用过 XHTML)，就会熟悉 JSX 的编写规则。即：

- 所有元素必须是封闭的。
- 不能包含子节点的元素(所谓的"空"元素)必须用斜杠结束。HTML 中最常用的空元素是 br、img、input 和 link。
- 字符串属性必须放在引号中。
- JSX 中的 HTML 元素必须全部用小写字母书写。

3.3.2　避免使用保留字

由于 JSX 被编译为 JavaScript，因此在 JSX 代码中使用的元素名或属性名可能会导致编译后的程序出错。为了防止这种情况发生，某些 HTML 属性名(也是 JavaScript 中使用的保留字)必须重命名，如下所示：

- class 属性变为 className。
- for 属性变为 htmlFor。

3.3.3　JSX 使用驼峰式命名法

HTML 中的属性名包含多个单词时，JSX 中常以驼峰式命名法命名。例如：

- onclick 属性变为 onClick。
- tabindex 属性变为 tabIndex。

3.3.4　为 DOM 元素中的自定义属性加上 data-前缀

在 React 16 之前，如果需要向 DOM 元素添加一个未列入 HTML 或 SVG 规范的属性，则必须在属性名称前加上 data-，否则 React 会忽略它。代码清单 3-3 显示了一个具有自定义属性的 JSX HTML 等效元素。

代码清单 3-3：HTML 中的自定义属性必须以 data-开头

```
<div data-size="XL"
    data-color="black"
    data-description="awesome">
    My Favorite T-Shirt
</div>
```

但是，从 React 16 开始，可以在使用内置 DOM 元素时使用任何自定义属性名称。DOM 元素中的自定义属性可用于在标记中包含任意数据，这些数据没有任何特殊含义，也不影响 HTML 在浏览器中的表示。虽然可以在 DOM 元素中使用自定义属性，但这通常被认为是一种糟糕的做法。

另一方面，用户定义的元素可以具有任何名称的自定义属性，如代码清单 3-4 所示。

代码清单 3-4：用户定义的元素可以具有任何属性

```
import MyFancyWidget from './MyFancyWidget';

function MyFancyComponent(props){
  return(
    <MyFancyWidget
      widgetSize="huge"
      numberOfColumns="3"
      title="Welcome to My Widget" />
  )
```

```
}
export default MyFancyComponent;
```

在用户定义的元素中使用自定义属性是 React 在组件之间传递数据的主要方式，这将在第 4 章中介绍。

3.3.5　JSX 布尔属性

在 HTML 和 JSX 中，某些属性不需要赋值，因为它们的值被设置为布尔值 true。例如，在 HTML 中，input 元素的 disabled 属性导致用户无法更改输入：

```
<input type="text" name="username" disabled>
```

在 JSX 中，当属性的值显式地指定为 true 时，可以省略它。因此，要将 JSX input 元素的 disabled 属性设置为 true，可以执行以下任一操作：

```
<input type="text" name="username" disabled = {true}/>
<input type="text" name="username" disabled/>
```

3.3.6　使用花括号包含 JavaScript 字面量

当你需要在 JSX 中包含变量或 JavaScript 片段，但不希望转译器解释时，请使用花括号将其括起来。代码清单 3-5 显示了一个组件，其 return 语句包含 JSX 属性中的 JavaScript 字面量。

代码清单 3-5：在 JSX 中使用 JavaScript 字面量

```
function SearchInput(props) {

   return (
    <div id="search-box">
     <input type="text"
            name="search"
            value={props.term}
            onChange={(e)=>{props.onChange(e.target.value)}}/>
    </div>
   )
  }
export default SearchInput;
```

1. 对象要使用双花括号

容易忽略的是，如果在 JSX 中包含 JavaScript 对象字面量，JSX 代码将使用双花括号，如代码清单 3-6 所示。

代码清单 3-6：JSX 中的对象字面量要使用双花括号

```
function Header(props){
return (
 <h1 style={{fontSize:"24px",color:"blue"}}>
```

```
    Welcome to My Website
  </h1>
  )
}
export default Header;
```

2. 将注释放入花括号中

因为 JSX 实际上是一种 JavaScript 的编写方式,所以 HTML 注释在 JSX 中无效。但可以使用 JavaScript 块注释语法(/*和*/)在 JSX 中添加注释。

但由于不想转译注释,因此必须用花括号将它们括起来,如代码清单 3-7 所示。

代码清单 3-7:将注释放入花括号中

```
function Header(props){
return (
  <h1 style={{fontSize:"24px",color:"blue"}}>
    {/* Todo: Make this header dynamic */}

    Welcome to My Website
  </h1>
  )
}
export default Header;
```

3.3.7 何时在 JSX 中使用 JavaScript

编程中的关注点分离概念是指应将布局代码与逻辑分离。在实践中,这意味着应该将执行计算、检索数据、组合数据和控制应用程序流的代码编写为组件中 return 语句之外的函数,而不是 JSX 中花括号内的函数。

但是,return 语句中存在一些必需的逻辑,这是很常见的,虽然对包含的逻辑代码数量并没有硬性规定,但一般来说,在 JSX 中编写的任何 JavaScript 都应该只与表示有关,并且应该是单个 JavaScript 表达式,而不是函数或复杂逻辑。

纯表示性的 JavaScript 的一个例子是条件渲染。

3.3.8 JSX 中的条件

通常,组件需要根据表达式的结果或变量的值来输出不同的子组件,或隐藏某些组件。我们称之为条件渲染。

在 JavaScript 中有三种方法可编写条件语句,可使用其中任何一种进行条件渲染。

1. 使用 if/else 和元素变量的条件渲染

JSX 元素可以赋值给变量,这些变量可以替换组件的 return 语句中的元素,如代码清单 3-8 所示。

代码清单 3-8：使用元素变量

```
import Header from './Header';

function Welcome(){
  let header = <Header/>;
  return(
    <div>
      {header}
    </div>
  );
}
export default Welcome;
```

使用条件语句，可以将不同的元素赋值给变量，从而改变渲染的内容，如代码清单 3-9 所示。

代码清单 3-9：使用元素变量的条件渲染

```
import Header from './Header';
import Login from './Login';

function Welcome({loggedIn}) {
    let header;

    if (loggedIn) {
      header = <Header/>;
    } else {
      header = <Login/>;
    }
    return (
      <div>
        {header}
      </div>
    );
  }

export default Welcome;
```

2. 使用&&运算符进行条件渲染

可以使用逻辑 AND 运算符&&内联地编写条件逻辑，而不必在 return 语句之外使用条件逻辑。&&运算符将计算左右两侧的表达式。如果两个表达式的计算结果都为布尔值 true，&&运算符将返回右侧的表达式。如果&&运算符的任何一侧为 false，则将返回值 false。

如果&&运算符的左侧为 true，就可以应用该规则，有条件地返回&&运算符右侧的表达式。

起初你可能会有点困惑。请查看代码清单 3-10。如果 loggedIn 的计算结果为 true，则此代码将渲染 Header 组件。

代码清单 3-10：使用&&进行条件渲染

```
import Header from './Header';

function Welcome({loggedIn}){
   return (
     <div>
       {loggedIn&&<Header />}
       Note: if you don't see the header messsage,
       you're not logged in.
     </div>
   )
}

export default Welcome;
```

3. 使用条件运算符进行条件渲染

条件运算符不仅具有内联条件渲染的简单性和简洁性，还具有 else 分支的功能 (结合使用元素变量和 if、else 才能实现的功能)。

代码清单 3-11 显示了使用条件运算符的示例。

代码清单 3-11：使用条件运算符

```
import Header from './Header';
import Login from './Login';

function Welcome({loggedIn}){
   return(
     <div>
       {loggedIn ? <Header /> : <Login />}
     </div>
   )
}

export default Welcome;
```

在本例中，对问号左边的表达式求值。如果为 true，则返回 WelcomeMessage 组件。如果为 false，则返回 Login 组件。

3.3.9 JSX 中的表达式

可以在 JSX 内或 React 元素属性值内使用任何 JavaScript 表达式，只需要将其用花括号括起来即可。JSX 元素本身也是 JavaScript 表达式，因为它们在编译期间被转换为函数调用。

为了理解JSX中可以包含哪些JavaScript，让我们简单了解一下什么是JavaScript表达式。

表达式是解析为值的任何有效代码单元。下面是一些有效的 JavaScript 表达式示例：

- 算术运算表达式：1+1

- 字符串表达式：“Hello,”＋“World!”
- 逻辑运算表达式：this !== that
- 基本关键字和通用表达式：包括某些关键字(如 this、null、true 和 false)以及变量引用和函数调用。

JavaScript 中不返回值的结构示例(因此不是表达式)包括 for 循环和 if 语句，以及函数声明(使用 function 关键字)。当然，仍然可以在 React 组件中使用它们，但需要在 return 语句之外使用它们，如代码清单 3-9 所示。

函数可以包含在 JSX 中，前提是它们被立即调用，并返回 JSX 可以解析的值，或者它们作为属性的值被传递。代码清单 3-12 中的组件有一个 return 语句，其中包含一个函数作为事件处理程序。

代码清单 3-12：使用箭头函数作为事件处理程序

```
import {useState} from 'react';

function CountUp(){
  const [count,setCount] = useState(0);
  return (
    <div>
      <button onClick={()=>setCount(count+1)}>Add One</button>
      {count}
    </div>
  );
}
export default CountUp;
```

代码清单 3-13 是一个使用立即调用的函数的示例，该函数在 JSX 中有效。

代码清单 3-13：立即调用 JSX 中的函数

```
function ImmediateInvoke(){
  return(
    <div>
      {(()=><h1>The Header</h1>)()}
    </div>
  );

}
export default ImmediateInvoke;
```

3.3.10　在 JSX 中使用子元素

React 组件中的 return 语句只能返回一个元素。它可以是字符串、数字、数组、布尔值或单个 JSX 元素。但是，请记住，单个 JSX 元素可以包含任意数量的子元素。只需要在 return 语句的开头和末尾使用匹配的开始标签和结束标签，那么在它们中间包含的任何内容(只要它是有效的 JSX 或 JavaScript 表达式)都是可以的。

下面是一个无效的 JSX 返回值示例：

```
return(
  <MyComponent />
  <MyOtherComponent />
);
```

使其成为有效的 JSX 返回值的一种方法是用另一个元素封装这两个元素，如下所示：

```
return(
  <div>
    <MyComponent />
    <MyOtherComponent />
  </div>
);
```

由于 div 元素封装了两个用户定义的元素，因此现在只返回了一个元素。

3.3.11　React Fragment

尽管使用 div 元素或其他元素来封装多个元素，从而返回单个 JSX 元素是很常见的，但添加 div 元素只是为了消除代码中的错误，而不是为代码增加必要的内容或结构，会导致代码膨胀并降低代码的可访问性。

为了防止引入不必要的元素，可以使用内置的 React.Fragment 组件。React.Fragment 组件将 JSX 封装成一个单独的 JSX 元素，但是不返回任何 HTML。

可通过以下三种方式使用 React.Fragment 组件：

1. 使用点表示法，即<React.Fragment></React.Fragment>。
2. 使用花括号从 react 库导入 Fragment。
3. 使用简短语法，仅为一个无名元素：<></>。

代码清单 3-14 显示了如何在组件中使用 React.Fragment。

代码清单 3-14：使用 React.Fragment

```
import {Fragment} from 'react';

function MyComponent(){
  return(
    <Fragment>
      <h1>The heading</h1>
      <h2>The subheading</h2>
    </Fragment>
  );
}
export default MyComponent;
```

代码清单 3-15 显示了如何使用 React.Fragment 的简短语法。

代码清单 3-15：使用 React.Fragment 的简短语法

```
function MyComponent(){
  return(
    <>
      <h1>The heading</h1>
      <h2>The subheading</h2>
    </>
  );
}
export default MyComponent;
```

注意：

在使用 React.Fragment 的简短语法时，不需要从 React 导入 Fragment。

代码清单 3-14 或代码清单 3-15 的运行结果是只返回 HTML 元素 h1 和 h2。

3.3.12　本章小结

JSX 是一个重要的工具，几乎用于所有 React 组件的开发。在本章中，我们学习了：

- 使用 JSX 的原因。这是一种 XML 语言，React 使用它来更容易地实现可视化和方便编写组件的输出。
- JSX 不是 HTML，但 React 使用 JSX 来生成 HTML。
- JavaScript 模块的历史，模块使得分布式开发和可重用组件成为可能，以及如何使用 import 和 export 创建并使用模块。
- 什么是转译器。
- 如何编写 JSX 代码。
- 什么是条件渲染以及如何在 JSX 中实现。
- 如何在 JSX 中使用 JavaScript 表达式。
- 如何在 JSX 中使用注释。
- 如何使用 React.Fragment 将元素组合在一起而不返回额外的 HTML 元素。

在下一章中，你将了解 React 库本身，以及每个 React 用户界面的基本单元：组件。

第 **4** 章

组　件

至此，我们主要讨论了 React 开发工具，包括开发环境、Node.js、ReactDOM、JavaScript 模块和 JSX。接下来将深入研究 React 的核心部分：组件。在本章中，你将学到：

- 组件和元素之间的关系
- 如何使用 React 的 HTML 元素
- 如何使用 props 在组件之间传递数据
- 如何编写类组件
- 如何编写函数组件
- 如何在 JavaScript 中绑定函数
- 如何管理 React 状态

4.1　什么是组件

组件是 React 应用程序的构建块。一个 React 组件可以是一个函数或一个 JavaScript 类，它可以选择性地接收数据，并返回一个描述用户界面某些部分的 React 元素。React 用户界面由一系列组件组成，这些组件均构建到称为根组件的单个组件上，而该组件在 Web 浏览器中渲染。

图 4-1 显示了 React 组件树的示例。

虽然可以创建只包含一个组件的 React 应用程序，但对于除最小应用程序之外的所有应用程序，将应用程序拆分为多个组件可以使代码的开发和管理更加容易。

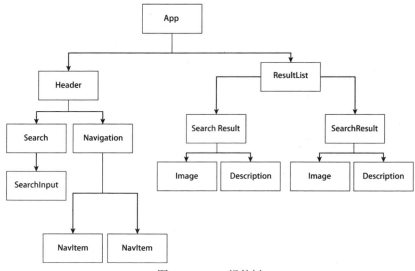

图 4-1　React 组件树

4.2　组件和元素

在讨论组件之前，了解 React 中组件和元素之间的关系非常重要。

4.2.1　组件定义元素

组件的任务是返回元素。

对于应用程序中的组件来说，每个组件只能有一个唯一的名称。当在另一个组件中包含某个组件时，该组件名称将成为 React 元素的名称，如代码清单 4-1 所示。

代码清单 4-1：组件定义元素

```
function WelcomeMessage(){
  return "Welcome!";
}
export default WelcomeMessage;
```

在这个非常简单的示例中，WelcomeMessage 是一个使用函数创建并导出为 JavaScript 模块的 React 组件。导出后，WelcomeMessage 可以被导入任何需要使用其功能的其他 React 组件中，如代码清单 4-2 所示。

代码清单 4-2：组件可以被导入其他组件中

```
import WelcomeMessage from './WelcomeMessage';

function WelcomeTitle(){
    return <h1><WelcomeMessage /></h1>;
}
```

```
export default WelcomeTitle;
```

虽然并非每个组件都拥有自己的模块，但这是定义组件最常见的方式。在使用默认导出创建的组件中，包含模块的文件通常采用文件中定义的组件名称。

一旦将一个组件导入另一个组件中，就需要使用 React 元素。

4.2.2　元素调用组件

一旦将一个组件导入另一个组件中，就可以使用元素将导入的组件功能包含在新组件的 JSX 中。可以根据需要在另一个组件中包含尽可能多的组件，因为对组件树可以拥有的组件层级数量没有限制。导入组件后，可以根据需要多次使用它定义的元素，每次使用时都将创建一个包含特定数据和内存的新组件实例。

一般来说，使用组件的目的是提供更高级别的抽象，从而降低应用程序的复杂性并支持重用。代码清单 4-3 显示了顶层 React 组件的一个示例，它使用其他组件的功能来显示购物车用户界面。

代码清单 4-3：使用组件降低复杂性

```
import React from 'react';
import CartItems from './CartItems';
import DisplayTotal from './DisplayTotal';
import CheckoutButton from './CheckoutButton';
import styles from './Cart.css.js';

function Cart(props){
  return(
    <div style={styles.cart}>
      <h2>Cart</h2>

      <CartItems items = {props.inCart} />

      <DisplayTotal items = {props.inCart} />

      <CheckoutButton />
    </div>
  );
}
export default Cart;
```

注意，代码清单 4-3 中的组件使用普通 JavaScript 和导入模块的组合来返回自定义元素和 HTML 元素的组合。仅通过查看 return 语句，就可以很容易地弄清楚该组件将渲染的内容要点。

如代码清单 4-4(部分)所示，整个组件可以在一个文件中写入所有内容，但结果将会生成一个更大、更难使用并且更难维护的文件。

如果代码清单 4-4 中的许多代码看起来很奇怪或难懂也不必担心。记住 React 只是 JavaScript，这个例子使用了几个相对较新的 JavaScript 工具和函数，我将在本章后面介绍它们。

代码清单 4-4：将所有工具和函数放入一个组件中

```
import React,{useState} from 'react';
import styles from './Cart.css.js';

function Cart(props){

  const [inCart,setInCart] = useState(props.inCart);

  const removeFromCart = (item)=>{
    const index = inCart.indexOf(item);
    const newCart = [...inCart.slice(0, index), ...inCart.slice(index + 1)];
    setInCart(newCart);
  };

  const calculatedTotal = inCart.reduce((accumulator, item) => accumulator +
(item.price || 0), 0);

  let ItemList = inCart.map((item)=>{
    return (<div key={item.id}>{item.title} - {item.price}
      <button onClick={()=>{removeFromCart(item)}}>remove</button></div>)
  });

  return(
    <div style={styles.cart}>
      <h2>Cart</h2>
        {ItemList}

        <p>total: ${calculatedTotal}</p>

        <button>Checkout</button>

    </div>
  );
}

export default Cart;
```

4.3 内置组件

　　React 为最常用的 HTML 元素及其属性提供了内置组件。还有用于可缩放矢量图形(Scalable Vector Graphics, SVG)元素及其属性的内置组件。这些内置组件在DOM 中生成输出，是自定义组件的基础。

4.3.1　HTML 元素组件

　　React 的内置 HTML 元素组件与 HTML5 中元素的名称相同。在 React 应用程序中使用它们会导致相应的 HTML 元素被渲染。

　　许多 React 开发人员(以及一般的 Web 应用程序开发人员)倾向于对用户界面中的每种容器类型使用 div 元素。虽然这很方便，但并不总是建议这样做。如果使用得当，HTML 会是一种丰富且具有描述性的语言，它使用有意义的(又称为语义化的)HTML 元素来标记内容以使搜索引擎和用户更容易访问它。

表 4-1 列出了 React 支持的所有 HTML 元素，以及对每个元素的简要说明。如果要使用的元素不在此表中，可尝试使用该元素以查看是否已经在此列表编译后将其添加。如果没有，可以向 Facebook 提交一个请求，通过在 React github.com 存储库中提交该问题来请求将该元素添加到 React 中。

表 4-1 React 支持的 HTML 元素

HTML 元素	描述
a	创建超链接
abbr	表示缩写或首字母缩写
address	表示其中的 HTML 包含联系人信息
area	定义图像映射中可单击的区域
article	表示页面中自包含的内容(如故事或文章)
aside	表示与主要内容间接相关的内容
audio	嵌入声音内容
b	用来吸引读者对内容的注意。以前，这是 "bold" 元素，但现在它被称为"Bring to Attention"元素，以区分其用途和样式
base	指定文档中所有相对 URL 的基 URL
bdi	双向隔离。隔离可能与周围文本方向不同的文本
bdo	双向文本覆盖。改变文本的方向
big	以大一号的字体大小呈现文本(已过时)
blockquote	表示扩展的引用
body	表示 HTML 文档的内容
br	生成换行符
button	表示可单击的按钮
canvas	使用画布 API 或 WebGL 创建绘图区域
caption	指定表格的标题
cite	描述对某个参考文献的引用
code	表示其内容应样式化为计算机代码
col	定义表中的列
colgroup	定义表中的一组列
data	将内容翻译为到机器可读的形式
datalist	包含 option 元素，指示可用于窗体控件的合法选项
dd	提供前一术语的定义(使用 dt 指定)
del	表示已从文档中删除的文本

(续表)

HTML 元素	描述
details	创建 widget，当 widget 切换到"打开"状态时，其中的信息是可见的
dfn	表示在句子中定义的术语
dialog	表示对话框、子窗口、警告框或其他此类交互式元素
div	对内容或布局没有影响的通用容器
dl	表示术语列表
dt	定义术语列表中的术语。在 dl 中使用
em	标记重点文本
embed	在文档中嵌入外部内容
fieldset	将窗体中的控件和标签分组
figcaption	描述父 figure 元素的内容
figure	表示自包含的内容(标题是可选项)
footer	表示其最近的分段内容的页脚
form	表示包含交互式控件的文档节
h1	第一级节标题
h2	第二级节标题
h3	第三级节标题
h4	第四级节标题
h5	第五级节标题
h6	第六级节标题
head	包含有关文档的计算机可读信息
header	表示介绍性内容
hr	表示各节之间的主题间隔
html	定义 HTML 文档
i	表示与普通文本不同的惯用文本
iframe	表示嵌套的浏览器上下文
img	将图像嵌入文档
input	为基于 Web 的表单创建交互式控件
ins	表示已添加到文档中的文本范围
kbd	表示键盘输入的文本范围
keygen	方便生成密钥信息并在 HTML 表单中提交公钥
label	表示用户界面中项目的标题
legend	表示 fieldset 中元素的标题

(续表)

HTML 元素	描述
li	表示列表中的项
link	指定文档和外部资源之间的关系。通常用于链接样式表
main	表示文档 body 元素的主要内容
map	与 area 元素一起用于定义图像映射
mark	表示已标记或高亮显示的文本
menu	表示一组命令
menuitem	表示菜单中的命令
meta	表示无法用其他元数据元素(如标题、链接、脚本或样式)表示的元数据
meter	表示已知范围内的分数或标量值
nav	表示包含导航链接的节
noscript	表示浏览器中不支持某种脚本类型或禁用脚本时要插入的节
object	表示外部资源
ol	表示有序列表
optgroup	在 select 元素中创建选项分组
option	在 select 或 optgroup 中定义项
output	为计算结果或用户输入创建容器
p	表示段落
param	定义 object 的参数
picture	包含 source 元素和 img 元素，以提供图像的替代版本
pre	表示应完全按照书面形式呈现的样式预格式化文本
progress	显示表明任务完成进度的指示器，如进度条
q	表示其内容是引用
rp	使用 ruby 元素为不支持 ruby 注释的浏览器提供回退内容
rt	指定 ruby 注释的 ruby 文本组件
ruby	用于标记拼音的注释
s	表示删除线
samp	包含表示计算机程序输出示例的文本
script	嵌入可执行代码或数据
section	表示文档中的独立节
select	表示显示选项菜单的控件
small	表示小字体，如版权或法律文本
source	为 picture 和 audio 元素指定多个媒体资源

(续表)

HTML 元素	描述
span	通用内联容器
strong	表示文本非常重要
style	包含文档的样式信息
sub	指定应显示为下标的内联文本
summary	指定 details 元素内容的摘要、图例或标题
sup	指定应显示为上标的内联文本
table	表示表格数据
tbody	定义表格中的主体内容
td	定义表格中的单元格
textarea	表示多行文本编辑控件
tfoot	定义了一组行来包含表格中的汇总内容
th	定义表格内表头单元格的一个标签元素
thead	定义 HTML 表格的表头内容
time	定义日期时间
title	定义在浏览器的标题栏和浏览器选项卡中显示的标题
tr	定义表中的一行单元格
track	包含音频和视频内容的定时文本轨道(例如字幕)
u	最初是 underline 元素，它指定文本应采用特定方式渲染，而非表示特定的语义含义(无论其含义是什么)
ul	表示无序列表(通常渲染为项目符号列表)
var	表示数学或编程上下文中变量的名称
video	嵌入支持视频播放的媒体播放器
wbr	表示可能的换行位置，浏览器可以选择在此处换行

4.3.2　Attributes 和 Props

在标记语言(如 XML 和 HTML)中，属性定义了元素的属性或特征，并使用 name=value 格式进行指定。

因为 JSX 是一种 XML 标记语言，所以 JSX 元素可以具有多个属性，并且单个 JSX 元素所具有的属性数量没有限制。

1. 传递属性

在 JSX 元素中编写的特性被作为属性(properties，简称 props)传递给由元素表示的组件。可以使用组件的 props 对象来访问组件内部的属性。

为了说明如何使用 props 对象在组件之间传递数据，我将使用一个名为 Farms 的组件示例，它包含 Farm 组件的多个实例，如代码清单 4-5 所示。传递到 Farm 组件中的属性使得通用 Farm 组件可以表示任何农场。

需要注意的是，可以将字符串用引号括起来传递给组件，任何其他类型的数据都可使用花括号(以指示该值应被视为 JavaScript)来传递给组件。

代码清单 4-5：传递属性

```
import Farm from './Farm';

export default function Farms(){
  return(
    <>
      <Farm
        farmer="Old McDonald"
        animals={['pigs','cows','chickens']} />
      <Farm
        farmer="Mr. Jones"
        animals={['pigs','horses','donkey','goat']} />
    </>
  )
}
```

2. 访问 Props 对象

一旦将值作为 props 对象传递，就可以在组件内部访问这些数据。代码清单 4-6 显示了 Farm 组件以及它如何使用传入的数据。

代码清单 4-6：在组件中使用 props 对象

```
export default function Farm(props){

  return (
  <div>
    <p>{props.farmer} had a farm.</p>
    <p>On his farm, he had some {props.animals[0]}.</p>
    <p>On his farm, he had some {props.animals[1]}.</p>
    <p>On his farm, he had some {props.animals[2]}.</p>
  </div>
  )

}
```

与所有 JavaScript 函数一样，如果将数据传递给函数组件，那么可以在函数参数中为该数据指定一个名称。严格来说，可以使用任何名称。但是，由于 React 基于类的组件接收使用 this.props 传递的数据，因此在函数组件中使用名称 props 是标准的做法，也是明智的。

注意，在 return 语句中使用 props 时，必须将它们放在花括号中。也可以在组件内的其他地方使用 props，代码清单 4-7 中显示了 Farm 组件的改进版本。

代码清单 4-7：Farm 组件的改进版本

```
export default function Farm(props){
    let onHisFarm = [];
    if(props.animals){
        onHisFarm = props.animals.map((animal,index)=>
            <p key={index}>On his farm he had some {animal}.</p>);
    }
    return (
        <>
        <p>{props.farmer} had a farm.</p>
        {onHisFarm}
        </>
    )
}
```

JavaScript 教程：使用 Array.map()

根据现有数组中的每个元素应用函数的结果，JavaScript 的 Array.map 函数会创建一个新数组。在 React 中，map 函数常用于从数组构建 React 元素列表或字符串。

Array.map 的语法如下所示：

```
array.map(function(currentValue, index, arr),thisValue)
```

其中：

● array 是任意 JavaScript 数组。数组中的每个元素都将运行一次传递给 map 函数的函数。

● currentValue 是传递给函数的值，它将随着数组的每次迭代而改变。

● index 参数是一个数字，表示当前值在数组中的位置。

● arr 参数是 currentValue 所属的数组对象。

● thisValue 参数是在函数内部用作 "this" 值的值。

唯一必需的参数是 currentValue。这也是你在真实 React 应用程序中最常看到的参数。下面的示例演示了如何使用 Array .map() 从数组中生成一系列列表项：

```
const bulletedList = listItems.map(function(currentItem){
    return <li>{currentItem}</li>
}
```

出于性能考虑，React 要求 JSX 元素列表中的每一项(例如从数组构建的元素)具有唯一的 key 属性。为每个元素指定唯一 key 属性的一种方法是使用 index 形参，如下所示：

```
const bulletedList = listItems.map(function(currentItem,index){
    return <li key={index}>{currentItem}</li>
}
```

3. 标准 HTML 属性

如第 3 章所见，React 的 HTML 组件支持大多数标准 HTML 属性，但有一些重要的区别，这里将重申并展开说明一下。

属性使用驼峰式命名法

HTML5 的属性全部使用小写字母，其中一些属性在多个单词之间使用短划线 (如 accept-charset 属性)，而 React 的 HTML 组件中的所有属性都在第一个单词之后使用大写字母。这种大小写约定通常称为驼峰式命名法。

例如，在 React 中，HTML 的 tabindex 属性表示为 tabIndex，onclick 表示为 onClick。

重命名的两个属性

在某些情况下，React 内置元素的属性与 HTML 属性的名称不同。这是为了避免与 JavaScript 中的保留字发生冲突。React 中与 HTML 不同的属性有：

* HTML 中的 class 是 React 中的 className。
* HTML 中的 for 是 React 中的 htmlFor。

React 添加了一些属性

有一些 React 内置的 HTML 组件的属性在 HTML 中并不存在。你可能永远都不会用到这些特殊属性，但是为了完整起见，现列举如下：

* dangerouslySetInnerHTML。它支持直接从 React 设置元素的 innerHTML 属性。从属性的名称可以看出，这不是推荐的做法。
* suppressContentEditableWarning。如果对具有子级的元素使用 contentEditable 属性，则不显示 React 发出的警告。
* suppressHydrationWarning。当服务器端 React 和客户端 React 渲染的内容不同时，此属性将禁止 React 发出警告。

某些 React 属性的行为不同

React 中一些属性的行为与标准 HTML 中的有所不同：

* checked 和 defaultChecked。checked 属性用于动态设置和取消设置单选按钮或复选框的选中状态。defaultChecked 属性用于设置组件首次挂载到浏览器中时是否选中单选按钮或复选框。
* selected。在 HTML 中，如果希望下拉列表中的某个选项成为当前选定的选项，可以使用 selected 属性。而在 React 中，需要设置包含 select 元素的 value 属性。
* style。React 的 style 属性接收包含 style 属性和值的 JavaScript 对象，而不接收 CSS，后者是 HTML 中 style 属性的工作方式。

React 支持多种 HTML 属性

下面列出了 React 内置 HTML 组件支持的标准 HTML 属性：

```
accept acceptCharset accessKey action allowFullScreen allowTransparency alt async
autoComplete autoFocus autoPlay capture cellPadding cellSpacing charset challenge
checked classID className cols colSpan content contentEditable contextMenu
controls coords crossOrigin data dateTime defer dir disabled download draggable
encType form formAction formEncType formMethod formNoValidate formTarget
frameborder headers height hidden high href hrefLang htmlFor httpEquiv icon id
inputMode keyParams keyType label lang list loop low manifest marginHeight
marginWidth max maxLength media mediaGroup method min minLength multiple muted
name noValidate open optimum pattern placeholder poster preload radioGroup
readOnly rel required role rows rowSpan sandbox scope scoped scrolling seamless
selected shape size sizes span spellCheck src srcDoc srcSet start step style
summary tabIndex target title type useMap value width wmode wrap
```

4. 非标准属性

除了标准的 HTML 属性，React 还支持在某些浏览器和元数据语言中有特定用途的非标准属性，包括：

- Mobile Safari 支持的 autoCapitalize 和 autoCorrect。
- 用于 Open Graph 元标签的 property。
- HTML5 微数据的 itemProp、itemScope、itemType、itemRef 和 itemID。
- 用于 Internet Explorer 的 unselectable。
- results 和 autoSave 是使用 WebKit 或 Blink 浏览器引擎(包括 Chrome、Safari、Opera 和 Edge)构建的浏览器所支持的属性。

5. 自定义属性

从 React 16 开始，React 会将 HTML 组件中使用的任何自定义属性传递给生成的 HTML，前提是这些自定义属性只使用小写字母编写。

4.4 用户定义的组件

你是否想过，如果不必非得使用标准的 HTML 元素集，那将会多么棒？例如，如果可以创建一个名为 PrintPageButton 的元素，并且能够在应用程序中需要显示功能性打印按钮的任何地方使用它；或者，如果有一个名为 Tax 的元素，它可以计算并显示在线商店购物车中的税款，情况又会如何呢？

本质上，这就是 React 组件通过自定义组件实现的功能。自定义组件也称为用户定义的组件，这些组件可以通过组合内置组件和其他自定义组件来实现。

自定义组件的用途很广。如果将组件设计为可重用的，那么不仅可以在单个 React 应用程序内部重用组件，还可以跨任意数量的 React 应用程序重用组件。甚至有数百个由其他开发人员创建的自定义组件的开源库，你可以在自己的应用程序中重用它们。

　　编写有用且可重用的 React 组件有时需要大量的前期工作，但正确编写这些组件的好处是可以减少整体工作量，并使应用程序更安全、可靠。

　　在本章的其余部分，你将学习如何编写自定义组件，并将它们组合在一起以构建健壮的用户界面。

4.5　组件类型

　　在 React 中，有两种不同的编写组件的方式：使用 JavaScript 类或使用 JavaScript 函数。

　　在大多数情况下，使用函数创建组件要简单得多，与使用类的方法相比，它需要的代码更少，也不需要详细了解 JavaScript 的内部工作原理。然而，这两种方法都被广泛使用，因此，了解如何使用类和函数编写组件都很重要。

> **注意：**
> 为全面了解 React 的工作原理，掌握 JavaScript 类和类组件是必要的，但不使用类也可以编写完整的 React 应用程序。虽然对类的解释可能会变得非常复杂和理论化，但不要因此感到不安。如果本章的"类组件"部分让你感到困惑，请随时跳过或略读，直接进入"函数组件"部分，这也是本书剩余部分的主要内容。当需要时，你可以返回本章学习关于类组件和 JavaScript 类的全部知识。

4.5.1　类组件

　　React 首次发布时，类是 JavaScript 的新特性。React 库的早期版本有一个名为 React.createClass 的函数，它是创建组件的唯一方法。要使用 React.createClass，可以将包含组件属性的对象作为参数传递给函数，其结果将是一个 React 组件。

　　迄今为止，React 在其生命周期中所做的一个更大改变是，React.createClass 从 React 15.5 开始就被弃用了。

　　如果需要，仍然可通过安装 create-react-class 包来使用 createClass。使用 createClass 创建组件的代码如代码清单 4-8 所示。

代码清单 4-8：使用 React.createClass 创建组件

```
import React from 'react';
import createClass from 'create-react-class';

const UserProfile = createClass({
  render() {
    return (
      <h1>User Profile</h1>
    );
  }
```

```
});

export default UserProfile;
```

从 React 15.5 开始，编写类的首选方法是直接扩展 React.Component 基类。

代码清单 4-9 显示了如何使用扩展 React.Component 的类来编写代码清单 4-8 中的组件。

代码清单 4-9：使用类创建组件

```
import React from 'react';

class UserProfile extends React.Component {

  constructor(props) {
    super(props);
  }

  render() {
    return (
      <h1>User Profile</h1>
    );
  }
};

export default UserProfile;
```

JavaScript 教程：类

JavaScript 中的类与传统面向对象语言(如 Java 或 C)中的类相似，但有一些根本的区别。

传统类是创建对象的蓝图。在 JavaScript 中，类本身就是用作对象模板的对象。换句话说，JavaScript 只有原型，而没有真正的类。

你可能会看到"语法糖"这个术语，它用于描述类以及在 ES2015 和 JavaScript 更新版本中引入的一些其他新特性。语法糖指的是一种简化或者抽象的编码方式，它使程序员更容易编写和理解代码，但实际上对程序的功能没有任何影响。它可以提高程序编码的效率，减少程序代码出错的机会。

在 JavaScript 中引入类语法并没有提供任何新的功能。类只是使用不同的语法来实现 JavaScript 中的现有功能，这些语法对于使用过基于类的语言(如 Java 或 C)的开发人员来说更为熟悉。

更具体地说，JavaScript 中的类语法只是使用 constructor 函数和原型继承的一种新方法。因此，要理解类，首先需要了解 constructor 函数和原型继承的基础知识。

原型继承

JavaScript 对象是属性的集合。JavaScript 有几种创建对象的方法：
- 使用对象字面量符号。
- 使用 Object.create 方法。

- 使用 new 运算符。

使用 new 运算符

使用 new 运算符的一种方法是编写 constructor 函数,然后使用 new 关键字调用该函数。

要了解其用法,请打开浏览器的 JavaScript 控制台(在 Windows 上按 Cmd+Shift+j 或在 Mac 上按 Cmd+Option-j),然后输入以下代码:

```
let a = function () {
  this.x = 10;
  this.y = 8;
};
let b = new a();
```

创建 b 对象的结果将是生成具有 x 和 y 两个属性的对象。输入以下两条语句进行确认:

```
b.x; // 10
b.y // 8
```

这些属性被称为对象的自有属性,a 是 b 的原型。

修改并使用原型

可以向对象的原型添加新属性,如下所示:

```
a.prototype.z = 100;
```

在前面的语句中,我们向 b 的原型添加了一个新属性 z。在原型继承中,每个对象都从其原型对象继承属性和方法。

有趣的是,当你尝试访问 b 对象上的属性 z 时,JavaScript 会首先寻找名为 z 的 b 的自有属性,如果找不到,它就会查看对象的原型。如果还是没有找到,它将查看原型的原型。这种操作会一直持续,直到查看内置的 Object 对象,它是每个 JavaScript 对象的原型。

试试吧!

```
b.z; // 100
```

方法也是属性

对象的属性可以使用函数作为它的值。带有函数值的属性在 JavaScript 中被称为"方法"。

可以在方法中使用 this 关键字,它引用的是继承对象,而不是原型。

例如,在原型对象中添加一个名为 sum()的方法:

```
a.prototype.sum = function() { return this.x + this.y };
```

现在,更改 b 对象上 x 和 y 的值:

```
b.x = 1000
b.y = 2000
```

然后调用 b 对象上的 sum 函数：

```
b.sum() // 3000
```

即使 b 没有自己的函数 sum，JavaScript 也会在原型上运行 sum 函数，但使用 b
中的 this 值。

总结

综上所述，在 JavaScript 中创建的每个对象都是另一个对象的副本，另一个对
象称为其原型。对象从其原型继承属性和值，并具有返回到其原型的链接。如果在
一个对象上引用属性，而该对象没有该属性，JavaScript 将查看该对象的原型，并以
此类推，直到找到原型链上的内置对象。

我们已介绍了原型继承，下面继续讨论类和 React.js 中最常用的类特性。

理解 JavaScript 类

要定义类，可以使用类声明或类表达式。

类声明

类声明以 class 关键字开始，后跟类的名称。下面是一个类声明的示例：

```
class Pizza (
  constructor(toppings,size) {
    this.toppings = toppings;
    this.size = size;
  }
}
```

类声明在结构上类似于函数声明。下面是函数声明的示例：

```
function Pizza(toppings,size) {
  this.toppings = toppings;
  this.size = size;
}
```

然而，类声明和函数声明之间的一个重要区别是，函数声明会被提升(hoisted)。
函数提升意味着，可以在脚本中的任何位置引用使用函数声明创建的函数，即使是
在函数声明之前。例如，尽管我们按代码顺序在 Pizza() 函数出现之前调用了它，但
下面的代码仍然有效：

```
let MyPizza = new Pizza(['sausage','cheese'],'large');
  function Pizza(toppings,size) {
    this.toppings = toppings;
    this.size = size;
  }
```

但是，这段代码的类版本将产生一个错误，因为当这段代码尝试使用名为 Pizza

的类时，该类不存在：

```
let MyPizza = new Pizza(['sausage','cheese'],'large');
 class Pizza {
     constructor(toppings,size) {
       this.toppings = toppings;
       this.size = size;
   }
 }
```

类表达式

要使用类表达式创建类，可以使用一个具有类名或匿名的类，并将其分配给变量。下面是一个使用匿名类的类表达式示例：

```
let Pizza = class {
  constructor(toppings, size) {
    this.toppings = toppings;
    this.size = size;
  }
};
```

下面是使用命名类的类表达式示例：

```
let Pizza = class MyPizza {
  constructor(toppings,size) {
    this.toppings = toppings;
    this.size = size;
  }
};
```

注意，当使用带有命名类的类表达式时，在 class 关键字后面指定的名称将成为类的 name 属性的值：

```
console.log( Pizza.name ); // Output: "MyPizza"
```

使用命名类表达式不是扩展现有类的方法。这只是为类实例提供 name 属性的一种方便方法。

类主体和 constructor 方法

类主体和函数主体一样，都位于花括号之间。在类主体内部，可以定义类成员，例如它的方法、字段和构造函数。

类的 constructor 方法可用于初始化使用该类创建的对象。不需要在创建的类中包含构造函数。如果不包含它，类将有一个默认构造函数，它只是一个空函数。

实例化类时，可以选择传入参数，这些参数将成为 constructor 方法的参数。在构造函数内部，可以通过将这些值赋给 this(它表示新对象)来在新实例中创建属性。

例如，以下 Pizza 类的构造函数使用了三个参数：

```
class Pizza {
   constructor(sauce,cheese,toppings){
```

```
      this.sauce = sauce;
      this.cheese = cheese;
      this.toppings = toppings;
    }
  }
```

要创建 Pizza 实例，可以使用 new 关键字并传入参数，如下所示：

```
let myPizza = new Pizza('tomato','mozzarella',['basil','tomato',
'garlic']);
```

在 myPizza 对象中，sauce 等于 tomato，cheese 等于 mozzarella，toppings 等于传入的 toppings 数组。

将每个值赋给 this 的新属性时，将创建一个实例属性，可以使用 this.[property] 在实例内部访问它，也可以使用实例名后跟句点和属性名的方式在实例外部访问它。

在 myPizza 中访问：

```
this.cheese;
```

在 myPizza 外部访问：

```
myPizza.cheese;
```

使用 extends 创建子类

可以在类声明或类表达式中使用 extends 关键字创建任何现有类的子类。如果新类没有构造函数，新实例可以自动访问它从父类继承的属性。

例如，对于下面这个类，我们将它用作新子类的父类：

```
class Animal {
  constructor(numberOfLegs,weight){
    this.numberOfLegs = numberOfLegs;
    this.weight = weight;
  }
}
```

可以使用 extends 来创建子类，如下所示：

```
class Insect extends Animal {
}
```

扩展类后，即可在新的子类中定义引用了继承属性的方法：

```
class Insect extends Animal {
  countLegs() {
    console.log(`This insect has ${this.numberOfLegs} legs.`);
  }
}
```

如果在子类中包含 constructor 方法，那么必须在构造函数中先调用 super 方法，然后才能使用 this 关键字，如下例所示：

```
class Insect extends Animal {
  constructor(numberOfLegs,weight,name) {
```

```
    super(numberOfLegs,weight);
    this.name = name;
  }
  countLegs() {
    console.log(`The ${ this.name } has ${this.numberOfLegs}
  legs.`);
  }
}
```

在前面的示例中，Insect 的构造函数调用 Animal 的构造函数，并传入用于实例化 Insect 类的参数，这样即使在 Insects 构造函数中没有明确定义 Animal 构造函数中定义的属性，这些属性在 Insect 中也可用。

例如，让我们从 Animal 类中移除 numberOfLegs，然后将其添加到 Insect 子类。只将 weight 作为 Animal 类的属性，因为所有动物都有体重：

```
class Animal {
  constructor(weight){
    this.weight = weight;
  }
}

class Insect extends Animal {
  constructor(numberOfLegs,weight) {
    super(weight);
    this.numberOfLegs = numberOfLegs;
  }
}
```

定义了这两个类后，现在可以创建 Insect 类的实例 Fly：

```
let Fly = new Insect(6,.045);
```

现在，Fly 实例可以使用 this 关键字在内部引用自己的 weight 和 numberOfLegs 属性，并且可以使用实例的名称在外部引用这些属性：

```
console.log(Fly.weight); // .045
```

理解 this

JavaScript 最有趣(有人认为是令人困惑)的一点是，它有时看起来像一种面向对象的编程语言，但实际上它是一种函数式编程语言。

在函数式编程中，程序是通过应用和组合函数创建的，而函数是"一等公民"。这意味着 JavaScript 函数被视为任何其他变量。它们可以作为值传入其他函数，也可以返回其他函数，还可以作为值赋给变量。

因为函数的用途非常广泛，所以可以将函数定义为类的一部分，也可以将函数作为参数传入类中供该类使用。

this 关键字对于能否在对象内部使用函数和在对象之间共享函数至关重要。

充分理解 this 关键字的作用以及如何使用它将函数绑定到对象,对于编写 React 中类的代码非常重要。

this 在调用之前没有值

在 JavaScript 中，当对函数求值的表达式后跟开括号和闭括号时，将会调用函数(或方法)，括号之间可以使用逗号分隔的参数列表。例如，这里有一个函数，后面是对该函数的调用：

```
// function definition
function sum(a,b){
  return a+b;
}
// function invocation
let mySum = sum(2,5);
console.log(mySum); // 7
```

函数中的 this

默认情况下，当在函数中使用 this 关键字并调用该函数时，this 会被设置为全局对象，而在 Web 浏览器中它是 window 对象：

```
function sum(a,b){
  this.secretNumber = 100;
  return a+b;
}

let mySum = sum(2,5);
console.log(window.secretNumber); // 100
```

"严格"模式中的 this

但是，如果 JavaScript 代码在严格模式下运行，this 会被设置为 undefined，而不是全局对象：

```
function getSecretNumber(){
  'use strict';
    this.secretNumber = 100;
    return this.secretNumber;
}

console.log(getSecretNumber()); // error: cannot set property
'secretNumber' of undefined.
```

this 在严格模式下具有不同行为的原因是，应该阻止使用全局变量，因为当每个函数都可以访问变量时，很难知道哪些函数使用或修改了变量，从而导致混乱。

在向全局对象添加属性时，通常会出现错误。严格模式会使此错误立即产生后果，而不是让代码在存在全局变量隐患的情况下还能正常运行。

方法中的 this

请记住，方法是存储在对象属性中的函数。方法调用是指访问一个后跟括号(括号之间带有可选参数)的方法。

在下面的代码中，author 对象有一个名为 write 的方法，我们可以使用 author.write

调用它：

```
const author = {
  write: function(){
    return 'Writing!';
  }
}
let status = author.write();
```

JavaScript 还支持使用 "method" 语法来编写方法。在 method 语法中，可以删除冒号和 function 关键字。因此，前面的对象声明也可以写成：

```
const author = {
  write() {
    return 'Writing!';
  }
}
```

通常情况下，你会在 React 组件中看到这种更短的语法。

在方法调用中，this 是拥有该方法的对象：

```
const author = {
  totalWords: 0,
  write: function(words) {
    this.totalWords += words;
    return this.totalWords;
  }
}
let totalWords = author.write(500);
```

这样做很好，但要记住，通常情况下，需要将函数用于不同的对象，例如：

```
const author1 = {
  totalWords: 0
}
const author2 = {
  totalWords: 0
}
const write = function(words){
  this.totalWords += words;
  return this.totalWords;
}
```

如果现在调用 write 函数，this.totalWords 将是 undefined(严格模式下)，或者将尝试访问 window.totalWords(非严格模式下)。要将 totalWords 函数与对象关联，需要使用 call、apply 或 bind 将其绑定到对象。

使用 call 绑定函数

JavaScript 的 call 函数用于将函数绑定到一个对象并调用该函数。它接收函数需要绑定的对象的名称，后跟要传入函数中的各个参数的列表。要在 author1 对象的上下文中调用 write 函数并传入数值 500，可以使用以下语句：

```
write.call(author1,500);
```

使用 apply 绑定函数

apply 函数也用于将函数绑定到一个对象并调用该函数。它接收函数需要绑定的对象的名称,后跟一个将传入函数中的数组。要在 author1 对象的上下文中调用 write 函数并传入数组,可以使用下列语句:

```
write.apply(author1,[500]);
```

使用 bind 绑定函数

bind 函数的工作方式与 call 相同,但它不是调用函数,而是返回绑定到指定对象的新函数。要创建一个新函数,让它在 author1 对象的上下文中调用 write 函数,并在每次调用时传入 500,可以使用下列语句:

```
let write500Words = write.bind(author1,500);
write500Words();
```

bind 的第二个参数是可选的。在 React 中,通常 bind 只使用第一个参数。

函数绑定在 React 组件中非常重要,因为它允许你在一个组件中定义函数,然后将其作为变量传递给其他组件,同时仍然在最初定义函数的组件上进行操作。

将 bind 函数传递给子组件的方法如图 4-2 所示。

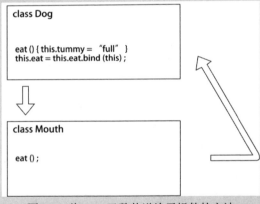

图 4-2　将 bind 函数传递给子组件的方法

将一个函数作为参数传递给另一个函数,并在该组件内部执行该函数的函数称为回调函数。

4.5.2　逐步了解 React 类组件

一旦你理解了 JavaScript 中原型继承的用法,并且知道类只是使用 constructor 函数的另一种方式,那么使用类方法创建 React 组件实际上非常容易。React 类组件已成为 React 工具箱中的功能强大的工具。

接下来让我们逐个了解基本的类组件。

1. React.Component

React.Component 是将要创建的每个类组件的基类。它定义了许多可以在组件中使用并扩展的方法、生命周期方法、类属性和实例属性。

2. 导入 React.Component

因为自定义组件是 React.Component 的子类。任何定义了类组件(或者在库中定义了多个类组件)的文件都必须首先导入 React。有两种典型的导入方式：导入整个 React 库，或者从 React 库导入单个对象。

下面是导入整个 React 库的 import 语句：

```
import React from 'react';
```

这种导入称为"默认导入"。

通过使用命名导入来专门导入 Component 类，可以在组件内编写代码时节省一些击键次数，如下所示：

```
import {Component} from 'react';
```

3. 类的头部

如果将整个库导入新组件模块中，新组件的第一行将如下所示(假设你的组件名为 MyComponent)：

```
class MyComponent extends React.Component{
```

如果使用命名导入的方式导入 Component，那么新组件的头部如下所示：

```
class MyComponent extends Component{
```

4. Constructor 函数

接下来是 constructor 函数。如果在类中包含 constructor 函数，那么它将在创建类的实例时运行一次。constructor 函数用于将事件处理程序函数绑定到类的实例并设置实例的本地状态。

组件中的典型 constructor 函数如下所示：

```
constructor(props) {
  super(props);
  this.state = {
    score: 0;
    userInput: ''
  }
  this.saveUserInput = this.saveUserInput.bind(this);
  this.updateScore = this.updateScore.bind(this);
}
```

在 constructor 函数头部和调用 super 函数之后，该 constructor 函数有两个用途——

初始化组件实例的状态，并将事件处理程序方法绑定到组件实例。

初始化本地状态

React 组件的每个实例都将维护自己的状态，并在 constructor 函数中初始化该状态。组件的状态决定了组件是否渲染以及何时重新渲染。

状态和状态管理是 React 的核心功能，所以此处仅简要介绍，第 6 章将详细介绍。现在，只需要知道组件的状态存储在名为 state 的对象中，每当状态发生变化时，React 都会尝试重新渲染 UI。

组件实例中另一个存储数据的对象称为 props(properties 的缩写)。它是由 React 组件层次结构中的父组件传递给组件的数据。如果要在 constructor 函数中使用 props 对象，需要在调用 super 时将其传递给超类的 constructor 函数。

在使用了 state 对象的组件中，基本的 constructor 函数现在应如下所示：

```
import {Component} from 'react';

class MyComponent extends Component {

    constructor(props){
      super(props);
      this.state = {};
    }
    ...
}

export default MyComponent;
```

绑定事件处理程序

事件处理程序是响应事件时要运行的函数。绑定会使 this 关键字有效。通过将事件处理程序绑定到组件实例，还可以与其他组件共享函数，同时保持其与绑定的实例状态的链接。结果是，无论事件处理程序位于何处，它总是使用来自其绑定对象的数据并对其产生影响。

代码清单 4-10 显示了未正确绑定事件处理程序时出现的情况。

代码清单 4-10：不绑定函数会导致错误

```
import React from 'react';

class Foo extends React.Component{
  constructor( props ){
    super( props );
    this.message = "hello";
  }

  handleClick(event){
    console.log(this.message); // 'this' is undefined
  }

  render(){
   return (
```

```
      <button type="button" onClick={this.handleClick}>
        Click Me
      </button>
    );
  }
}

export default Foo;
```

现在的情况是，我们正在将 this.handleClick 作为属性传入 button 组件。当我们这样做时，它将作为一个变量传递，并成为一个没有 owner 对象的普通函数。当单击事件发生在按钮组件内部时，this 将退回到引用全局对象，我们也会因此收到一条错误消息，因为 this.message 并不存在。

要解决这个问题，可以使用 bind 函数创建一个绑定到 Foo 类的新函数，如代码清单 4-11 所示。这样，就能将 handleClick 作为属性传递给其他组件，它将始终在 Foo 的上下文中运行。

代码清单 4-11：绑定一个函数并在另一个类中使用它

```
import React from 'react';

class Foo extends React.Component{
  constructor( props ){
    super( props );
    this.message = "hello";
    this.handleClick = this.handleClick.bind(this);
  }

  handleClick(event){
    console.log(this.message); // 'hello'
  }

  render(){
    return (
      <button type="button" onClick={this.handleClick}>
        Click Me
      </button>
    );
  }
}

export default Foo;
```

在第 6 章和第 7 章中，你将了解在 React 中绑定事件处理程序的重要性，以及哪些情况下可以完全不用考虑该问题。

5. 管理类组件中的 state 对象

constructor 函数是唯一一个被用来直接更新组件的 state 对象的地方。为了在 constructor 函数运行后(换句话说，在组件的生命周期内)更新 state 对象，React 提供了一个名为 setState 的函数。

setState 函数告诉 React 使用传递给它的对象或函数来更新组件的 state 对象。

代码清单 4-12 显示了一个类组件，它显示一个计数器，并有一个按钮用于递增该计数器的值。

代码清单 4-12：在类组件中使用 state 和 setState

```
import {Component} from 'react';

class ClassComponentState extends Component {
  constructor(props){
    super(props);
    this.state = {count: 0};
    this.incrementCount = this.incrementCount.bind(this);
  }
  incrementCount(){
    this.setState({count: this.state.count + 1});
  }
  render(){
    return (
      <div>
        <p>The current count is: {this.state.count}.</p>
        <button onClick = {()=>{this.incrementCount()}}>
          Add 1
        </button>
      </div>
    );
  }
}

export default ClassComponentState;
```

关于 setState 函数，需要记住的关键问题(我会经常重复该问题，因为它非常重要，可能会导致 React 应用程序中出现许多错误)是 setState 是异步的，并且因为性能原因导致使用 setState 所做的状态更改可能会被批处理。

setState 具有异步特性这一点很重要，是因为如果在设置 state 对象后立即尝试访问它，可能会得到旧值而不是预期的新值。在代码清单 4-13 中，我在 incrementCount 方法的 setState 函数之后立即添加了一条 console.log 语句。即使 console.log 语句出现在 setState 之后，它也会在递增操作发生之前记录 this.state.count 的值，如图 4-3 所示。

我们将在第 6 章中讨论如何使用 state 避免这个问题。

代码清单 4-13：setState()是异步的

```
import {Component} from 'react';

class Counter extends Component {
  constructor(props){
    super(props);
    this.state = {count: 0};
    this.incrementCount = this.incrementCount.bind(this);
  }
  incrementCount(){
    this.setState({count: this.state.count + 1});
    console.log(this.state.count);
```

```
  }
  render(){
    return (
      <div>
        <p>The current count is: {this.state.count}.</p>
        <button onClick = {()=>{this.incrementCount(this.state.count+1)}}>
          Add 1
        </button>
      </div>
    );
  }
}

export default Counter;
```

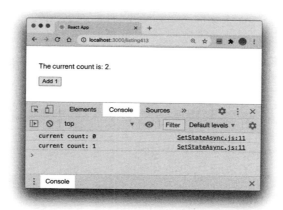

图 4-3 调用 setState()后立即使用 state 可能会产生意外结果

6. render 函数

render 函数是基于类的 React 组件中唯一必需的函数。它在组件挂载时运行，然后在组件每次更新时再次运行。它包含一条 return 语句，用于输出组件产生的用户界面。

与任何 JavaScript 函数一样，render 函数可以包含 JavaScript 函数和变量。render 函数中的 return 语句包含 JSX 或具有 JSX 值的变量。

代码清单 4-14 显示了一个输出简单静态图形和标题的组件。

代码清单 4-14：渲染图形和标题

```
import {Component} from 'react';

class BasicFigure extends Component {

  render() {
    return(
      <figure>
        <img src="images/cat.jpeg" alt="a cat" />
        <figcaption>This is a picture of a cat.</figcaption>
      </figure>
```

```
      );
    }
  }
```

记住 return 语句只能返回一个元素、一个数组或一个字符串。在上面的示例中，它返回一个单独的<figure>元素。

React 的美妙之处在于，一旦构建了一个简单的组件(代码清单 4-14 所示的组件)，就可以根据需要多次重用它。然而，这个 BasicFigure 组件缺少了核心功能。每次使用时，它都会输出相同的图像和标题。要解决这个问题，需要使用 props。

7. 创建并使用 props

props 是从父组件传递给组件的参数。使用 JSX，所编写的属性(在 JSX 元素中采用 name=value 的形式)将成为结果组件实例的 props 对象中的属性。

为了说明 props 的用法，下面创建一个使用 BasicFigure 组件的组件。我将这个组件称为 FigureList。FigureList 的代码如代码清单 4-15 所示。

代码清单 4-15：FigureList 组件

```
import {Component} from 'react';
import BasicFigure from './BasicFigure';

class FigureList extends Component {
  render() {
    return (
      <>
        <BasicFigure />
        <BasicFigure />
        <BasicFigure />
      </>
    )
  }
}
export default FigureList;
```

通过查看此组件和 BasicFigure 组件的代码，你可能会发现，渲染 FigureList 的结果将会输出三个相同的图像和标题。为了使生成的图像不同，需要将数据从 FigureList 传递到 BasicFigure。这就是 props 的作用，如代码清单 4-16 所示。

代码清单 4-16：使用 props 将数据传递给子组件

```
import {Component} from 'react';
import BasicFigure from './BasicFigure';

class FigureList extends Component {
  render() {
    return (
      <div style={{display:"flex"}}>
        <BasicFigure filename="dog.jpg" caption="Chauncey" />
        <BasicFigure filename="cat.jpg" caption="Murray" />
        <BasicFigure filename="chickens.jpg" caption="Lefty and Ginger" />
      </div>
```

```
    )
  }
}
export default FigureList;
```

使用这些属性后，从单个组件渲染不同输出的第一步就完成了。BasicFigure 组件实例全部接收不同的 props。

下一步是修改 BasicFigure 组件，使它能够使用接收到的 props。可以通过在 return 语句中插入变量而不是静态值来实现该操作，如代码清单 4-17 所示。

代码清单 4-17：在类组件中使用 props

```
import {Component} from 'react';

class BasicFigure extends Component {

  render() {
    return(
      <figure>
        <img src={this.props.filename} alt={this.props.caption}/>
        <figcaption>{this.props.caption}</figcaption>
      </figure>
    );
  }
}

export default BasicFigure;
```

完成这些之后，FigureList 组件现在将渲染三个 BasicFigure 组件，每个组件会输出带有不同图像和标题的 figure 元素。我已经将 display 样式属性的值更改为 flex，这样它们就会在一行中显示，而不是垂直显示，如图 4-4 所示。

Chauncey

Murray

Lefty and Ginger

图 4-4 渲染 FigureList 的结果

4.5.3 函数组件

现在，你已了解了 JavaScript 类、this 关键字在 JavaScript 中的运行机制、什么是 constructor 函数，以及使用类方法编写 React 组件的基础知识，接下来让我们学习一些干货。

尽管类对于理解 React 的工作方式非常重要，但 React 中并没有使用类。原因是：使用类很复杂，很多人不理解它的运行机制。如果你确实理解了类以及 this 关键字在 JavaScript 中的用法，就能更好地理解函数组件的工作原理，所以我仍然建议你学习类。

创建函数组件是为了简化 React 组件的创建。为了说明编写函数组件比编写类组件要容易得多，请查看代码清单 4-18 中简单的 To Do List 示例类。

代码清单 4-18：一个典型的类组件

```
import React from 'react';

class ToDoClass extends React.Component{
  constructor(props){
    super(props);
    this.state = {
        item: '',
        todolist: []
    }
    this.handleSubmit = this.handleSubmit.bind(this);
    this.handleChange = this.handleChange.bind(this);
  }
  handleSubmit(e){
    e.preventDefault();
    const list = [...this.state.todolist, this.state.item];
    this.setState({
        todolist:list
    })
  }

  handleChange(e){
    this.setState({item:e.target.value});
  }

  render(){
    const currentTodos = this.state.todolist.map(
      (todo,index)=><p key={index}>{todo}</p>);
    return (
     <form onSubmit={this.handleSubmit}>
     <input type="text"
            id="todoitem"
            value={this.state.item}
            onChange={this.handleChange}
            placeholder="what to do?" />
     <button type="submit">
       Add
     </button>
     {currentTodos}
     </form>
    );
  }
}

export default ToDoClass;
```

代码清单 4-19 显示了如何使用函数组件编写组件，使其与代码清单 4-18 中的类具有相同的功能。

代码清单 4-19：一个典型的函数组件

```
import React,{useState} from 'react';

function ToDoFunction(props){
  const [item,setItem] = useState('');
  const [todolist,setTodoList] = useState([]);

  const handleSubmit = (e)=>{
    e.preventDefault();
    const list = [...todolist, item];
    setTodoList(list)
  }
  const currentTodos=todolist.map((todo,index)=><p key={index}>{todo}</p>);
  return (
    <form onSubmit={handleSubmit}>
    <input type="text"
           id="todoitem"
           value={item}
           onChange={ (e)=>{setItem(e.target.value)}}
           placeholder="what to do?" />
    <button type="submit">
    Add
    </button>
    {currentTodos}
    </form>
  );
}

export default ToDoFunction;
```

注意，函数组件版本要简单得多。没有 render 方法，没有 constructor 函数，也没有绑定 this。甚至可通过删除 React 的导入来进一步简化这个函数组件，因为我们没有直接使用它，而是使用了组件的一个箭头函数，并将 export 语句移到了函数表达式中，如代码清单 4-20 所示。

代码清单 4-20：进一步简化函数组件

```
import {useState} from 'react';

export const ToDoFunction = (props)=>{
  const [item,setItem] = useState('');
  const [todolist,setTodoList] = useState();

  const handleSubmit = (e)=>{
    e.preventDefault();
    const list = [...todolist, item];
    setTodoList(list)
  }
  const currentTodos=todolist.map((todo,index)=><p key={index}>{todo}</p>);
  return (
    <form onSubmit={handleSubmit}>
    <input type="text"
           id="todoitem"
           value={item}
           onChange={ (e)=>{setItem(e.target.value)}}
           placeholder="what to do?" />
    <button type="submit">
```

```
      Add
      </button>
      {currentTodos}
      </form>
  );
}
```

注意，在本例中，我们的导出方式从默认导出更改为命名导出。要将该组件导入另一个组件中，需要用花括号将组件名称括起来，如下所示：

```
import {ToDoFunction} from './ToDoFunction';
```

既然你已经知道了函数组件比类组件简单得多，接下来让我们了解如何编写函数组件以及它们的局限性。

1. 什么是函数组件

函数组件是返回 React 元素的 JavaScript 函数。

当 React 首次引入它们时，函数组件是编写特定类型组件(称为"无状态函数组件")的一种简化方式。无状态函数组件也称为"哑组件"或"展示组件"。

无状态函数组件仅仅是接收来自其父组件的 props，并返回用户界面的一部分。它们不执行额外的操作，比如获取和发布数据，并且它们没有自己的内部状态数据。

然而，在 React 16.8 中，React 增加了一个名为 hooks 的新特性。Hooks 允许函数组件实现类组件的主要功能，例如与数据存储交互并使用状态。结果是，函数组件现在已经成为大多数 React 组件的主要编写方式。

React 的官方文档声明，在可预见的将来，类组件将继续得到支持。然而，目前还无法预见需要多久才能实现。如果你目前正在编写类组件，那么没必要将它们转换为函数组件。如果你在学习 React 时已经习惯了使用面向对象语言，那么可能会更倾向于使用类组件而不是使用函数组件，这也没关系。

由于函数组件非常易用，所以你可能更倾向于只使用函数组件，这太棒了！但是要注意，直到多年之后 React 成为一种最流行的 UI 库，才引入了功能完备的函数组件，因此你会接触到许多类组件。只要你理解了这些类组件以及如何将它们转换为函数组件(第 11 章将详细介绍)，可能永远都不需要编写另一个类组件。

2. 如何编写函数组件

函数组件只是一个 JavaScript 函数，它的定义方式与其他函数相同，可以使用函数表达式或函数声明。选择使用表达式还是声明，主要取决于风格和个人选择。

下面是使用函数声明创建的函数组件的示例：

```
function Foo(props){
  return <h1>Welcome</h1>;
}
export default Foo;
```

下面是使用函数表达式创建的函数组件的示例：

```
const Foo = function(props){
  return <h1>Welcome</h1>;
}
export default Foo;
```

使用函数表达式创建的组件也可以使用 JavaScript 的箭头函数语法来编写，这样可以节省几个字符。例如：

```
const Foo = (props) => {
  return <h1>Welcome</h1>;
}

export default Foo;
```

在性能或实际数据字节方面，使用 function 关键字与使用箭头函数的差异可以忽略不计。许多 React 开发人员选择箭头语法，是因为它支持额外的快捷方式(如下一节所述)，而且箭头函数通常更便于在组件内部使用，那么不妨在所有地方采用一种方式并保持一致。况且，箭头函数看起来很酷。

不管是使用函数表达式还是使用函数声明来编写函数组件，只要你在编写每个函数组件时都坚持一种方式，就会是一个很好的实践(并且看起来更简洁)。

3. 优化和函数组件快捷方式

在编写任何类型计算机代码时，都需要在可读性和简洁性之间取得平衡。JavaScript 提供了许多方法来最小化执行任务所需的字符数和代码行数，并且 React 开发人员尤其喜欢在可能的情况下都使用简化语法。

例如，下面是一个完全有效的函数组件：

```
export const Foo = props =><h1>Hello, World!</h1>;
```

上述代码段体现了箭头函数的以下规则：
1. 当函数只有一个参数时，可省略参数列表周围的括号。
2. 当箭头函数只返回数据时，可省略 return 关键字。
3. 如果省略 return 关键字，可省略函数体周围的花括号。

JavaScript 教程：变量

在 JavaScript 的 ES2015 版本中，有两个用于声明变量的新关键字：const 和 let。此外，还包含了一些使用变量的新方法，例如解构赋值语法。

如果你已经有一段时间没有编写任何 JavaScript，那么会对新的关键字和使用变量的方法感到很陌生。然而，它们被大多数 React 应用程序广泛使用并依赖，因此，了解何时、为什么以及如何使用这些新工具非常重要。

告别 var

在最初的 JavaScript 语法中，即 2015 年之前，创建变量的方法是使用 var 关键字。var 关键字仍然存在于 JavaScript 中，并且将一直存在。使用 var 的最简单形式如下：

```
var x;
```

当你想为 x 赋值或更改 x 的值时，只需使用赋值运算符：

```
x=10;
```

还可以在声明变量的同时初始化用 var 创建的变量：

```
var x=10;
```

JavaScript 首先通过名为提升(hoisting)的过程在其作用域中评估声明。当使用 var 关键字声明变量时，JavaScript 也会在提升过程中使用 undefined 的值来初始化该变量。在实践中，这意味着可以在声明变量之前使用 var 创建的变量，如下例所示：

```
x = 10;
console.log(x);
var x;
```

上一个示例如果被 JavaScript 解释器编译，将会与以下示例完全相同：

```
var x;
x = 10;
console.log(x);
```

且等同于

```
var x=10;
console.log(x);
```

使用 var 创建的变量具有函数作用域。这意味着，在函数中声明的变量，可以在函数中的任何位置使用。

如果在函数外部声明一个变量，它将具有全局作用域，这意味着可以在程序的任何位置使用它。

实际上，如果想要使用某个全局变量(在没有使用"严格"模式的情况下)，你甚至不需要使用 var 关键字，因为如果只是给某个变量名赋值，那么无论你在程序的哪个位置进行赋值，结果都会生成一个全局变量。从另一个角度看，在不声明变量的情况下创建变量，实际上是在全局对象上创建一个新属性(对于浏览器来说是 window 属性)。松散模式 JavaScript 的这个"特性"被称为隐式全局变量，它可能非常危险，这就是严格模式禁用它的原因。

在现代 JavaScript 中，即使使用 var 关键字创建的变量也被认为是危险的，因此不被鼓励。原因是函数的作用域几乎总是过于宽泛，这使得很容易意外地重写或重新声明某个变量。

大多数开发人员和专家现在都建议仅使用新的 const 和 let 关键字。

使用 const

使用 const 关键字创建的变量在其生命周期内只能有一个值,我们称其为常量。要创建常量,只需要使用 const 关键字,后跟有效名称:

```
const x;
```

但是,由于不能更改常量,并且声明变量时会自动为其赋值 undefined,因此如果希望常量具有 undefine 以外的值,必须在声明的同时对其进行初始化:

```
const x = 10;
```

尝试更改 const 的值将导致 JavaScript 中出现错误。但是请注意,如果将对象或数组赋给常量,仍然可以更改该对象的属性或该数组中的数据项。但无法将全新的对象或数组重新赋给变量。

使用 let 阻塞作用域变量

另一种声明变量的新方法是使用 let 关键字,它创建一个局部变量作用域。也称为静态变量作用域。在 JavaScript 中,一个代码块由一对花括号创建。由于循环和条件语句以及函数都会创建代码块,因此使用 let 实际还可以创建具有全局作用域的变量(通过在函数的顶层声明它们),但也可创建作用域较有限的变量,例如循环内部的变量。

使用 const 创建的变量也具有局部作用域。

解构赋值

解构赋值语法可以通过提取数组中的元素或对象的属性来创建变量。例如,假设有以下对象:

```
const User = {
    firstName: 'Lesley',
    lastName: 'Altenwerth',
    userName: 'roosevelt86',
    address: '81592 Daniel Underpass',
    city: 'Haileeshire',
    birthday: '1963- 10- 12'
}
```

如果要从这个对象的属性中创建单独的变量,一种方法是声明并赋值单独的变量,如下所示:

```
const firstName = User.firstName;
const lastName = User.lastName;
const userName = User.userName;
...
```

使用解构语法，可以在一条语句中完成所有操作：

```
const {firstName,lastName,userName,address,city,birthday} = User;
```

若要对数组使用解构，请使用方括号：

```
const [firstName,lastName] = ['Lesley','Altenwerth'];
```

4. 函数组件中的状态管理

每次 JavaScript 函数运行时，函数内部的变量都会被初始化。因为函数组件实际上只是 JavaScript 函数，所以它们无法拥有持久化的局部变量。

React 提供了 hook，允许函数组件创建和访问从一个函数组件调用持续到下一个函数组件调用的数据(又称为"状态")。

hook 是一种允许你在不编写类的情况下"钩住"类组件功能的函数。React 有许多内置 hook，你甚至可以编写自己的 hook。在函数组件中能实现持久化数据的 hook 是 useState。

使用 useState 的第一步是从 React 库导入它，如下所示：

```
import {useState} from 'react';
```

导入之后，可以根据需要在函数组件中多次调用 useState。useState 函数接收一个初始值作为参数，每次调用 useState 时，它会返回一个数组，其中包含一个有状态变量和用于更新该变量的函数。使用解构语法，可以将这个数组和函数提取到两个变量中：

```
const [todos, setTodos] = useState([{item: 'Learn About Hooks'}]);
```

代码清单 4-21 显示了一个使用 useState 创建和更新计数器的函数组件。

代码清单 4-21：在函数组件中使用 useState

```
import {useState} from 'react';

function Counter() {
  const [count, setCount] = useState(0);

  return (
    <div>
      <p>The current count is: {count}.</p>
      <button onClick = {()=>{setCount(count+1)}}>
        Add 1
      </button>
    </div>
  );
}

export default Counter;
```

第 11 章将详细介绍 hook。

4.5.4　函数组件和类组件的区别

表 4-2 总结了函数组件和类组件的主要区别。

表 4-2　函数组件和类组件的对比

函数组件	类组件
接收 props 作为参数并返回 React 元素	扩展 React.Component
没有 render 方法	需要 render 方法
无内部状态(可使用 hook 模拟)	有内部状态
可以使用 hook	不能使用 hook
不能使用生命周期方法(可以使用 hook 模拟)	可以使用生命周期方法

4.6　React 子组件

在其他组件中渲染的组件称为子组件，而在其内部渲染的组件则称为父组件。就像在物理世界中一样，一个父组件可以包含多个子组件，并且除了根组件之外，所有的父组件也是子组件。

任何复杂的 React UI 都有许多组件嵌套在其他组件中，父/子术语描述了它们之间的关系。

在代码清单 4-22 所示的 React 组件中，UsernameInput、PasswordInput 和 LoginSubmit 组件都是 LoginForm 的子组件。从技术上讲，内置 form 组件是 LoginForm 的子组件，三个自定义组件是其孙组件。

代码清单 4-22：由三个子组件组成的组件

```
export default function LoginForm() {
  return (
    <form>
      <UsernameInput />
      <PasswordInput />
      <LoginSubmit />
    </form>
  )
}
```

4.6.1　this.props.children

在 React UI 中，每个组件都有一个名为 children 的属性，用于存储该组件的子组件。通过在组件的 return 语句中使用 this.props.children(或者在函数组件中使用 props.children)，就可以创建包含子组件的组件，并在调用组件时读取这些子组件。

例如，代码清单 4-23 显示了一个名为 ThingsThatAreFunny 的组件，可用于封装其他任何组件，从而以 "Here are some funny things" 标题渲染这些组件。

代码清单 4-23：呈现 ThingsThatAreFunny

```
export default function ThingsThatAreFunny(props) {
  return (
    <>
      <h1>Here are some funny things.</h1>
      {props.children}
    </>
  )
}
```

要使用 ThingsThatAreFunny 组件，先将它拆分为开始和结束标记，而不是在组件元素名称的末尾使用自结束斜杠。在开始标记和结束标记之间，可以包含想要在其内部渲染的子元素，如代码清单 4-24 所示。

代码清单 4-24：将子元素传入组件中

```
import ThingsThatAreFunny from './ThingsThatAreFunny';
import Joke from './Joke';
export default function ThingsILike(props){
  return (
    <ThingsThatAreFunny>
      <ul>
        <li><Joke id="0" /></li>
        <li><Joke id="1" /></li>
      </ul>
    </ThingsThatAreFunny>
  )
}
```

假设 Joke 组件输出一个笑话，那么渲染 ThingsILike 组件的结果如图 4-5 所示。

The following things are funny.

- Did you hear about the mathematician who's afraid of negative numbers? He'll stop at nothing to avoid them.
- What sound does a limping turkey make? Wobble Wobble.

图 4-5　渲染 ThingsILike 组件

4.6.2　Children 的用法

React 提供了几种内置的方法来访问和操作元素信息，这些方法包括：

- React.Children
- isValidElement
- cloneElement

1. React.Children

React.Children 提供了一些对子组件进行操作的实用程序函数。对于每个函数，都可以将 props.children 作为参数传入。这些实用程序包括：

- React.Children.map。为每个直接子元素调用函数并返回一个新的元素数组。
- React.Children.forEach。为每个直接子元素调用函数，但不返回任何内容。

- React.Children.count。返回 children 中组件的数量。
- React.Children.only。验证 children 是否只有一个子组件。
- React.Children.toArray。将 children 转换为数组。

2. isValidElement

isValidElement 函数将对象作为参数，并根据对象是否为 React 元素来返回 true 或 false。

3. cloneElement

cloneElement 函数会创建传递给它的元素的副本。以下是 cloneElement 的基本语法：

```
const NewElement = React.cloneElement(element,[props],[children]);
```

使用 cloneElement，可以从组件的子元素中创建新元素，并在此过程中修改这些元素。例如，假设现在有一个 NavBar 组件，它有 NavItem 子组件。可以像下面这样在你的 App 组件中渲染这些组件，如代码清单 4-25 所示。

代码清单 4-25：在 App 内渲染 NavBar

```
import NavBar from './NavBar';
import NavItem from './NavItem';

function App(props){
  return (
    <NavBar>
      <NavItem />
      <NavItem />
      <NavItem />
    </NavBar>);
}

export default App;
```

这个例子中的 NavBar 组件可以使用 props.children 渲染它的所有 NavItems 子组件，如代码清单 4-26 所示。

代码清单 4-26：使用 props.children 渲染子组件

```
function NavBar(props){
  return (
    <div>
      {props.children}
    </div>
  )
}
export default NavBar;
```

但是，如何在 NavBar 组件中为每个 NavItem 添加 onClick 属性呢？因为 props.children 实际上不是子组件(它是子组件的描述符)，所以不能使用 props.children 修改子组件。

相反，你需要从 NavBar 组件中复制子组件，然后在其中添加或更改属性，如代码清单 4-27 所示。

代码清单 4-27：复制 NavBar.js 中的子组件

```
import React from 'react';

function NavBar(props){
  return (
    <div>
      {React.Children.map(props.children, child => {
        return React.cloneElement(child, {
          onClick: props.onClick })
      })}
    </div>
  )
}

export default NavBar;
```

完成后，可以将一个函数传入 NavBar 中，如代码清单 4-28 所示，它将被添加到每个子组件中。

代码清单 4-28：将 onClick 传入父组件

```
import NavBar from './NavBar';
import NavItem from './NavItem';

function App(props){
  return (
    <NavBar onClick={()=>{console.log('clicked');}}>
      <NavItem />
      <NavItem />
      <NavItem />
    </NavBar>);
}

export default App;
```

然后子组件可以使用这个新的 props，如代码清单 4-29 所示。

代码清单 4-29：在子组件中使用 props

```
function NavItem(props){
  return (
    <button onClick={props.onClick}>Click Me</button>
  )
}

export default NavItem;
```

4.7　组件的生命周期

在 React 应用程序运行期间，组件会处于活动状态，执行其任务，然后被销毁。在组件生命周期的每个阶段，都会触发某些事件并调用方法。这些事件和方法构成了组件的生命周期。

组件的生命周期分为以下阶段：

- **挂载**：挂载时将使用传入的 props 和默认状态来构造组件，并渲染组件返回的 JSX。
- **更新**：当组件的状态发生变化或被重新渲染时，进入更新阶段。
- **卸载**：卸载是组件生命周期的最后阶段，即把组件从活动应用程序中移除。
- **错误处理**：当组件的生命周期中出现错误时，会运行错误处理方法。

在类组件中，可以重写生命周期方法来运行自己的代码以响应生命周期事件。函数组件可以使用名为 useEffect 的 hook 来模拟生命周期方法，第 11 章中将详细介绍 hook。

理解组件生命周期中的主要事件对于理解 React 的运行机制至关重要。图 4-6 以流程图的形式展示了组件的生命周期。

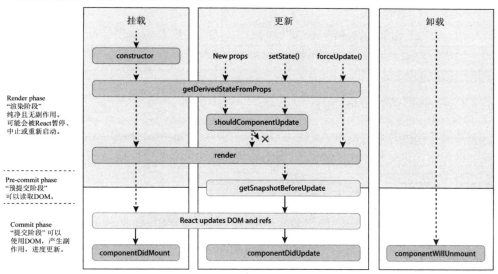

图 4-6　组件的生命周期

接下来将分析组件生命周期的四个阶段，然后探讨如何在生命周期中避免错误并提高性能。

4.7.1　挂载

挂载阶段从首次构建组件开始，一直持续到将组件插入 DOM 中。在挂载生命周期阶段，会依次运行下列方法：

- constructor
- static getDerivedStateFromProps
- render
- componentDidMount

1. constructor()

你已经了解了 constructor 函数。这个方法在创建类的实例时自动运行。在 React 组件中，它可以包括 super 方法调用、组件 state 对象的初始化以及事件处理程序绑定。

2. static getDerivedStateFromProps

此 方 法 是 一 种 静 态 方 法 ， 这 意 味 着 它 不 能 访 问 this 关 键 字 。 getDerivedStateFromProps 的目的是检查组件使用的 props 是否已更改，并使用新的 props 来更新状态。挂载阶段和更新阶段都会运行该方法。

3. render

与 getDerivedStateFromProps 类似，render 方法也在挂载阶段运行一次。挂载之后，每次组件更新时都会运行 render。这是生成组件 JSX 输出的方法，也是类组件中唯一必需的方法。

4. componentDidMount()

当组件完成挂载并被插入浏览器 DOM 中时运行 componentDidMount 方法。此时可以安全地执行依赖于 DOM 节点的操作，或者获取远程数据。

4.7.2　更新

挂载组件后，更新阶段的生命周期方法开始运行。React 组件会更新它们的数据并重新渲染，以响应使用 setState 函数对 state 对象所做的更改。每次组件更新时，都会依次运行下列方法：

- static getDerivedStateFromProps
- shouldComponentUpdate
- render
- getSnapshotBeforeUpdate
- componentDidUpdate

getDerivedStateFromProps 和 render 方法在更新阶段与挂载阶段的作用相同。因此，让我们看看更新阶段特有的三种生命周期方法。

1. shouldComponentUpdate

React 组件的默认行为是在每次状态更改时进行更新。但是，有时对状态的更改不会影响组件，因此没有必要执行更新过程。

使用该生命周期方法时，必须返回 true 或 false。如果你知道某个组件在挂载后将永远不需要更新，则可以使用下列代码阻止其更新：

```
shouldComponentUpdate(){
  return false;
}
```

更多情况下，使用 shouldComponentUpdate 的方式是将以前的 props、state 与新的 props、state 进行比较，然后决定是否更新组件。这是因为 React 会将用于渲染的 props 和 state 传入 shouldComponentUpdate 中。代码清单 4-30 中将 prop 的值与 nextProp 对象中的 prop 值进行比较，以确定是否重新渲染。

代码清单 4-30：比较 shouldComponentUpdate 中的上一个和下一个 props

```
class ToDoItem extends Component {
    shouldComponentUpdate(nextProps, nextState) {
        return nextProps.isChecked != this.props.isChecked;
    }
    ...
}
```

2. getSnapshotBeforeUpdate

该生命周期方法仅在 DOM 激活组件的渲染输出之前运行。此方法用于捕获浏览器(或其他输出设备)状态发生变化之前的相关信息。

虽然很少需要使用这种生命周期方法，但它的一个示例用途是在渲染之间保持元素(如文本框)的滚动位置。如果对浏览器 DOM 的更新会影响用户当前在浏览器中查看的内容，那么可以使用 getSnapshotBeforeUpdate 方法查找浏览器 DOM 的相关信息，以便在更新发生后对其进行恢复。

3. componentDidUpdate

此方法在组件更新后立即运行。无论是对基于传递给组件的新 props 执行网络请求，还是执行 getSnapShotBeforeUpdate 方法中创建的 DOM 快照的操作，它都非常有用。

如果组件有返回 false 的 shouldComponentUpdate 方法，组件将不会更新，该方法也不会运行。

4.7.3 卸载

从 DOM 中删除组件的过程称为卸载。在这个过程中，只会出现一种生命周期方法 componentWillUnmount。

componentWillUnmount

顾名思义，从 DOM 中删除组件之前要调用 componentWillUnmount。如果你需要在应用程序中执行与将要卸载的组件相关的任何清理操作，那么可以通过该方法实现。componentWillUnmount 方法中通常执行的任务示例包括：
- 停止正在进行的任何网络请求。
- 停止计时器。
- 删除 componentDidMount 中创建的事件侦听器。

4.7.4 错误处理

只有在组件出现错误时才运行第四种生命周期方法。此类生命周期方法包括 getDerivedStateFromError 和 componentDidCatch。第 13 章将进一步讨论这两种方法，但这里先简单介绍一下。

1. getDerivedStateFromError

如果组件的子组件中发生错误，该组件将运行 getDerivedStateFromError 方法。该生命周期方法会接收出现的错误，并且要返回一个用于更新状态的对象。

2. componentDidCatch

componentDidCatch 生命周期方法在子组件抛出错误后运行。因为 componentDidCatch 不会在生命周期的渲染阶段运行，所以它对于执行错误日志记录等任务非常有用。

4.7.5 提高性能并避免错误

生命周期方法可用于提高 React 应用程序的性能并避免错误。接下来，将讨论一些工具和技术，你可以使用这些工具和技术使组件达到最佳状态。

1. 避免内存泄漏

为了演示几种生命周期方法的用法，我们可以看一下 React 应用程序中的常见问题——内存泄漏以及如何解决它。

内存泄漏是计算机程序中内存分配不当引起的错误。如果卸载组件时没有删除计时器，或者卸载后继续发起涉及该组件的网络请求，就会出现这种情况。

因为内存泄漏是对资源的浪费，所以程序中出现内存泄漏会导致性能下降并产生意外结果。程序运行的时间越长，内存泄漏越严重，所以起初你可能不会注意到它们，但随着它们的累积，情况会越来越糟糕。因此，最好采取一些措施来避免这一情况。

为了避免内存泄漏，应始终在组件使用 componentWillUnmount()方法之后进行适当的清理。

代码清单 4-31 展示了一个使用 JavaScript 的 setInterval 函数来递增计数器的组件。

代码清单 4-31：内存可能泄漏的 React 组件

```
import {Component} from 'react';

class Counter extends Component{
   constructor(){
     super();
     this.state = {count: 0};
     this.incrementCount = this.incrementCount.bind(this);
   }

   incrementCount(){
     this.setState({count: this.state.count + 1});
     console.log(this.state.count);
   }

   componentDidMount(){
     this.interval = setInterval(()=>{
       this.incrementCount();
     },1000)
   }

   render(){
     return (<p>The current count is: {this.state.count}.</p>);
   }
}
export default Counter;
```

该组件的父组件有一个方法用来通过按钮切换是否渲染 Counter 组件，如代码清单 4-32 所示。

代码清单 4-32：切换 Counter 组件的渲染

```
import {useState} from 'react';
import {Counter} from './Counter';
function CounterController() {
  const [displayCounter,setDisplayCounter] = useState(true);

  function toggleCounter(){
    setDisplayCounter(!displayCounter);
  };

  return (
```

```
    <div className="App">
      {displayCounter ? <Counter /> : null}
      <button onClick={toggleCounter}>Toggle Count</button>
    </div>
  );
}
export default CounterController;
```

当 App 组件挂载时，Counter 组件也会挂载，计时器将开始在浏览器和控制台中运行并递增计数器，如图 4-7 所示。

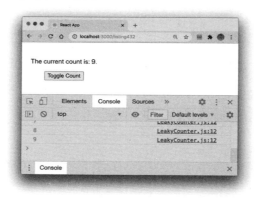

图 4-7　递增计数器

单击 Toggle Count 按钮时，Counter 组件将消失。但是，Counter 组件中由 setInterval 函数创建的计时器永远不会被清除，因此在删除组件后它会继续运行。

卸载组件后，React 将向浏览器控制台记录一条消息，告诉你正在尝试对卸载的组件调用 setState，如图 4-8 所示。

图 4-8　试图在已卸载的组件上调用 setState 的结果

尝试在已卸载的组件上调用 setState 没有任何意义，因为已卸载的组件没有状态。但是，正如 React 的错误消息所指出的那样，这表明存在内存泄漏。

要解决这个问题，可以使用 Counter 组件中的 componentWillUnmount 方法来调用 clearInterval，它将在卸载 Counter 组件之前停止计时器，如代码清单 4-33 所示。

代码清单 4-33：解决内存泄漏

```
import {Component} from 'react';

class Counter extends Component{
    constructor(){
      super();
      this.state = {count: 0};
      this.incrementCount = this.incrementCount.bind(this);
    }

    incrementCount(){
      this.setState({count: this.state.count + 1});
      console.log(this.state.count);
    }

    componentDidMount(){
      this.interval = setInterval(()=>{
        this.incrementCount();
      },1000)
    }

    componentWillUnmount(){
      clearInterval(this.interval);
    }

    render(){
      return (<p>The current count is: {this.state.count}.</p>);
    }
}
export default Counter;
```

现在，Counter 将被正确地卸载，并且当它从浏览器中移除时，计时器也会被清除。如果再次单击 Toggle Counter 按钮，计数器将按预期重新启动，因为将创建一个新计时器。

2. React.PureComponent

如果组件只接收 props 并返回 JSX，而不修改状态或对其他组件没有任何影响，则该组件被称为"纯组件"。它得名于纯函数的概念。

纯函数的一个关键特性是，当给定相同的输入时，它总是返回相同的结果。

纯组件能够提高 React 用户界面的性能。因为它们的输出仅取决于传递给它们的 props，所以对旧 props 和新 props 进行简单的比较就可以知道组件在重新渲染时是否会发生变化。

进行这种比较可使用 shouldComponentUpdate 生命周期方法和 React 的 shallowCompare 函数，如代码清单 4-34 所示。

代码清单 4-34：使用 shouldComponentUpdate 和 shallowCompare

```
import React from 'react';
import shallowCompare from 'react-addons-shallow-compare';

class ShallowCompare extends React.Component {

  shouldComponentUpdate(nextProps, nextState) {
    return shallowCompare(this, nextProps, nextState);
  }

  render() {
    return <div>foo</div>;
  }
}

export default ShallowCompare;
```

实现与代码清单 4-34 中代码相同功能的另一种方法是通过扩展 React.PureComponent 而不是 React.Component 来编写类组件，如代码清单 4-35 所示。

代码清单 4-35：扩展 React.PureComponent

```
import React from 'react';

class PureComponentExample extends React.PureComponent {
    render() {
      return <div>foo</div>;
    }
}

export default PureComponentExample;
```

3. React.memo

函数组件也可以是纯组件，但是因为它们不能使用生命周期方法或扩展 React.PureComponent，因此要用一种不同的方法来优化它们。

React.memo()是一个高阶函数，这意味着它封装了另一个函数，并将其功能添加到该函数。当在 React.memo()中封装函数组件时，它将对先前的 props 和下一个 props 进行比较，如果两者相同，则跳过渲染。

React.memo()可以实现对函数结果的缓存，如果函数具有与创建缓存时相同的输入，则使用缓存结果。

代码清单 4-36 显示了如何使用 React.memo()。

代码清单 4-36：使用 React.memo

```
import React from 'react';

function ExampleComponent(props){
  return (<p>Hi, {props.firstName}. This component returns the same thing when
given the same props.</p>);
}
```

```
export default React.memo(ExampleComponent);
```

4. React.StrictMode

React.StrictMode 是一个可以封装在组件中的组件，用来激活对代码的额外检查，并生成在开发过程中可能有帮助的警告消息。

默认的 Create React App 应用程序使用<StrictMode>元素封装根组件，用于开启整个组件树的严格模式。但是，也可以更有选择性地对应用程序的某些组件使用<StrictMode>。

4.8　渲染组件

React 生命周期中挂载和更新阶段的最终结果是生成单个渲染组件，称为根组件。请记住，"渲染"意味着根组件及其子组件的所有 JSX 都已被解析，生成的组件树也已创建。

一旦 React 的任务完成并创建了组件树，就需要一个单独的节点包来渲染组件，以便人们可以看到并使用它。

4.8.1　用 ReactDOM 渲染

通常，React 元素数最终都是在 Web 浏览器中使用。ReactDOM 库负责将 React 组件转换为 HTML 并将其插入 DOM 中，然后管理 DOM 更新。

ReactDOM 包含一些可用来与 DOM 交互的方法，但是对于每个面向浏览器的 React 应用程序来说，必须使用的一种方法是 ReactDOM.render。

如果查看使用 Create React App 创建的 React 项目中 src 文件夹根目录下的 index.js 文件，就会知道 ReactDOM.render 的调用位置，以及传入的单个 React 元素位置(可以选择使用 React.StrictMode 组件封装)，如代码清单 4-37 所示。

代码清单 4-37：ReactDOM.render 将渲染 DOM 中的单个元素

```
ReactDOM.render(
  <React.StrictMode>
    <App/>
  </React.StrictMode>,
  document.getElementById('root')
);
```

ReactDOM.render 的美妙之处在于它会执行大量的计算和 DOM 操作，控制 DOM 更新的时间，管理虚拟 DOM 等。但是对于程序员来说，它就像一个黑箱。你需要为它提供一个有效的 React 组件和一个 DOM 节点，告诉它在哪里渲染组件，ReactDOM.render 就会接管一切。

如果检查代码清单 4-37 中的代码，你将看到，在本例中，我们告诉 ReactDOM.render 在具有 id 属性值为 root 的 HTML 元素节点内渲染 App 组件(可以忽略 StrictMode 包装器)。

用于渲染 Web 浏览器的每个 React 应用程序都有一个导入 React 和 ReactDOM 库的 HTML 文件，以及应用程序需要的所有其他 JavaScript。对于 Create React App 应用程序，这个文件是 public/index.html。代码清单 4-38 显示了 Create React App 的 index.html 文件的一个版本(删除了 HTML 注释和不重要的元标记以节省空间)。对位于这种单独的 HTML 文件中的 JavaScript 应用程序，我们称为单页应用程序。

代码清单 4-38：创建 React App 的 index.html 文件

```html
<!DOCTYPE html>
<html lang="en">
  <head>
    <meta charset="utf-8" />
    <link rel="icon" href="%PUBLIC_URL%/favicon.ico" />
    <meta name="viewport" content="width=device-width, initial-scale=1" />
    ...
    <title>React App</title>
  </head>
  <body>
    <noscript>You need to enable JavaScript to run this app.</noscript>
    <div id="root"></div>
    ...
  </body>
</html>
```

4.8.2 虚拟 DOM

挂载根组件之后，ReactDOM.render 的任务就是监视从 React 传入的渲染元素的变化，并找出最有效的方法来更新浏览器 DOM，以通过一个称为调和的过程来匹配新渲染的应用程序。

作为一名程序员，你可以将渲染 React UI 视为一个用新元素树不断地替换之前元素树的过程：这实际上就是 React 正在做的事。一旦 ReactDOM.render 的调和过程中出现新的元素树，它就会寻找最小的更改集并仅进行这些更改。

例如，将代码清单 4-39 中所示的元素与代码清单 4-40 中的元素进行比较。第二个代码清单的区别可能在于用户点击 About Us 链接产生的<nav>元素。

代码清单 4-39：初始元素树

```
<nav>
  <ul>
    <li><a href="/" className="active navlink">Home</a></li>
    <li><a href="/aboutus" className="navlink">About Us</a></li>
  </ul>
</nav>
```

代码清单 4-40：用户点击链接后的元素树

```
<nav>
  <ul>
    <li><a href="/" className="navlink">Home</a></li>
    <li><a href="/aboutus" className="active navlink">About Us</a></li>
  </ul>
</nav>
```

这两个元素树之间的唯一区别是哪个元素树具有 active 类。ReactDOM.render 将在调和过程中发现这种差异，并简单地从第一个链接的 class 元素中删除 active，然后将其添加到第二个链接的 class 元素中，而不需要修改任何其他内容。

在内存中渲染新 UI，然后将其与前一个 UI 进行比较，并找出可以应用于浏览器 DOM 的最小更改集，以使前一个状态与新状态匹配，这个过程就是我们所说的虚拟 DOM。

关于调和的运行机制，需要知道的一件重要事情是，对浏览器 DOM 的更新并不总是按照它们在虚拟 DOM 中渲染时的顺序进行。这是因为如果想要提高效率，ReactDOM.render 可能会批处理更改。

再次强调，虚拟 DOM 的内部运行机制不需要外界干预，你也不需要确切地知道调和过程中发生的事(可能在极少数情况下除外)。然而，有必要知道它的存在。

如果你想了解更多关于调和的运行机制，可以访问本章的链接[2]了解更详细的内容。

4.8.3 其他渲染引擎

React 并不关心你将它输出的元素在哪里进行渲染，可以是在 Web 浏览器中、广告牌上、作为移动应用程序、终端应用程序中的文本，或者在任何其他用户界面设备中。

尽管 ReactDOM 是最常用的渲染引擎，也是大多数关于 React 的书籍和教程都关注的重点，但也存在其他渲染引擎并可供使用。下面探讨一些最常见的引擎。

1. React Native

React Native 会将 React 元素转换为原生移动应用程序。React Native 有一组内置元素，在渲染这些元素时，会创建常用的原生应用程序组件，如 View、Text、ScrollView 和 Image。

在 React 渲染一棵 React Native 元素树之后，React Native 渲染引擎会将这些元素编译为不同移动操作系统(如 Android 或 iOS)的特定平台代码。

代码清单 4-41 显示了用 React Native 编写的"Hello, World"组件。

代码清单 4-41：第一个 React Native 组件

```
import React from 'react';
```

```
import { Text, View } from 'react-native';

const YourApp = () => {
  return (
    <View style={{ flex: 1, justifyContent: "center", alignItems: "center" }}>
      <Text>
        Hello, World!
      </Text>
    </View>
  );
}

export default YourApp;
```

这里的所有代码都使用了标准的 React 和 JavaScript，你正在学习的关于 React 的所有内容也适用于 React Native。唯一的区别是，React Native 添加了一个与原生移动应用程序相关的组件库，并且 React Native 组件被编译到本地移动应用程序中，而不是用于 Web 浏览器。

编写完 React Native 代码后，需要对其编译以生成特定于平台的代码，用于部署到移动设备或应用商店中。你可以使用名为 Expo CLI(CLI 代表"命令行接口")的 Node.js 程序或使用 React Native CLI 来编译 React Native 组件。

React Native CLI 需要安装适当的原生应用程序开发工具(适用于 iOS 应用程序的 XCode 或适用于 Android 应用程序的 Android Studio)。Expo CLI 会编译应用程序，并将其部署到手机上的 Expo 移动应用程序包装器中。

虽然 React Native CLI 对于已经有移动应用程序开发经验的开发人员来说更为熟悉，但 Expo 非常棒，因为它非常易用，并且可以快速编写功能齐全的移动应用程序。

图 4-9 显示了代码清单 4-41 中的 "Hello，World!" 应用程序在 iPhone 上的运行情况。

图 4-9　你好，React Native

2. ReactDOMServer

ReactDOMServer 能渲染 React 组件并返回 HTML 字符串。它可以在 Web 服务器上为 React 应用程序生成初始 HTML，然后将其提供给 Web 浏览器，以加快用户界面的初始加载。

一旦应用程序的初始 HTML 在服务器上渲染并提供给 Web 浏览器，常规的 ReactDOM 渲染器就会接管并处理更新。这种技术被称为“同态 React”或“通用 React”。

3. React Konsul

React Konsul 能将 React 组件渲染到浏览器控制台。它包括一些内置组件，主要有 container、text、image、button 和 group，能帮助开发人员在浏览器的 JavaScript 控制台内创建交互式视图。

React Konsul 的用例相对有限，但它可以渲染图像、交互式按钮和样式文本，而不是 JavaScript 默认输出的简单纯文本控制台日志消息。

4. react-pdf

有了 react-pdf，就可以使用 React 组件渲染 PDF 文件。用于编写 PDF 的内置组件包括 Document、Page、View 和 Text。使用这些组件编写 PDF 文档之后，可以使用 ReactDOM.render 在浏览器中渲染它们，也可以使用 ReactPDF.render 将它们保存为 PDF 文档。

4.9　组件的术语

组件和元素是 React 的构建块。如果理解了组件和 JavaScript，你就已经成为一名 React 开发人员了。然而，React 组件有很多术语。为了帮助你理清头绪，下面列举一些在 React 组件开发中最常用的术语。

- **类组件**：类组件是指通过扩展 React.Component 或 React.PureComponent 创建的 React 组件。
- **函数组件**：函数组件是指返回 JSX 代码的 JavaScript 函数。
- **状态**：状态是一些 React 用户界面中的数据，用于确定何时进行更新。
- **props**：props 是指从父组件传递到子组件的数据。在 JSX 中，通常使用属性(以 name=value 的形式)来创建 props。
- **有状态组件**：有状态组件是具有内部状态的组件，存储在 state 对象中(适用于类组件)或使用 hook 创建(适用于函数组件)。
- **无状态组件**：无状态组件是指没有内部状态的组件。无状态组件也被称为“哑”组件或“展示”组件。

- **纯组件**：纯组件是指在给定相同输入时总是返回相同输出的组件。
- **根组件**：根组件是包含 React 应用程序中所有其他组件的单个组件。渲染根组件(使用 ReactDOM)会导致渲染整个组件树。
- **父组件/子组件**：与 HTML DOM 类似，React 组件树中组件之间的关系使用术语父组件和子组件来描述。
- **组件生命周期**：组件生命周期是 React 组件开发过程中发生的事件和方法的进展。它以挂载开始，以卸载结束。在挂载和卸载之间，会执行更新生命周期的方法。

4.10 本章小结

React 组件是 React 的构建块。在本章中，我们学习了：
- 创建 React 组件的两种方法：类和函数。
- React 组件如何返回 React 元素。
- 如何使用 React 的内置组件。
- 如何使用 JSX 属性在组件之间传递数据。
- 使用 React 元素属性传递的数据如何成为子组件中的 props。
- 如何管理类组件中的状态。
- 如何管理函数组件中的状态。
- 什么是生命周期方法以及如何在类组件中使用它们。
- 如何防止 React 组件中的内存泄漏。
- 如何使用 PureComponent 和 React.memo。
- 如何使用 ReactDOM 渲染 React 组件。

在下一章中，你将学习如何使用浏览器中的工具检查和测试 React 组件。继续前进！

第 **5** 章

React DevTools

React 应用程序可以变得相当庞大和复杂。使用由所有组件和子组件的 props、状态以及事件组成的组件树，可以让你轻松地了解每个组件内部的情况，并能够排除干扰，只关注自己感兴趣的组件，这对于调试问题至关重要。React DevTools 还可以显示代码中存在的性能问题。在本章中，你将了解：

- 如何安装 React DevTools
- 如何使用 React DevTools 检查组件
- 如何在 React DevTools 中搜索组件
- 如何在 React DevTools 中筛选并选择组件

5.1 安装和入门

在本书的引言中，我们安装了 React Developer Tools(也称为 React DevTools)，并简要介绍了它的用法。如果你尚未安装 React DevTools，请按照引言中的说明在 Google Chrome 或 Mozilla Firefox 中安装它，然后返回本章。

在尝试体验 React DevTools 的任何功能之前，首先需要使用一个应用程序。我已经创建了一个书店应用程序的示例，如图 5-1 所示，你可以下载它并使用 React DevTools。

React Bookstore 是一个简单的商店和购物车应用程序，使用外部文件中的数据来显示随机排列的图书列表。React Bookstore 中的每本书下面都有一个 Add To Cart 按钮，可以将书添加到购物车中，并在添加后切换为"从购物车中移除"按钮。

React Bookstore 的购物车只显示已添加到购物车中的图书列表，并计算出总价。ReactBookstore 是本书 GitHub 存储库的一部分。

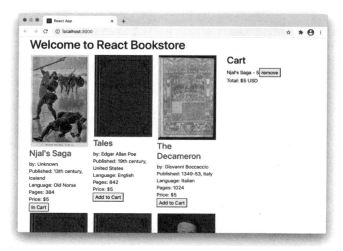

图 5-1　React Bookstore 示例应用程序

如果尚未下载并安装存储库，请按以下步骤操作：

(1) 在 Visual Studio Code 中打开集成终端。

(2) 输入以下命令检查计算机上是否安装了 Git 版本控制系统：

```
git --version
```

如果安装了 Git，终端将响应一个版本号，你可以跳到步骤(3)。如果没有安装，可以从网上(详见链接[1])下载适合你操作系统的最新版本。

(3) 可能需要关闭并重新打开 VS Code 终端，然后才能执行此步骤。确保在 VS Code 终端中，当前工作目录是你想要放置示例文件的位置。如果不是，可以在 VS Code Explorer 窗格中右键单击某个目录并选择 Open in Integration Terminal，或者可以使用 UNIX cd 命令从终端中更改该目录。

(4) 通过在终端中输入以下命令来复制我的存储库：

```
git clone https://github.com/chrisminnick/react-js-foundations
```

片刻后，所有的文件都将被下载。

注意：
如果在使用 Git 复制示例代码存储库时遇到任何问题，可以简单地使用浏览器来访问存储库 URL，并通过单击 Code 链接将其下载为.zip 文件。

(5) 安装并启动 React Bookstore 示例：

```
cd react-js-foundations/react-book-store
npm install
npm start
```

React Bookstore 示例是一个正在开发中的程序,在本书中你可以以它为例来学习 React 的新特性。该应用程序显示了 100 本好书的随机列表,并提供从购物车中添加或删除这些书的按钮。

这显然是一个尚未完成的简单应用程序,但它是学习 React 和 React DevTools 的一个很好的起点。

> **注意:**
> React Bookstore 是开源的,你可以用它实现任何需要的功能。但对于学习 React 之外的其他用途,我不提供软件适用性保证。

5.2　检查组件

使用 React DevTools 最常见的原因是需要检查 React 组件树。按照以下步骤开始使用 DevTools Components 窗口:

(1) 启动 react-book-store 应用程序(如果尚未运行)。

(2) 在浏览器中打开 Developer Tools。如果当前浏览器窗口包含 React 应用程序,你将看到 React DevTools Components 和 Profiler 选项卡,如图 5-2 所示。

图 5-2　安装了 React DevTools 的 Chrome Developer Tools

(3) 单击 Components 选项卡,你将看到组成 React Bookstore 的组件列表,如图 5-3 所示。

(4) 单击左侧的组件以检查每个组件。

检查 React 应用程序中的组件将显示组件之间的关系、组件中使用的任何 hooks 或状态、传递给组件的数据和函数,以及包含每个组件源代码的文件。

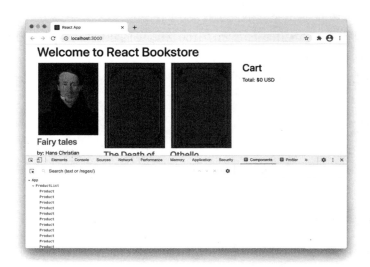

图 5-3　React DevTools Components 选项卡

5.2.1　使用组件树

Components 窗口的左侧显示了一个嵌套列表，其中包含构成浏览器中当前视图的每个组件。在 React Bookstore 应用程序中，这包括根组件、App、ProductList 组件、一长串 Product 组件和 Cart 组件。

每个父组件旁边都有一个箭头，可以单击箭头展开或折叠该组件内的子组件。例如，如果折叠 ProductList，外观将如图 5-4 所示。

随着 ProductList 的折叠，可以看到 React Bookstore 由两个主要部分组成：产品列表和购物车。产品列表包括所有正在查看的产品(当前是所有产品)，购物车包含当前在购物车中的所有项目。

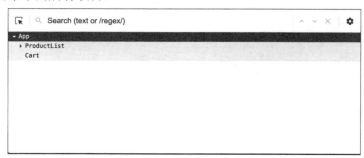

图 5-4　ProductList 的组件树已折叠

如果单击其中一个产品下的 Add to Cart 按钮，你将看到在浏览器窗口中，该产品的标题和价格被添加到屏幕的购物车区域，在 React DevTools 的 Components 窗口中，CartItem 组件被添加为 Cart 的子组件。如果单击多个产品下的 Add To Cart 按钮，将会创建多个 CartItem 子组件，如图 5-5 所示。

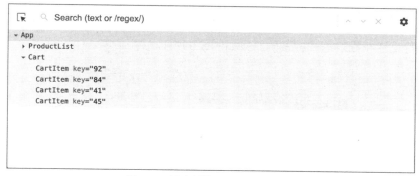

图 5-5　创建新的 CartItem 子组件

5.2.2　搜索组件

有两种方法可用来搜索组件。一种是使用 Search 输入框。另一种是使用正则表达式。

1. 使用 Search 输入框

在大型组件树中，组件树视图上方的 Search 输入框有助于查找特定组件。搜索框可以接受与组件名称匹配的字符串或正则表达式。

2. 使用正则表达式

正则表达式是一种基于模式搜索文本的方法。为了区分正则表达式和普通文本搜索，React DevTools 在表达式前后使用斜杠。例如，如果想找到包含单词"Product"的所有组件，可以使用以下正则表达式：

```
/Product/
```

但是，目前这个正则表达式将突出显示与单词"product"完全匹配的组件列表，效果等同于未加上斜杠时的效果。

正则表达式比普通文本搜索适合更复杂的搜索。例如，如果要选择所有 Product 组件，但不选择 ProductList 组件，可以使用以下正则表达式：

```
/Product$/
```

末尾的美元符号表示只查找以"Product"结尾的组件名称。

如果要查找与名称 Cart 或名称 ProductList 匹配的组件，可以使用 OR 运算符，在正则表达式中以竖线表示，例如：

```
/(Cart$|ProductList)/
```

除了 "ends with" 运算符($)，正则表达式还有一个 "begins with" 运算符，即插入符号(^)。例如，下面的正则表达式搜索将找到名称中带有 "c" 的任何组件：

```
/c/
```

运行上述正则表达式搜索的结果如图 5-6 所示。

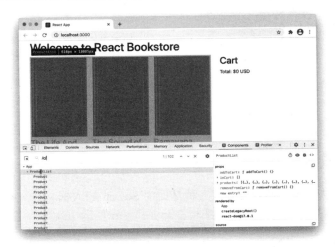

图 5-6　搜索包含 "c" 的组件

如果在搜索词的开头添加^，它将只显示 Cart 和 CartItem 组件，如图 5-7 所示。

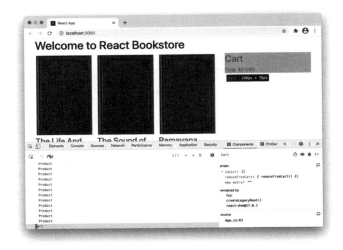

图 5-7　搜索以 "c" 开头的组件

在这里，我只介绍了正则表达式的一些功能。有关正则表达式功能的更完整列表及其用法的更多示例，可参考开发者网络正则表达式备忘单(详见链接[2])。

5.2.3　筛选组件

当你第一次打开 React DevTools 时，实际上只能看到生成用户界面的 React 组件的部分列表。尽管会显示构成屏幕上当前内容的所有自定义组件，但内置 HTML 组件(React DevTools 称之为"宿主组件")是隐藏的。

若要显示所有宿主组件以及自定义组件，可以在"视图设置"中进行筛选。

要查看"视图设置"，需要单击 Components 窗口树状视图右上角的齿轮图标，打开设置对话框，如图 5-8 所示。

图 5-8　React DevTools 的视图设置

打开设置对话框中的 Components 选项卡，你会看到 Expand component tree by default 复选框。下面是一个区域，可以在其中定义将应用于组件树的筛选器。

默认的组件树筛选器会隐藏所有宿主组件。如果禁用了这个筛选器，你就会明白为什么想要取消选中Expand component tree by default 复选框，以及 React DevTools 的搜索功能为什么会如此重要——因为当包含宿主组件时，组件列表会变得非常长(如图 5-9 所示)。

```
⌕  Q  Search (text or /regex/)                        ∧  ∨  ×    ⚙
▾ App
  ▾ div
    ▾ header
      ▾ div
          h1
    ▾ div
      ▾ div
        ▾ ProductList
          ▾ ul
            ▾ li key="87"
              ▾ Product
                ▾ div
                  ▾ a
                      img
                  ▾ div
                    ▾ h3
                        a
                      div
                      div
                      div
                      div
                      button
            ▾ li key="52"
              ▾ Product
```

图 5-9　禁用默认筛选器的组件树视图

> **高阶组件**
>
> 在函数式编程中，高阶函数是指接收另一个函数作为参数，其返回值也是一个函数的函数。而在 React 中，高阶组件是指将一个组件作为输入并返回另一个组件的组件。
>
> 编写能接收一个组件并返回另一个组件的高阶组件的原因是，可以通过组合的概念方便地为组件添加功能。
>
> 在 React 中，我们通常将传递给高阶组件的组件称为"封装"组件。如果你把高阶组件想象成包装纸，就会理解这个概念。当你用礼品包装纸包装一个盒子时，结果是一个新"礼物"，包括盒子和包装纸。我们可以用下面的 JavaScript 代码来表示包装盒：
>
> ```
> const Present = wrappingPaper(Box);
> ```
>
> 高阶组件不是 React 的特性，而是一种使用 React 进行设计的模式。
>
> 在后面的章节中，你会看到更多关于高阶组件的例子，包括在第 12 章中，我们将讨论为组件赋予 React 应用程序通过 React Router 对浏览器 URL 进行响应的能力。

"设置"对话框中的筛选器功能允许你根据位置、名称、类型以及组件是否为高阶组件来创建筛选器。

5.2.4 选择组件

除了使用 Search 输入框查找组件，还可以通过单击树状视图中的组件，或者使用 Select 工具来选择组件，如图 5-10 所示。

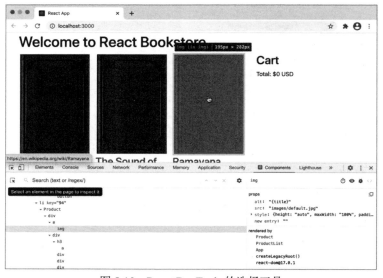

图 5-10　React DevTools 的选择工具

　　无论以何种方式选择组件，一旦选择了某个组件，该组件的内部使用方式将显示在 Components 窗口右侧的窗格中。如果选择了多个组件，那么会显示第一个选中组件的详细信息。

5.3　在 DevTools 中编辑组件数据

　　在 React DevTools 的 Components 窗口右侧显示了当前所选组件的信息，包括组件的状态和 props 数据、组件使用的 hooks、组件的祖先以及组件源代码的位置，如图 5-11 所示。

图 5-11　查看组件的详细信息

　　此窗格中的 hooks、状态和 props 数据都可以进行编辑。遵循以下步骤，你可以了解如何在 React DevTools 中编辑组件数据，以便快速在浏览器中测试 React 应用程序：

　　(1) 如果示例项目尚未运行，先启动 React Bookstore 演示应用程序并在浏览器中打开它。

　　(2) 在浏览器中打开 Developer Tools 窗口并单击 Components 选项卡。你将看到组成 React Bookstore 的组件列表。

　　(3) 单击组件树视图中的根组件(App)。应用程序的 props 和 hooks 将显示在 DevTools 窗口的右侧。

　　(4) 请注意，App 当前有两个状态 hooks。第一个显示的是购物车的状态。第二个是产品列表的状态。

Hooks 和状态
由于 React 在函数中处理多个 hooks 状态的方式不同，因此只能根据 React

Bookstore 中两个 hooks 的出现顺序和其中的数据来区分它们。在简单的应用程序中，这不是问题。但在较大的应用程序中，需要以一种更好的方式来组织状态。

　　一种改进 React Bookstore 中状态数据结构的方法是模拟类组件中状态的运行方式，并使用单个 state 对象。例如，App 组件当前包含对 useState 的两个调用—— 一个用于创建 products 状态，另一个用于创建 inCart 状态。要将它们组合成一棵状态树，可以使用下列语句：

```
const [state,setState] = useState({products:[],inCart:[]});
```

　　完成该操作后，就可以访问 state.products 和 state.inCart，并且可以通过调用 setState 函数来修改状态数据。

　　(5) 扩展第一个 hook 状态。当 React Bookstore 首次加载时，该状态只包含一个空数组。

　　(6) 在浏览器窗口中，单击某产品下方的 Add to Cart 按钮，将该产品添加到购物车中。

　　(7) 注意，第一个数组状态中添加了一个新项。

　　(8) 双击刚刚添加到 inCart 状态中该项的值。它将变得可编辑。

　　(9) 将编号更改为 0~99 之间的任意数字。完成更改后，与该编号对应的产品将出现在购物车中。

　　(10) 尝试使用大于 99 或小于 0 的数字。结果将会是一个错误，如图 5-12 所示。

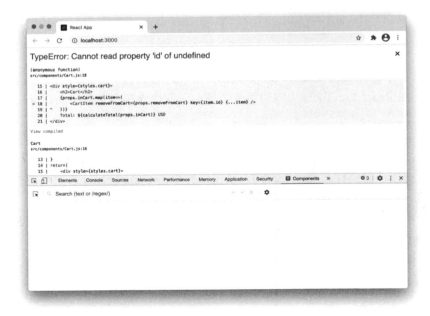

图 5-12　尝试向购物车添加超出范围的 ID

(11) 单击浏览器的刷新按钮以恢复默认状态。

(12) 尝试向 inCart 数组中添加一个非数字字符。这也会导致错误。

(13) 更改 product 数组状态中第一个对象的值，并查看其在浏览器窗口中的变化情况。

(14) 单击组件树视图中的 ProductList 组件。注意 App 中的 hook 状态是如何变成 ProductList 中的 props 的。

(15) 单击组件树视图中的第一个 Product 组件，注意它从 ProductList 组件接收单个对象(一个 product)。

(16) 通过更改组件中包含的数据或传递给组件的数据，了解有多少种方法可以破坏应用程序，并考虑如何修改应用程序以防止这些潜在错误。

5.4　使用额外的 DevTools 功能

除了查看和检查组件数据，DevTools Components 窗口还有一些其他选项可以帮助你使用应用程序的组件。

请注意组件数据窗口右上角的图标。将鼠标悬停在每个图标上，将显示其用途的描述。在撰写本文时，有四个图标，它们提供以下功能：

- 挂起所选组件。挂起是 React 中的一个新特性，它支持将组件封装在 Suspense 元素中，以告知该组件等待某些代码加载。如果突出显示的组件被封装在 Suspense 元素中，那么 DevTools 中的这一按钮将导致组件进入等待(挂起)状态。

- 检查匹配的 DOM 元素。单击此按钮将打开 Chrome DevTools 元素检查器窗口，并突出显示由所选组件生成的 HTML。

- 将该组件数据记录到控制台。此选项将输出组件数据检查窗口中的数据到 JavaScript 控制台。单击该按钮后，可以切换到 Chrome DevTools 中的控制台，你会在标题为[Click to expand]的链接下看到所选组件的数据，如图 5-13 所示。

- 查看此元素的源代码。该选项将打开创建了元素的 JavaScript 源文件，例如定义了组件的函数或类。

React DevTools 是一个功能强大的工具，可帮助你快速查看应用程序中的 React 组件列表，并深入研究它们的状态和 props。当在浏览器中运行组件时，能够访问组件的内部数据是修复错误和改进组件的第一步。

图 5-13　将组件数据记录到控制台

5.5　性能分析

React DevTools Profiler 选项卡提供了有关 React 应用程序性能的信息。要使用它，要首先记录或导入希望分析的实例会话数据。

(1) 单击 Profiler 左上角的 Start Profiling 图标，它将变成一个红色的 Stop Profiling 图标，表示记录正在进行中。

(2) 在浏览器窗口中与应用程序交互。单击按钮，填写并提交任何表单，等等。

(3) 单击红色的 Stop Profiling 图标。

记录了一些 Profiler 数据后，可以切换到 Flamegraph 选项卡，查看组件的渲染方式。火焰图如图 5-14 所示。

图 5-14　火焰图

在分析应用程序时，因为每次操作导致的状态变化(因此触发 UI 重新渲染)，都会生成一个单独的火焰图。

通过单击 Flamegraph 窗口右上角条形图中的项目，或单击条形图左右两侧的箭头，可以浏览每个渲染。

排名图显示了在分析过程中渲染的每个组件，并将其按渲染时间长短顺序排列。在我们的 ReactBookstore 应用程序中，到目前为止渲染时间最长的组件是 ProductList，如图 5-15 所示。

图 5-15　查看排名图

很容易看出 ProductList 是最慢的组件，每次渲染 ProductList 都需要渲染 100 个 Product 组件。有几种方法可以对此进行优化。最有效的方法是渲染更少的组件。例如，可以要求用户在显示第一批图书后单击"View More"按钮。

另一种方法是使用列表虚拟化或窗口化技术。列表虚拟化通过一次仅渲染一小部分子列表来优化长列表。

优化 ProductList 组件最简单的技术是使用 memoization。由于给定相同的 props 时 ProductList 组件始终渲染相同的数据，因此这些数据都可以由 React 缓存，并且最小化重新渲染。

图 5-16 展示的是在 React.memo 函数中封装 ProductList 和 Product 组件后的排名图。

图 5-16 优化后的排名图

5.6 本章小结

在任何软件开发项目中，检查和优化代码都是至关重要且持续进行的过程。React DevTools 是一个功能强大的工具，可以在运行时查看 React 用户界面，并测试单个组件以及整个 React 应用程序的性能。

在本章中，我们学习了：

- 如何访问 React DevTools。
- 如何导航和搜索 DevTools 组件树。
- 如何在 DevTools 树中筛选组件。
- 如何在 DevTools 中修改组件数据。
- 如何在 DevTools 中检查组件。
- 如何使用 DevTools Profiler 分析组件性能。

在下一章，你将学习如何在 React 应用程序中管理数据和数据流。

第 **6** 章

React 数据流

数据，以及在应用程序的不同部分之间移动数据，是任何交互式用户界面的关键部分。在本章，你将学习：

- 单向数据流的含义
- 单向数据流的好处
- 如何初始化 React 用户界面中的状态
- 如何确定状态应存放的位置
- 如何确定状态中应包含的数据
- 更新状态的方法
- 如何以及为什么将状态视为不可变的
- 如何在组件之间传递数据
- "浅"复制和合并的意义
- 如何使用 PropTypes 验证传入的 props
- 如何以及为什么提供默认 props
- 用于处理 props 和状态的新 JavaScript 语法
- 如何在函数和类组件之间转换

6.1 单向数据流

React 区别于大多数其他前端 UI 库的一个决定性特征是它使用单行数据流，也称为单向数据流。单向数据流意味着 React 应用程序中的所有数据都是从父组件流向子组件。描述 React 中数据流的另一种常用方法是"数据向下(或下游)流动，而事件向上(或上游)流动"。

虽然单向数据流可以避免用户界面中常见的复杂性和错误，但它也会造成困惑和挫败感，除非你完全明白其用法的来龙去脉。在本章中，我将使用类组件和函数组件，采用循序渐进的方法，通过大量的示例代码，介绍关于 React 中数据流的所有必须知道的内容。

6.1.1　理解单向数据流

单向数据流的工作原理如图 6-1 所示。

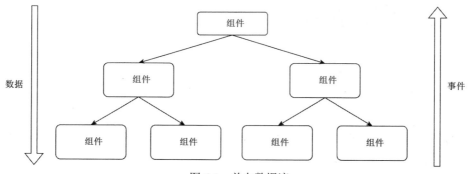

图 6-1　单向数据流

单向数据流并不意味着子组件不能向父组件发送数据。将数据从子组件(如输入表单)发送到父组件(如包含该输入的表单)是交互性的关键部分。但是，单向数据流确实意味着从子组件向父组件或兄弟组件传递数据的方式与从父组件向子组件传递数据的方式不同。

为了理解单向数据流，有必要看一个双向数据流的示例。要在 Angular 中使用双向绑定，可以使用括号组合，如下所示：

```
<search-form [(term)]="searchTerm"></search-form>
```

假定以上代码旨在渲染一个搜索表单，而方括号和括号的组合表示应该将 searchTerm 变量传递到由 search-form 元素表示的组件中(下游数据流)，并且当 search-form 元素所表示的组件内的搜索项值发生变化时，应该更新 searchTerm 变量的值(上游数据流)。

而在 React 中，向下游传递数据是通过 props 实现的，比如：

```
<SearchForm term={searchTerm} />
```

但由于是单向数据流，从 SearchForm 组件内更新 searchTerm 变量的值需要触发一个事件。在函数组件中，当使用 useState hook 时，会创建可以向上游传递数据的事件。

在了解它的用法之前，让我们先简单讨论一下 React 使用单向数据流的原因及其好处。

6.1.2 为什么使用单向数据流

虽然双行数据流(也称为双向数据流)非常方便，组件的数据可以由其父组件修改，组件内部的更改可以直接影响父组件中的数据。但是，它也增加了用户界面的复杂性，而这反过来又增加了出错的可能性。

图 6-2 显示了使用双向数据流的用户界面示例。请注意，有多种方法可以更改模型中的数据，并且需要控制器来管理更改。

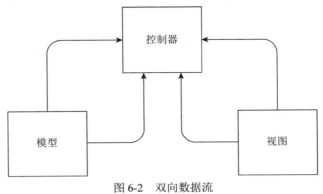

图 6-2　双向数据流

在双向数据流中，无法判断视图是由与视图交互的用户更新的，还是由模型中更改的数据更新的。

图 6-3 显示了用户界面中单向数据流的示意图。更改视图(浏览器中显示的内容)的唯一方法是更改模型中的数据(它是 React 中的 state 对象)。

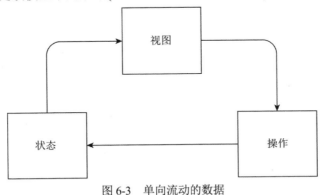

图 6-3　单向流动的数据

单向数据流中的视图可以表示为一个简单的函数：

```
V = function(data)
```

如果你想测试单向数据流中的一段数据是否被正确更新，或者测试对单向数据流中的变量进行更改是否产生了预期的结果，那么只需要测试一件事：更改应用程序的状态是否会按预期修改视图。

6.2　Props

在 React 中，props 是父组件和子组件之间共享数据的主要方式。要创建 prop，只需使用 name=value 格式为 React 自定义元素提供一个属性。在由该元素创建的组件实例内部，该属性将成为 props 对象的属性。

以下是关于 props 的一些要点：

- 一个组件可以接收任意数量的 props。
- prop 的值可以是任何 JavaScript 数据类型，也可以是计算结果为值或函数的表达式。
- props 是只读的。

让我们更详细地讨论一下这些要点。

6.2.1　组件接收 Props

当在 React 中编写 JSX 元素时，提供给元素的属性将作为对象中的属性传递给组件。例如以下 JSX 元素：

```
<Taco meat="chicken" produce={[cabbage,radish,cilantro]} sauce="hot" />
```

如果 Taco 是函数组件，那么此元素与以下 JavaScript 函数调用相同：

```
Taco({meat:"chicken",produce:[cabbage,radish,cilantro],sauce:"hot"});
```

在 Taco 函数的头部，传递给函数的对象被命名为 props，这样就可以在函数内部访问它：

```
function Taco(props){
  return (<p>Your {props.sauce} {props.meat} taco will be ready shortly.</p>
}
export default Taco;
```

因为 props 是一个 JavaScript 对象，所以可以根据需要在 prop 对象中包含任意数量的属性，并且不需要每次使用组件时都传递所有 prop。

6.2.2　Props 可以是任何数据类型

传递给组件的 props 可以是任何类型的 JavaScript 数据，包括六种基本数据类型(undefined、Boolean、Number、String、BigInt 和 Symbol)，以及对象、函数、数组甚至 null。

由于 JSX 能够通过使用花括号来包含 JavaScript 表达式，因此可以通过变量、JavaScript 表达式或函数调用来确定通过 props 对象传递给组件的数据。

6.2.3　Props 是只读的

一旦使用 props 将数据传递给组件，该数据将被视为不可变的。这意味着，尽管组件接收了 props，但一旦这些 props 是组件内部的值，那么组件就无法更改它们。

这是 React 中最严格的规则：组件必须在处理 props 时像纯函数那样运作。

制定此规则的原因是 React 仅在响应状态更改时重新渲染组件。Props 是根据状态更改来更新组件的机制。如果要更改组件内 prop 的值，会导致组件的内部数据与浏览器中显示的内容不同步，并且在下一次渲染时父组件会重置 prop 值。换句话说：更改组件中的 props 不会产生预期的效果。

如果试图更改 prop 的值，将会得到一个错误。然而，可通过观察在组件内部更改任何变量但不触发重新渲染时会发生什么来解释更改 props 将导致的问题。

在代码清单 6-1 中，一个有状态的变量作为 prop 从父组件(App)传递给子组件 (PropsMutator)。在 PropsMutator 中，会创建一个局部变量来保存 prop 的值。这个局部变量也在 return 语句中使用。

名为 changeProp 的函数会递增 prop 的本地副本的值，然后将其记录到控制台。

代码清单 6-1：更改局部变量不会更新视图

```
import {useState} from 'react';

function App(){
    const [theNumber,setTheNumber] = useState(0);
    return (
        <PropsMutator theNumber={theNumber} setTheNumber = {setTheNumber} />
    )
}

function PropsMutator(props){
  let myNumber = props.theNumber;

  const changeProp = ()=>{
    myNumber = myNumber + 1;
      console.log("my number is: " + myNumber);
    }

  return (
      <>
        <h1>My number is: {myNumber}</h1>
        <h1>props.theNumber is: {props.theNumber}</h1>
        <button onClick = {changeProp}>change myNumber</button><br />
        <button onClick={()=>{props.setTheNumber(props.theNumber + 1)}}>
          use setTheNumber
        </button>
      </>
    )
}

export default App;
```

图 6-4 显示了当运行该组件并多次单击 change myNumber 按钮时发生的情况。

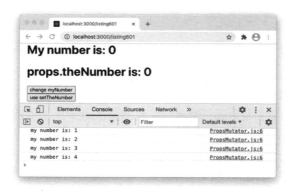

图 6-4　更改局部变量不会更新视图

代码清单 6-1 中的第二个按钮显示了正确修改 return 方法中所使用的值的方法。在该按钮中，我们调用状态更改函数 setTheNumber (该函数从其父组件传递给组件) 并传入一个新值。状态更改函数修改状态变量，然后重新渲染，从而将新值传递给子组件。

图 6-5 显示了多次单击 change myNumber 按钮，接着单击 use setTheNumber 按钮，然后再次单击 change myNumber 的结果。

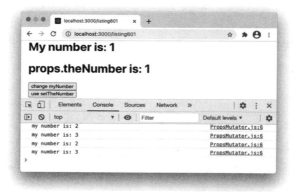

图 6-5　局部变量和 props 比较

在继续下一节之前，请确保理解了这个示例，因为如果你能看懂图 6-5 中发生的事情，那么 props 和状态之间的区别将变得非常清晰，并且你将会更好地了解何时使用它们。

6.2.4　使用 PropType 验证传入的 Props

当调用 JavaScript 函数并传入参数时，函数并不关心参数是何种类型的数据、是否传入参数、传入的参数数量与函数定义的参数数量是否一致。从父组件传递给子组件的 props 也是如此。

然而，要使程序正确运行，传递给组件的 props 必须与组件预期的数据类型相同，这一点通常很重要。例如，如果组件期望名为 itemPrice 的 prop 是一个数字，那么如果父组件将 itemPrice 作为对象传递，则可能会发生错误。

React 程序员(以及一般的程序员)必须考虑到有可能将错误的数据类型传递给接收参数的任何函数。但是，使用动态类型语言(如 JavaScript)时，很难发现和检测可能的数据类型问题。

为了帮助跟踪组件的预期输入并发现可能的问题，我们可以使用一个名为 PropTypes 的工具。

1. 什么是 PropTypes

PropTypes 是用于在 React 中进行类型检查和记录组件的 props 的工具。对于组件中的每个 prop，可以指定测试 prop 值的规则。如果 prop 值不符合这些规则，那么将在浏览器的 JavaScript 控制台中显示一条消息。

PropTypes 仅在使用 React 的开发版本时显示这些警告消息。一旦应用程序部署完毕并使用了 React 的生产版本，PropTypes 将处于静默状态。

例如，代码清单 6-2 中的 WelcomeMessage 组件使用名为 firstName 的 prop 来显示定制的头消息。通过查看该组件中的代码，可以判断 firstNameprop 的值应该是一个字符串。

代码清单 6-2：使用字符串 prop 的组件

```
function WelcomeMessage(props){
  return (<p>Welcome back, {props.firstName}!</p>);
}

export default WelcomeMessage;
```

现在，你应该能够猜到当通过如下元素将名字传递给该组件时，该组件会输出什么：

```
<WelcomeMessage firstName = "Grover" />
```

但如果将不是将字符串值传递给 firstNameprop 会发生什么？例如以下元素将数组传递给 firstNameprop：

```
<WelcomeMessage firstName = {['Jimmy','Joe']} />
```

结果可能与你预期的不同，如图 6-6 所示。

React 不认为这种情况是一个错误，所以最初可能不太清楚意外输出的原因是什么。在使用许多不同 props 的组件中尤其如此。

代码清单 6-3 显示了如何使用 PropTypes 验证这个 prop。

代码清单 6-3：验证 prop 是字符串

```
import PropTypes from 'prop-types';

function WelcomeMessage(props){
  return (<p>Welcome back, {props.firstName}!</p>);
}

WelcomeMessage.propTypes = {
  firstName:PropTypes.string
}

export default WelcomeMessage;
```

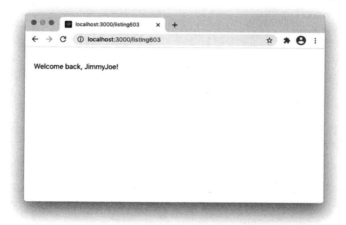

图 6-6　传递错误的 prop 类型

通过为 firstName 指定 PropType，当 WelcomeMessage 接收到不是字符串的 firstName 值时，控制台中会显示一条警告消息，如图 6-7 所示。

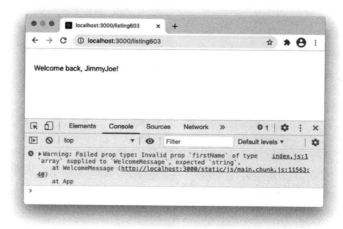

图 6-7　显示警告的 PropTypes

在 React 中使用 PropTypes 是可选的，无论你是否使用它，它都不会自行修复错误。如果 prop 检查失败，它也不会导致应用程序无法编译。它纯粹是一个开发工具。然而，这是捕获组件中的 bug 并改进组件的好方法。养成使用 PropTypes 的习惯将改进 React 组件，并使其他程序员更容易了解这些组件需要什么数据。

2. PropTypes 入门

PropTypes 不是核心 React 库的一部分。要使用它，首先必须安装它。如果使用 Create React app 来启动你的应用程序，那么它已经为你安装好了。或者，可以通过从项目根目录运行以下命令来安装它：

```
npm install prop-types --save
```

一旦安装了 PropTypes，就需要将 PropTypes 库包含到使用它的每个组件中。在包含组件的文件开头，应使用以下命令导入：

```
import PropTypes from 'prop-types;
```

一旦导入，PropTypes 在函数和类组件中的作用相同，但是放置 PropTypes 的位置可能不同。

要使用 PropTypes，只需要向组件添加一个名为 propTypes 的属性。请注意，PropTypes 库包含验证 props 的不同方法，以大写 P 开头。而添加到组件以使其进行类型检查的属性以小写 p 开头。

propTypes 属性是一个静态属性，这意味着它是在组件级别而不是在组件实例中操作。在类组件中，这意味着可以使用 static 关键字将 propTypes 属性放在类的主体中，如代码清单 6-4 所示。

代码清单 6-4：组件主体内的 PropTypes

```
import PropTypes from 'prop-types';
import {Component} from 'react';

class WelcomeMessage extends Component {

  static propTypes = {
    firstName: PropTypes.string
  }

  render(){
    return(<h1>Welcome, {this.props.firstName}!</h1>);
  }
}

export default WelcomeMessage;
```

还可以通过将 propTypes 对象放在类主体之外，将其添加到类组件中，如代码清单 6-5 所示。

代码清单 6-5：将 propTypes 放在类主体之外

```
import PropTypes from 'prop-types';
import {Component} from 'react';

class WelcomeMessage extends Component {

  render(){
    return(<h1>Welcome, {this.props.firstName}!</h1>);
  }
}

WelcomeMessage.propTypes = {
  firstName: PropTypes.string
}

export default WelcomeMessage;
```

在函数组件中，propTypes 对象总是位于函数体之外，如代码清单 6-6 所示。

代码清单 6-6：在函数组件中使用 propTypes

```
import PropTypes from 'prop-types';

function MyComponent(props){
  return (<p>The value is {props.itemValue}</p>);
}

MyComponent.propTypes = {
  itemValue: PropTypes.number
}

export default MyComponent;
```

3. PropTypes 可以验证什么

PropTypes 可以对组件的 props 执行各种各样的检查，包括数据类型(如你所见)、是否传递了所需的 props、作为对象传递的属性值，等等。本节将解释和演示 PropTypes 中包含的所有不同的验证规则。

验证数据类型
你已经了解了如何检查 prop 是否为 JavaScript 的某种数据类型。JavaScript 类型的验证器包括：
- PropTypes.array
- PropTypes.bool
- PropTypes.func
- PropTypes.number
- PropTypes.object
- PropTypes.string
- PropTypes.symbol

每个验证器都有各自的用途，但请注意，有两个验证器的名称(bool 和 func)与
JavaScript 数据类型的名称不同。

当你单独使用其中某个数据类型验证器时，PropTypes 会将 prop 视为可选的。
换句话说，默认情况下，缺失的 prop 不会触发 PropType 警告消息。

验证所需的 Props

如果组件需要传递一个 prop，可以通过在数据类型验证器后面添加 isRequired
验证器向 PropTypes 表明这个 prop 是必须的，如代码清单 6-7 所示。

代码清单 6-7：附加 isRequired 验证器

```
MyComponent.propTypes = {
  firstName: PropTypes.string.isRequired,
  middleName: PropTypes.string,
  lastName: PropTypes.string.isRequired
}
```

除了确认 prop 是否存在以及是否具有特定的数据类型，还可以专门检查 prop
数据在 React 中的使用方式。

验证节点

node 验证器会检查是否可以渲染 prop 的值。React 声称可在组件中渲染的任何
内容为节点。在组件中可以渲染的内容包括数字、字符串、元素以及包含数字、字
符串或元素的数组：

```
userMessage: PropTypes.node
```

某些情况下，你不关心 prop 的值是字符串、数字或者元素，但却关心它是否可
以渲染时，node 验证器非常有用。

如果某个组件确实试图渲染一个不是节点的 prop，即使没有使用 PropTypes，
它也会导致程序崩溃并在浏览器和控制台中显示错误。对于不是数字、字符串、元
素或可渲染数据的数组来说，可以通过尝试渲染它们的 prop 值来查看此默认错误消
息。例如，代码清单 6-8 中的组件渲染了传递给 url 和 linkName 属性的值。

代码清单 6-8：尝试渲染一个非节点值

```
function SiteLink(props) {
  return (
    <a href={props.url}>{props.linkName}</a>
  );
}

export default SiteLink;
```

以下元素调用 SiteLink 函数组件，将对象作为 linkName 传入：

```
<SiteLink url="http://example.com" linkName={{name:'Example'}} />
```

图 6-8 显示了尝试渲染对象时显示的错误消息。请注意，错误消息并没有指明是哪个 prop 导致了错误，只是提示存在错误以及出现错误的元素。

图 6-8　不可渲染的错误消息

可以使用 PropTypes.node 来查找导致错误的 prop。

代码清单 6-9 显示了如何使用 PropTypes.node 来验证是否可以渲染 props.linkName，图 6-9 显示了尝试渲染某个对象仍然会显示相同的错误消息，但 PropTypes 显示了导致错误的 prop。

代码清单 6-9：使用 PropTypes.node

```
import PropTypes from 'prop-types';

function SiteLink(props) {
  return (
    <a href="{props.url}">{props.linkName}</a>
  );
}

SiteLink.propTypes = {
  linkName: PropTypes.node
}

export default SiteLink;
```

为了正确处理有可能将对象值传递给将被渲染的 prop 的情况，可以使用错误边界，这将在第 13 章中学习。

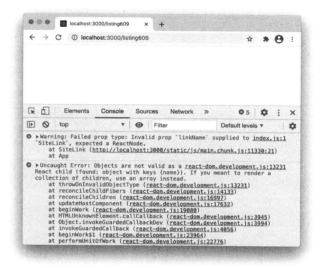

图 6-9　PropTypes 显示导致错误的属性

验证 React 元素

如果要确保 prop 是 React 元素，可以使用 PropTypes.element。下面使用元素验证器来测试子 prop 是否包含元素，如代码清单 6-10 所示。

代码清单 6-10：验证 React 元素

```
import PropTypes from 'prop-types';

function BorderBox(props){
  return(
    <div style={{border:"1px solid black"}}>{props.children}</div>
  )
}

BorderBox.propTypes = {
  children: PropTypes.element.isRequired
}

export default BorderBox;
```

下面是一个使用代码清单 6-10 中定义的 BorderBox 元素的例子，它将导致 PropType.element 验证失败：

```
<BorderBox>
  <p>The first paragraph</p>
  <p>The second paragraph</p>
</BorderBox>
```

前一种情况下显示的警告消息如图 6-10 所示。

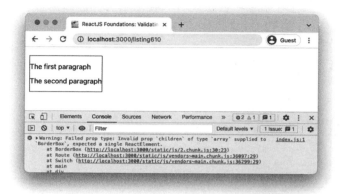

图 6-10   PropTypes.element 验证失败

元素类型验证

如果要测试 prop 值是否为 React 元素类型，可以使用 elementType，如代码清单 6-11 所示。

代码清单 6-11：使用 elementType 验证器

```
FamilyTree.propTypes = {
    pet: PropTypes.elementType
}
```

element 验证器和 elementType 验证器的区别在于，element 验证器是检查渲染的元素(例如<MyComponent />)，而 elementType 验证器是检查未渲染的元素(例如 MyComponent)。

JavaScript 类验证

PropTypes.instanceOf 用于测试提供的 prop 是否是特定 JavaScript 类的实例(这意味着 JavaScript 原型链中有这个类)。要使用它，可以使用 instanceOf 验证器，如代码清单 6-12 所示。instanceOf 验证器使用 JavaScript 的 instanceOf 运算符。

代码清单 6-12：验证 prop 是否为类的实例

```
import {Component} from 'react';
import {PropTypes} from 'prop-types';
import Person from './Person';

class FamilyTree extends Component {
    render(){
        return(
            <p>{this.props.father.firstName}</p>
        )
    }
}

FamilyTree.propTypes = {
    father: PropTypes.instanceOf(Person)
```

```
}

export default FamilyTree;
```

将 Props 限制为特定值或类型

PropTypes.oneOf 是一个函数，用于测试 prop 的值是否为列表中的某个特定项。要使用它，将包含这些值的数组传递给 oneOf 函数，如代码清单 6-13 所示。

代码清单 6-13：使用 PropTypes.oneOf

```
import PropTypes from 'prop-types';

function DisplayPrimaryColor(props){
  return(
    <p>You picked: {props.primaryColor}</p>
  )
}

DisplayPrimaryColor.propTypes = {
  primaryColor:PropTypes.oneOf(['red','yellow','blue'])
}

export default DisplayPrimaryColor;
```

使用 oneOfType 验证器，可以检查一个 prop 的值是否是数据类型列表中的某项数据类型。要使用它，传入一个包含这些数据类型的数组，使用 PropTypes 数据类型验证器的名称：

```
Component.propTypes = {
  myProp:PropTypes.oneOfType([
    PropTypes.bool,
    PropTypes.string,
    PropTypes.number
  ])
}
```

其他验证器

PropTypes.arrayOf 测试 prop 是否是一个数组，并且其中的每个元素都匹配指定的类型：

```
MyComponent.propTypes = {
  students: PropType.arrayOf(
    PropTypes.instanceOf(Person)
  )
}
```

PropTypes.objectOf 测试 prop 是否是一个对象，其中对象的每个属性都匹配指定的类型：

```
MyComponent.propTypes = {
  scores: PropTypes.objectOf(
    PropTypes.number
  )
}
```

PropTypes.shape 测试 prop 值是否为包含特定属性的对象：

```
MyComponent.propTypes = {
  userData: PropTypes.shape({
    id: PropTypes.number,
    fullname: PropTypes.string,
    birthdate: PropTypes.instanceOf(Date),
    isAdmin: PropTypes.bool
  })
}
```

PropTypes.exact 对 prop 执行严格的对象匹配，这意味着它必须只包含指定的属性，每个属性都必须通过验证：

```
MyComponent.propTypes = {
  toDoItem: PropTypes.exact({
    description: PropTypes.string,
    isFinished: PropTypes.bool
  })
}
```

创建自定义 PropTypes

如果想要验证的内容没有任何内置验证器能匹配，你可以创建自己的验证器。自定义验证器是一个在使用时自动接收三个参数的函数：

- 包含组件接收的所有 props 的对象。
- 正在测试的 prop。
- 组件的名称。

在自定义 prop 中，可以编写验证失败时返回的 Error 对象。

例如，可以编写一个自定义验证器来检查 prop 是否为 10 位电话号码，如代码清单 6-14 所示。

代码清单 6-14：使用自定义验证器测试电话号码

```
import PropTypes from 'prop-types';

function Contact(props){
    return(
        <li>{props.fullName}: {props.phone}</li>
    )
}

const isPhoneNumber = function(props, propName, componentName) {
const regex = /^(\+\d{1,2}\s)?\(?\d{3}\)?[\s.-]\d{3}[\s.-]\d{4}$/;

if (!regex.test(props[propName])) {
    return new Error(`Invalid prop ${propName} passed to ${componentName}.
Expected a phone number.`);
  }
}

Contact.propTypes = {
  fullName: PropTypes.string,
```

```
      phone: isPhoneNumber,
}

export default Contact;
```

如图 6-11 所示，当此 PropType 失败时，浏览器控制台会返回自定义错误消息。

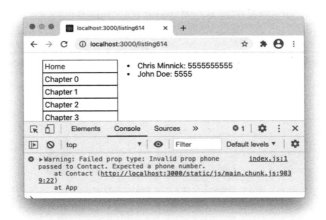

图 6-11　自定义 PropType 验证器失败

6.2.5　默认 Props

PropTypes 可以告诉你组件没有接收到 prop 或接收到错误的数据类型，但使用 PropTypes 本身并不能解决它所面临的任何问题。要解决 PropTypes 面临的问题，通常需要查看向组件传递错误数据的父组件。但是，理想情况下，即使在父组件中发生了意外，React 应用中的每个组件也都应该能够在某种程度上正常运行，而不会导致整个用户界面崩溃。这就是为 props 设置默认值的原因。

例如，根据作为 props.latitude 和 props.longitude 传递的位置数据，代码清单 6-15 中的 StoresNearYou 组件渲染了 Map 组件和 StoreList 组件。然而，地理位置信息可能会出现很多问题，父组件可能无法传递所需的数据。结果是传递给 Map 和 StoreList 组件的值将无效，甚至可能导致应用程序崩溃。

代码清单 6-15：没有默认 props 的组件

```
import Map from './Map';
import StoreList from './StoreList';

function StoresNearYou(props){
  return(
    <>
      <div id="map-container">
        <Map latitude={props.latitude} longitude={props.longitude} />
      </div>
      <div id="store-list">
        <StoreList latitude={props.latitude} longitude={props.longitude} />
```

```
        </div>
      </>
    )
  }

export default StoresNearYou;
```

解决这个问题的一种方法是使用||(OR)运算符来设置纬度和经度的回退值，如代码清单 6-16 所示。

代码清单 6-16：使用 OR 运算符设置默认值

```
import Map from './Map';
import StoreList from './StoreList';

function StoresNearYou(props){
  return(
    <>
      <div id="map-container">
        <Map
          latitude={props.latitude || "37.3230"}
          longitude={props.longitude || "122.0322"}
        />
      </div>
      <div id="store-list">
        <StoreList
          latitude={props.latitude || "37.3230"}
          longitude={props.longitude || "122.0322"}
        />
      </div>
    </>
  )
}

export default StoresNearYou;
```

然而，在包含许多不同 props 的较大组件中，你可能很快会感觉到混乱和困惑，并且使用这样的内联默认值会造成重复设置。

这段代码的下一个改进可以是将 props 对象中的属性分离到 return 语句之外的变量中，并只设置一次默认值，如代码清单 6-17 所示。

代码清单 6-17：解构 props 并设置默认值

```
import Map from './Map';
import StoreList from './StoreList';

function StoresNearYou(props){
  const latitude = props.latitude || "37.3230";
  const longitude = props.longitude || "122.0322";

  return(
    <>
      <div id="map-container">
        <Map
          latitude={latitude}
          longitude={longitude}
        />
```

```
        </div>
        <div id="store-list">
          <StoreList
            latitude={latitude}
            longitude={longitude}
          />
        </div>
      </>
    )
  }
}

export default StoresNearYou;
```

就代码的整洁性而言，这是一个很大的改进，但它确实引入了额外的变量，这也许是不必要的。我们可以做得更好。

React 组件有一个 defaultProps 对象，可用于设置未传递到组件中的 props 值。与 propTypes 一样，defaultProps 是组件的属性，而不是组件的实例。因此，要在类组件中设置 defaultProps，可以使用 static 关键字在组件内部定义它，也可以在组件外部设置它。

代码清单 6-18 显示了如何将 defaultProps 设置为静态属性，代码清单 6-19 显示了如何在类定义之外设置它。

代码清单 6-18：将 defaultProps 设置为静态属性

```
import {Component} from 'react';

class StoresNearYou extends Component{
  static defaultProps = {
    latitude: "37.3230",
    longitude: "122.0322"
  }

  render(){
    return(
      <>
        <div id="map-container">
          <Map
            latitude={this.props.latitude}
            longitude={this.props.longitude}
          />
        </div>
        <div id="store-list">
          <StoreList
            latitude={this.props.latitude}
            longitude={this.props.longitude}
          />
        </div>
      </>
    )
  }
}

export default StoresNearYou;
```

代码清单 6-19：在组件主体外部设置 defaultProps

```
import {Component} from 'react';

class StoresNearYou extends Component{

  render(){
    return(
      <>
        <div id="map-container">
          <Map
            latitude={this.props.latitude}
            longitude={this.props.longitude}
          />
        </div>
        <div id="store-list">
          <StoreList
            latitude={this.props.latitude}
            longitude={this.props.longitude}
          />
        </div>
      </>
    )
  }
}

StoresNearYou.defaultProps = {
  latitude: "37.3230",
  longitude: "122.0322"
}

export default StoresNearYou;
```

可以在函数体之外的函数组件中设置 defaultProps，如代码清单 6-20 所示。

代码清单 6-20：设置函数组件的 defaultProps

```
function StoresNearYou(props){
  return(
    <>
      <div id="map-container">
        <Map latitude={props.latitude} longitude={props.longitude} />
      </div>
      <div id="store-list">
        <StoreList latitude={props.latitude} longitude={props.longitude} />
      </div>
    </>
  )
}

StoresNearYou.defaultProps = {
  latitude: "37.3230",
  longitude: "122.0322"
}

export default StoresNearYou;
```

设置 defaultProps 属性后，如果在不传递 props 的情况下调用它，或者在接收 props 之前渲染它(这通常在组件依赖于异步函数结果的情况下发生)，StoresNearYou

将使用 props.latitude 和 props.longitude 的默认值。

6.3　ReactState

如果只想渲染一个永远不会改变的静态组件，那么只需要使用 props。然而，React 的真正价值在于它如何启用交互式 Web 应用程序并管理组件更新以响应输入。React 能够实现响应性的关键是使用了称为 state 的概念和对象。

6.3.1　什么是 state

在 React 组件中，state 是一个对象，包含一组可能会在组件的生命周期中发生变化的属性。对 state 对象中属性的更改可以控制组件的行为和更新。

6.3.2　初始化 state

初始化 state 是定义 state 对象的属性并设置其初始值的过程。初始值将用于组件的第一次渲染。

1. 初始化类组件中的 state

在引入 React Hooks 之前，只有类组件可以使用 state 对象。Hooks 使得在函数组件中也可以使用 state 对象，但如果你想充分利用 React 的全部功能，包括所有生命周期方法，类仍然是最好的(在某些情况下也是唯一的)方法。

关于初始化类组件的 state 对象，有几个重要规则：

(1) 类组件的 state 对象可以根据需要拥有任意数量的属性。

(2) 并非所有的类组件都需要有 state 对象。

(3) 如果组件确实使用了 state 对象，则必须对其进行初始化。

(4) 只有 constructor 函数可以直接更改 state 对象。

在类组件中，通常会在 constructor 函数中初始化 state 对象，如代码清单 6-21 所示。

代码清单 6-21：初始化类组件中的 state 对象

```
import {Component} from 'react'

class NewsFeed extends Component {

  constructor(props){
    super(props);
    this.state = {
      date: new Date(),
      headlines:[]
    }
  }
```

```
    render(){
      return(
        <>
          <h1>Headlines for {this.state.date.toLocaleString()}</h1>
          ...
        </>
      )
    }
}

export default NewsFeed;
```

将 state 对象的初始化放在 constructor 函数中的原因是，它是创建组件实例时首先调用的方法。

通过使用 class 属性(也称为公有实例字段或公共字段)，可以在没有 constructor 函数的情况下初始化 state 对象。公共字段的作用方式与在 constructor 函数中定义 class 属性的作用方式相同，最终生成的属性将存在于创建的每个类实例中。代码清单 6-22 展示了如何使用 class 属性来初始化 state 对象。

代码清单 6-22：使用 class 属性初始化 state 对象

```
import {Component} from 'react'

class NewsFeed extends Component {

  state = {
    date: new Date(),
    headlines: []
  }

  render(){
    return(
      <>
        <h1>Headlines for {this.state.date.toLocaleString()}</h1>
        ...
      </>
    )
  }
}

export default NewsFeed;
```

2. 初始化函数组件中的 state 对象

在 JavaScript 函数中，函数调用之间的数据不会保留。在 React Hooks 出现之前，React 函数组件也无法在调用之间保存数据。由于这个原因，函数组件以前被称为无状态组件。

通过 React Hooks，函数组件可以使用 React 的功能，包括 state 对象。所用到的 hook 是 useState。

当第一次渲染包含 useState 函数的函数组件时，useState 创建一个有状态变量和用于设置该变量的函数。对于组件的所有后续渲染，useState 会使用在第一次渲染时创建的变量。

第一次渲染函数组件时，useState 的作用类似于在 constructor 函数中初始化 state 对象或在类组件中使用公共字段。

代码清单 6-23 显示了如何初始化函数组件中的有状态变量。

代码清单 6-23：初始化函数组件中的 state 对象

```
import {useState} from 'react'

function NewsFeed(props) {

const [date,setDate] = useState(new Date());
const [headlines,setHeadlines] = useState([]);

  return(
    <>
      <h1>Headlines for {date.toLocaleString()}</h1>
      ...
    </>
  )
}

export default NewsFeed;
```

注意，代码清单 6-23 包含对 useState 的两个调用。这是使用 React Hooks 管理 state 对象的推荐方法——对于每个有状态变量，可以调用 useState 并返回新的有状态变量和用于更新该变量的函数。

初始化函数组件中 state 对象的另一种方法如代码清单 6-24 所示。

代码清单 6-24：初始化函数组件中 state 对象的另一种方法

```
import {useState} from 'react'

function NewsFeed(props) {

const [state,setState] = useState({date:new Date(),headlines:[]});

  return(
    <>
      <h1>Headlines for {state.date.toLocaleString()}</h1>
      ...
    </>
  )
}

export default NewsFeed;
```

虽然代码清单 6-24 中显示的管理 state 对象的方法能更精确地模拟类组件只有单个 state 对象的情况，但是拥有多个变量可以更灵活地将组件拆分为更小的组件，并使用 memoization 提高性能。

> **两种 setState 的区别**
> 还有一个要点需要记住(我们稍后将详细讨论)，就是 useState 返回的函数(代码清单 6-24 中将其命名为 setState)与类组件中 setState 函数的用法不同。简而言之：类组件中的 setState 会合并对象，而 useState 返回的 setState 函数则会替换掉原来的状态变量的值。

6.3.3 state 和 props 的区别

props 和 state 看起来很相似：

- 它们都是 JavaScript 对象。
- 对每一项的更改都会导致组件更新。
- 两者都是组件用来生成其 HTML 输出的数据。

props 和 state 的区别在于它们的角色不同。

基本的区别在于 props 对象是由父组件传递给予组件的，而 state 对象则是在组件内部进行管理的。

换句话说，props 类似于函数参数，而 state 类似于函数内部定义的局部(私有)变量。可以将父组件的 state 对象值传递给子组件(届时它们会成为 props 对象的一部分)，但组件不能修改其子组件的 state 对象。

表 6-1 总结了 props 和 state 的异同。

表 6-1 props 和 state 的比较

	Props	State
是否由父对象传递？	是	否
能否在组件内部更改？	否	是
能否由父对象更改？	是	否
能否传递给子组件？	是	是

6.3.4 更新状态

一旦设置了组件的初始状态并渲染了该组件，当状态更改时，就会更新该组件(以及它的子组件，如果有的话)。

你可能想知道 React 是如何知道 state 对象已经发生更改的。实际上，它并不知道。导致状态更新组件的原因是，所有对状态的更改都必须使用专用函数来完成。该函数会更新状态，然后触发组件的重新渲染。

更新组件状态采用哪种方法则取决于使用的是类组件还是函数组件。

1. 使用 setState 更新类组件的状态

在类组件中，setState 方法是状态被初始化后唯一可以修改状态的方法。除了 constructor 函数，可以在类组件的任何方法中使用 setState 方法。

setState 方法接收一个对象或函数作为参数，并使用此参数来安排对组件 state 对象的更新。

将对象传递给 setState

代码清单 6-25 显示了一个类组件的简单示例，它初始化一个 state 对象，然后在每次单击按钮时使用 setState 进行更新。

代码清单 6-25：使用 setState

```
import {Component} from 'react';

class CounterClass extends Component {
  constructor(props){
    super(props);
    this.state = {count:0};
    this.increment = this.increment.bind(this);
  }

  increment(){
    this.setState({count: this.state.count + 1});
  }

  render(){
    return(
      <button onClick={this.increment}>{this.state.count}</button>
    )
  }
}
export default CounterClass;
```

这个简单的计数器示例演示了 setState 的基本用法。在 increment 函数中，我传递了一个包含 count 属性新值的新对象。如果运行这个组件，就会看到它的工作方式如下：

- 单击该按钮将触发组件中的 increment 方法。
- increment 方法调用 setState 函数，为 this.state.count 传入一个新值。
- 调用 setState 更新 state.count 的值，然后使组件重新渲染。
- 在按钮上显示 state.count 的新值。

虽然这个简单的示例很容易理解，但是它并没有很好地说明 setState 的真实功能。为此，我们需要一个稍微复杂的示例，在 state 对象中包含多个属性。

使用 setState 将对象合并到 state 对象中

代码清单 6-26 只是向组件添加了另一个 count 属性，另一个按钮以及另一个 increment 函数。

代码清单 6-26：使用具有多个状态属性的 setState

```
import {Component} from 'react';

class CounterClass extends Component {
  constructor(props){
  super(props);
  this.state = {count1:0,count2:0};
  this.incrementCount1 = this.incrementCount1.bind(this);
  this.incrementCount2 = this.incrementCount2.bind(this);

  }

  incrementCount1(){
    this.setState({count1: this.state.count1 + 1});
  }
  incrementCount2(){
    this.setState({count2: this.state.count2 + 1});
  }

  render(){
    return(
      <>
        <button onClick={this.incrementCount1}>Count 1:
          {this.state.count1}</button>
        <button onClick={this.incrementCount2}>Count 2:
          {this.state.count2}</button>
      </>
    )
  }

}
export default CounterClass;
```

如果运行代码清单 6-26 中的示例，你将看到单击每个按钮都会递增 state 对象中相应的属性。注意，每个计数的 increment 函数只将正在修改的单个属性传递给 setState，而 setState 只会更新传递给它的属性。

虽然前面的示例很普通，而且代码可以简化并变得更加灵活，但它演示了使用 setState 的第一种方法：当将对象传递给 setState 时，它将该对象与现有的 state 对象合并。

对 setState 的调用是异步的

调用 setState 时，它可能不会立即更新 state 对象。实际上，它只是对组件状态的更新进行调度或排队。这种行为减少了不必要的组件重新渲染次数，从而提高了React 应用程序的性能。

将对 setState 的调用视为一个请求而不是立即执行的操作会很有用。

例如，如果父组件和子组件都调用 setState 以响应相同的单击事件，那么如果 setState 立即更新状态，则会重新渲染组件两次。然而，由于对 setState 的调用是异步的，因此 React 将等到两个组件都调用了 setState 之后再重新渲染。

为什么要关注 setState 的异步特性

setState 的异步特性是 React 中经常导致错误或意外行为的原因。问题在于，如果在调用 setState 之后立即尝试使用 state 对象，则可能无法获得最新的状态。

在代码清单 6-27 中，我编写了一个名为 incrementTwice 的方法，它在每次单击按钮时调用 setState 两次。为了显示 this.state.count 的期望值与新值之间的差异，组件也会递增并记录名为 testCount 的属性值。

代码清单 6-27：演示 setState 的异步特性

```
import {Component} from 'react';

class CounterClass extends Component {
  constructor(props){
    super(props);
    this.state = {count:0};
    this.testCount = 0;
    this.incrementTwice = this.incrementTwice.bind(this);
  }

  incrementTwice(){
    this.setState({count: this.state.count + 1});
    this.testCount ++;
    this.setState({count: this.state.count + 1});
    this.testCount ++;
    console.log("Count should be: " + this.testCount);
  }

  render(){
    return(
      <button onClick={this.incrementTwice}>{this.state.count}</button>
    )
  }

}
export default CounterClass;
```

如果你不知道 setState 是异步的，可能会认为每次单击按钮都会将 state.count 的值增加 2。但是，如果尝试使用这个组件，你会发现它的值只增加了 1。原因是对 setState 的第二次调用发生在 state.count 被第一次调用更新之前。因此，它使用与第一次调用相同的 state.count 值，结果是对 setState 的两次调用都将 state.count 的值更改为相同的数字。

单击代码清单 6-27 所示的 CounterClass 组件中的按钮，结果如图 6-12 所示。

要解决这个问题，可以将函数传递给 setState 函数，而不是对象，以确保 setState 使用 state 对象的最新值。

图 6-12　单击 CounterClass 按钮的结果

将函数传入 setState

当将返回对象的函数传入 setState 时，内部函数接收组件的当前状态和 props，并返回更新后的 state 对象。这个函数称为 updater 函数。setState 的 updater 函数变体采用如下形式：

```
setState((state,props)=>{ return {};})
```

updater 函数能保证接收到最新的状态和 props。出于这个原因，当新状态依赖于当前状态时，应该始终使用 updater 函数。

为了确保 updater 函数接收的状态是最新的状态，通常将此参数命名为 current。在 increment 函数中，我们可以使用 updater 函数来更新 state.count 的值，如下所示：

```
setState((current)=>{
  return {count: current.count + 1};
});
```

代码清单6-28显示了如何使用updater函数解决代码清单6-27中incrementTwice函数的问题。

代码清单 6-28：使用包含 setState 的 updater 函数

```
import {Component} from 'react';

class CounterClass extends Component {
  constructor(props){
    super(props);
    this.state = {count:0};
    this.testCount = 0;
    this.incrementTwice = this.incrementTwice.bind(this);
  }

  incrementTwice(){
    this.setState((current)=>{return {count: current.count + 1};});
    this.testCount++;
```

```
    this.setState((current)=>{return {count: current.count + 1};});
    this.testCount++;
    console.log("Count should be: " + this.testCount);
  }

  render(){
    return(
      <button onClick={this.incrementTwice}>{this.state.count}</button>
    )
  }

}

export default CounterClass;
```

单击代码清单 6-28 中的按钮，结果如图 6-13 所示。注意，testCount 属性现在与 state.count 同步。

2. 使用函数组件更新状态

当调用 useStatehook 时，它返回一个数组。数组的第一个元素是一个状态变量，第二个元素是 setter 函数。

图 6-13 固定的 counter 类

要将状态变量和函数分配给单独的变量，可以使用数组解构。例如，要创建名为 counter 的状态变量和用于更改 counter 值的 setter 函数，可使用以下语句：

```
const [counter,setCounter] = useState(0);
```

变量名可以是任何有效的 JavaScript 变量名。函数应该是带有前缀"set"的状态变量名，尽管这只是一种约定，React 并不强制执行。

在函数组件中初始化和更新状态要比使用类组件简单得多。下面是关于在函数组件中使用状态和 useState hook 的一些重要信息：

1. 传递给 useState 的值将成为状态变量的初始值。

2. 在创建状态变量和 setter 函数时，使用 const 而不是 let。

3. 与类组件中的 setState 不同，useState 返回的 setter 函数会用传入的新值替换状态变量的值，而不是将其与当前状态合并。

4. 更新状态变量后，setter 函数会重新渲染组件。

这四点中的每一点都需要详细的解释，所以让我们逐条讨论。

使用 useState 设置初始状态

函数组件第一次调用 useState 时，会将传入 useState 的值赋给返回的变量。此参数是可选的。如果在不传递初始值的情况下调用 useState，变量将被赋值为 undefined。

初始状态可以是任何 JavaScript 数据类型，但它应该与将要在组件中设置变量的数据类型相同。例如，如果创建一个名为 products 的状态变量来保存将从 API 加载的产品数组，那么 products 的初始值应该是一个空数组([])。

如果将一个函数传递给 useState hook，那么该函数将被调用，其返回值将被用作初始状态。

为什么在 useState 中使用 const

在状态变量中使用 const 似乎是错误的，因为状态变量主要用来进行更改，而 const 则用于防止变量被更改。尽管如此，使用 useState 时推荐使用 const，实际上它对函数(以及函数组件)而言是有作用的。

以名为 counter 的状态变量和名为 setCounter 的 setter 函数为例，调用 setCounter 并向其传递一个新值会设置 React 中 state 对象的属性值，然后重新渲染组件。与类组件中每次都可以调用 render 方法并使用类的相同属性不同，函数在每次调用时都会开始其生命周期。

当 React 重新渲染函数组件时，该函数再次调用 useState，useState 返回一个具有最新状态值的新变量。因此，setter 函数实际上根本不会修改函数中的变量，并且每次调用时函数都会得到一个新 const。

因为状态变量的目的是触发重新渲染，所以只有使用 useState 返回的 setter 函数才能更新状态变量。

Setter 函数用于替换状态

useState hook 返回的函数会将状态变量的当前值替换为传递给它的值。这更有利于在函数中处理状态变量，但也引入了一些额外的复杂性，尤其是在处理更复杂的状态时。

函数组件中的状态是不可变的。也就是说，不能更改它，只能用一个新状态来替换它。如果函数组件的新状态依赖于之前的状态，那么就会出现一些有趣的问题和编码模式，特别是当状态变量的值是对象或数组时。

要设置一个基本数据类型的状态变量，只需要将新值传递给函数：

```
setCounter(4);
```

如果新值依赖于之前的值，则应使用函数来访问之前的状态并返回新值：

```
setCounter((prevState)=>{return prevState+1});
```

如果你的状态变量包含对象或数组，则可以通过传入新对象或数组来替换该值。但是，如果新状态依赖于旧状态，则需要创建现有数组或对象的副本，对其进行修改，然后将数组的副本传入 setter 函数。

对象或数组的副本只能是一个浅拷贝。在 React 中，常用的一种生成浅拷贝的最简单方法是使用 spread 运算符(...)。

JavaScript 教程：浅拷贝和 spread 运算符

JavaScript 中最有用的一种新工具是 spread 运算符。spread 运算符由三个句点(···)组成，其作用是将字符串、数组或对象的值扩展(或展开)为单独的部分。

要了解 spread 运算符的用法，我们将从一个非常简单的示例开始。下面的函数接收三个数字并返回这些数字的和：

```
function sum(x,y,z){
  return x+y+z;
}
```

如果有一个包含三个数字的数组，需要求出它们的和，那么可以调用 sum 函数并分别传入数组中的每个元素，如下所示：

```
sum(myNumbers[0],myNumbers[1],myNumbers[2]);
```

或者也可以把数组扩展到它的组件部分，能达到同样的效果：

```
sum(...myNumbers)
```

需要将现有数组或对象的所有元素包含进新的对象或数组中时，spread 运算符非常有用，例如在创建一个部分由现有数组或对象组成的新数组或对象时。

在 React 中，spread 运算符通常用于处理函数组件中不可变的状态变量。

当处理 JavaScript 中的可变数据时，如果想要向一个数组中添加一个元素，可以使用 Array.push 函数，如下所示：

```
let temperatures = [31,29,35];
temperatures.push[32];
```

这些语句的结果是 temperatures 数组如下所示：

```
[31,29,35,32]
```

因为 React 状态是不可变的，并且只能使用 setState 函数或 useState 返回的函数进行更改，所以如果希望更改状态中数组或对象的值，则需要创建一个新的数组或对象，而不是更改现有的数组或对象。

使用 spread 运算符复制数组

JavaScript 数组是引用值。当使用=运算符复制数组时，新数组仍然具有对旧数组的引用。例如按照以下步骤操作：

(1) 在 Chrome 中打开 JavaScript 控制台。

(2) 创建一个新数组，如下所示：

```
Let arr = ['red', 'green', 'blue'];
```

(3) 使用=运算符从原来的数组中创建一个新数组：

```
let newArr = arr;
```

(4) 向新数组中添加元素：

```
newArr.push('orange');
```

(5) 将原始数组的值写入控制台：

```
arr
```

如图 6-14 所示，在使用=运算符创建的副本中添加新元素也会更改原始数组。

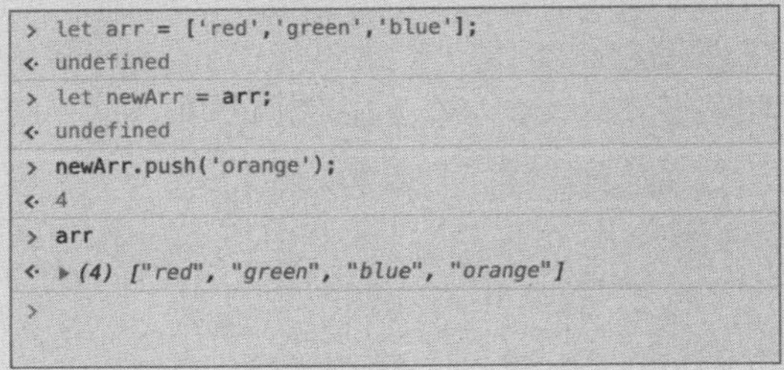

图 6-14　使用=运算符复制的情况

要复制不引用原始数组的数组，需要将原始数组中的每个元素复制到新数组中。以这种方式创建的新数组称为浅拷贝。与 JavaScript 一样，有多种方法可以创建数组的浅拷贝。一种方法是使用循环，如下所示：

```
let numbers = [1, 2, 3];
let numbersCopy = [];

for (i = 0; i < numbers.length; i++) {
  numbersCopy[i] = numbers[i];
}
```

另一种方法是使用 slice 函数。slice 基于提供的 start 和 end 元素索引返回数组的浅拷贝。如果对数组调用 slice 而不传入任何参数，它将返回整个数组的浅拷贝：

```
numbersCopy = numbers.slice();
```

使用 spread 运算符可以更轻松地执行相同的操作。只需要使用方括号创建一个新数组，然后通过在旧数组的名称前面加上 spread 运算符，用旧数组中的每个元素填充它：

```
numbersCopy = [...numbers];
```

使用 spread 运算符更改数组

JavaScript 有多种用于修改、添加和删除数组元素的方法。例如，如果想在数组的末尾添加一个元素，可以使用 Array.push 方法：

```
numbersCopy.push(4);
setNumbers(numbersCopy);
```

其他的数组操作方法包括：
- Array.pop：从数组末尾删除元素。
- Array.shift：将元素添加到数组的开头。
- Array.unshift：从数组的开头删除元素。

然而，这些方法实际上都会修改或改变数组。为了处理不可变的数据，例如 React 状态，可以使用 spread 运算符来完成这些任务。例如，如果要复制一个数组并在其末尾添加一个元素，可以这样做：

```
numbersCopy = [...numbers,14];
```

如果想要改变数组中某个元素的值，需要知道该元素的索引，然后使用我所说的"三明治"方法——两个 slice 函数和 spread 运算符即可：

```
const newArray = [ ...oldArray.slice(0, indexToChange), updatedValue,
                   ...oldArray.slice(indexToChange+1) ];
```

虽然代码看起来很奇怪，让人困惑，但这种修改数组中元素的方法实际上非常简单，在 React 编程中被广泛使用。如果知道要修改的元素在数组中的索引，那么可以从数组的第一个元素(索引为 0)开始到要更改的元素，对原始数组进行浅拷贝。然后，将新值插入数组中。最后，通过将原始数组中下一个元素的索引传入 slice 函数来将其余元素插入到新数组中。

使用 spread 运算符复制对象

spread 运算符还可用于创建对象的浅拷贝。对象的浅拷贝只包括属性，而不包括原型，例如

```
let obj1 = { foo: 'bar', x: 0 };
let clonedObj = { ...obj1 };
```

使用 spread 运算符组合两个对象就像组合两个数组一样简单：

```
let obj1 = { foo: 'bar', x: 0 };
let obj2 = { food: 'taco', y: 1 };
let mergedObj = { ...obj1, ...obj2 };
```

新对象将如下所示：

```
{foo: 'bar', x: 0, food: 'taco', y: 1}
```

在复制或合并对象的同时更改对象的属性也很简单。只需要使用 spread 运算符来展开对象，然后覆盖一个或多个现有属性：

```
let newObj = {...obj1, x: 42 };
```

生成的对象现在将如下所示：

```
{foo: 'bar', x:42}
```

额外的 JavaScript 教程：Rest 参数

一旦熟悉了 spread 运算符的用法，就很容易理解它的孪生参数，rest 形参。Rest 形参使用与扩展语法相同的三句点运算符。它的不同之处在于使用了 rest 形参。顾名思义，rest 形参是可以在函数定义中定义的参数。下面是一个示例：

```
function(a,b,...c){
  // do something here
}
```

当使用 rest 形参时，函数会将传递给函数的参数(包括 rest 形参及其所在位置之后的任何实参)聚合到函数内部的数组中。

例如，在下面的函数中，前两个实参将成为函数作用域变量，并且无论在前两个实参之后继续向函数传入多少个实参，都将创建一个名为 toppings 的数组：

```
function pizza(size,crust,...toppings){
  // do something here
}
```

在下面的示例中，add 函数将使用 Array.reduce 函数接收任意数量的实参并返回它们的总和：

```
function add(...numbers) {
  return numbers.reduce((sum, next) => sum + next)
}
```

现在你已经知道了 rest 和 spread 运算符，你将能识别并理解它们在 JavaScript 代码中的用法，以及它们在 React 和 JSX 中的特殊功能。

6.3.5　状态中应包含的内容

无论是使用类组件还是函数组件，对状态数据的更改都会启动对用户界面的更改。如果把 React 用户界面中的数据想象成一条河流，那么状态就是山脉中融化的雪，它会触发一切。

设计任何 React 用户界面的第一步就是弄清楚应用程序的状态。虽然刚开始可能不是很明确，但随着你对 React 的用法越来越熟悉，你将能更好地识别状态。

通常，如果一段数据随着时间的推移而变化，以响应来自外部源或用户输入的数据，那么它很可能是状态。

6.3.6　构建 Reminders 应用程序

让我们看一个演示应用程序，确定它的状态，然后实现它。然而，在实现状态之前，需要首先构建应用程序的结构。

图 6-14 显示了一个 reminders 应用程序的用户界面模型。用户可以在表单中输入任务并设置截止日期。应用程序将显示任务列表，用户可以使用下拉菜单来筛选任务并将任务标记为已完成。

通常情况下，一旦创建了一个应用程序的模型，下一步是开发 React 用户界面，找出组成应用程序的组件，然后创建应用程序的"静态"版本。静态版本只是将 props 从父组件传递给子组件，没有任何交互性。

在开始构建应用程序之前，我将使用 Create React App 设置开发环境。如果你也准备这样做，请在 VS 代码中打开终端，然后输入以下命令创建一个新项目：

```
npx create-react-app reminders-app
```

等待 Create React App 完成创建任务后，你会在 VS Code 的文件资源管理器中看到新项目。打开 reminders-app 目录中的 src 目录，删除除下列文件之外的所有内容：

- index.js
- index.css
- reportWebVitals.js

现在我们可以开始了。

根据对图 6-15 中模型的初始评估，我确定 Reminders 应用程序应具有以下组件：

- 输入表单和提交按钮组件。
- 筛选器选择下拉组件。
- 提醒列表。
- 单独的提醒组件(它将在列表的每个提醒中重复使用)。

除了这些组件，我们还需要一个组件来完成这个应用程序：容器。容器组件将包含应用程序中的所有其他组件，并提供应用程序的整体结构和样式。容器组件通常被命名为 App，不过，与 React 中的大多数组件一样，你可以随意命名它。

现在我已经知道了需要创建哪些组件，下一步就是为这些组件命名，然后编写它们的静态版本。

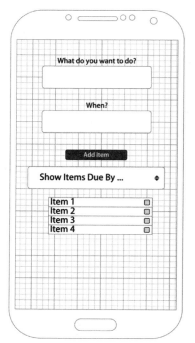

图 6-15　reminders 应用程序

　　我将创建的第一个组件是 App，并在其子组件中包含 import 语句和 JSX 元素(尚未创建)。代码清单 6-29 显示了 App 组件的静态版本。

代码清单 6-29：App 组件的静态版本

```
import InputForm from './InputForm';
import FilterSelect from './FilterSelect';
import RemindersList from './RemindersList';

function App(){
  return(
     <div>
        <InputForm />
        <FilterSelect />
        <RemindersList />
     </div>
  );
}

export default App;
```

　　注意，我没有向 App 传递 props。因为 App 是顶层组件，我们不会向它传递任何 props，所以目前不需要在参数列表中指定 props。

　　创建容器组件之后，下一步是为 App 导入的每个组件创建空文件，并为每个组件创建 shell 组件。代码清单 6-30 显示了 InputForm 组件的启动示例。

代码清单 6-30：InputForm 的 shell 组件

```
function InputForm(props){
  return(
    <div>Input form here</div>
  );
}
export default InputForm;
```

可以在其余的每个组件中复制和修改这个基本 shell 组件。代码清单 6-31 显示了 FilterSelect 的 shell 组件，代码清单 6-32 显示了 RemindersList 的 shell 组件，代码清单 6-33 显示了 Reminder 组件的 shell 组件。

代码清单 6-31：FilterSelect 的 shell 组件

```
function FilterSelect(props){
  return(
    <div>Filter the List</div>
  );
}
export default FilterSelect;
```

代码清单 6-32：RemindersList 的 shell 组件

```
function RemindersList(props){
  return(
    <div>Reminders List</div>
  );
}
export default RemindersList;
```

代码清单 6-33：Reminder 的 shell 组件

```
function Reminder(props){
  return(
    <div>Reminder</div>
  );
}
export default Reminder;
```

在这样一个简单的应用程序中，现在可以逐个遍历组件并使每个组件的 return 语句更符合最终组件的需求。不必力求一步到位。编写 React 代码通常是一个迭代的过程——编写一些代码，看看它是什么样子，改进它，然后再编写更多的代码。

你可能想要做的第一件事情就是在 Reminder 组件中进行链接，以改进我们目前的组件。RemindersList 组件将包含 Reminder 组件的所有实例，因此我们可以将 Reminder 导入其中，并放入 Reminder 元素的若干实例，如代码清单 6-34 所示。

代码清单 6-34：导入了 Reminder 的 RemindersList

```
import Reminder from './Reminder';

function RemindersList(props){
```

```
    return(
      <div>
        <Reminder />
        <Reminder />
        <Reminder />
      </div>
    );
}
export default RemindersList;
```

如果按目前的方式编译和构建这个应用程序(使用 Create React App 样板应用程序提供的工具链和基本结构)，你将看到图 6-16 所示的内容。

显然，这还远远不是应用程序的完整静态版本，但它是一个很好的开始。让我们进行另一轮更改，使这个静态应用程序看起来更像模型。我们还将定义一些 props 并将一些假数据传递给子组件。

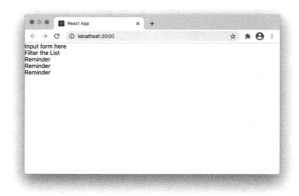

图 6-16   第一轮静态版本

目前来说，App 组件可以保持原样。我们将在以后为其添加功能和样式。

InputForm 组件应具有文本输入、日期输入和按钮。我还将为 input 元素添加一些属性，并将这些元素的 container 元素更改为 form 元素。代码清单 6-35 显示了经过这些改进的 InputForm 组件。

代码清单 6-35：InputForm 的第二轮更改

```
function InputForm(props){
   return(
    <form>
      <input id="reminderText" type="text"
        placeholder="What do you want to do?" />
      <input id="dueDate" type="date" />
      <button>Add Item</button>
    </form>
   );
}
export default InputForm;
```

FilterSelect 组件应包含带有多个选项的 select 输入。我将在第二轮更改中定义这些选项，如代码清单 6-36 所示。我们假设当所选值更改时将应用筛选器，因此不需要向 FilterSelect 组件添加按钮。回想起第 3 章，React JSX 中的 select 元素有一个 value 属性，可用于确定当前选择的是哪个选项。

代码清单 6-36：FilterSelect 的第二轮更改

```
function FilterSelect(props){
  return(
    <label htmlFor="filterReminders">Show tasks due:
      <select id="filterReminders" value="2day">
        <option value="2day">within 2 Days</option>
        <option value="1week">within 1 Week</option>
        <option value="30days">within 30 Days</option>
        <option value="all">any time</option>
      </select>
    </label>
  );
}
export default FilterSelect;
```

RemindersList 组件的用途是为列表中的每个提醒包含一个 Reminder 元素。对于静态版本，我们可以将示例文本、截止日期和状态从 RemindersList 传递给每个 Reminder，如代码清单 6-37 所示。

代码清单 6-37：RemindersList 的第二轮更改

```
import Reminder from './Reminder';

function RemindersList(props){
  return(
    <div>
      <Reminder reminderText="Pick up Wesley" dueDate="2364-01-15"
isComplete={false} />
      <Reminder reminderText="Meet with Jean-Luc" dueDate="2364-01-29"
isComplete={false} />
      <Reminder reminderText="Holodeck time!" dueDate="2364-06-01"
isComplete={false} />
    </div>
  );
}
export default RemindersList;
```

Reminder 组件现在可以接收来自 RemindersList 的 props 数据并显示它，如代码清单 6-38 所示。因为 props.isComplete 的布尔值不会显示在浏览器中，所以我们可以将它转换为 JSX 中的字符串。

代码清单 6-38：Reminder 的第二轮更改

```
function Reminder(props){
  return(
    <div>item: {props.reminderText}
      due date: {props.dueDate}
      Completed?: {String(props.isComplete)}
    </div>
  );
```

```
}
export default Reminder;
```

如图 6-17 所示，我们的 Reminders 应用程序仍然不完善，但已经实现了更多的功能，目前可以在此基础上开始实现动态数据或状态。

图 6-17　Reminders 应用程序的静态版本

创建了静态版本后，就可以确定应用程序中的哪些数据会导致应用程序发生变化——换句话说，应用程序的状态应该包含什么。

在 Reminders 应用程序中，它包含以下数据：

- 用户当前的文本输入。
- 当前选择的截止日期。
- 提醒列表。
- 个别提醒。
- 提醒状态(完成或未完成)。
- 选中的筛选器。
- 经过筛选的任务列表。

考虑一下哪些数据应该是状态，哪些数据不应该是状态。以下是我的想法：

- 用户的当前输入肯定是状态，因为它会随着用户的输入而改变。
- 选定的截止日期也是状态。
- 添加新任务时，提醒列表会发生变化，因此它是状态。
- 列表中的各个任务是不变的，不是状态。
- 每个任务的完成状态都是状态，因为用户可以更改它。
- 选中的筛选器是状态。
- 筛选的列表不是状态。

在下一节中，我将解释为什么其中某些数据项不应该是状态。通常情况下，当编写应用程序时,你对数据项是否需要为状态的初始判断会随着代码的变化而改变。保持灵活性并寻找机会缩减 state 对象的大小是很重要的。应用程序中可以从状态转移进入 props 的数据越多，应用就会越简单(可能更快、更高效)。

6.3.7　状态中不应包含的内容

另一种考虑哪些数据项应该是状态的方法是遵循一些规则来确定什么不属于状态：

- 如果它从父组件传递到子组件，那么它不是状态。
- 如果它在整个生命周期中保持不变，那么它不是状态。
- 如果它可以根据其他值计算出来，那么它不是状态。

一般来说，单个任务项不应保存为状态。我的理由是，这些任务一旦创建，就不会改变。此外，正如你将了解到的，这些任务将被存储在父组件中，并通过 prop 传递给各个任务组件。

从下拉列表中选择时间段时显示的已筛选任务列表也不应存储在状态中。这是因为此列表将根据截止日期进行计算。因为它可以根据其他 props 和状态进行计算和显示，所以它本身不是状态。

6.3.8　放置状态的位置

一旦确定了什么是状态，什么不是状态，开发 React 用户界面的下一步就是确定每个状态的位置。换句话说，我们应该在哪个组件中初始化状态？我们可以通过使用基于类的组件方法来设置 this.state，或者使用 useState hook 来完成。

因此，再来看一下之前确定的每个状态，并决定应该在哪个组件中声明它。以下是当前用户界面的概括，均源自静态版本构建过程中创建的组件：

```
App
- InputForm
- Filter
- RemindersList
- Reminder
```

这里再次列出了到目前为止我们在应用程序中确定的状态项：

- 用户输入
- 选定的截止日期
- 提醒列表
- 提醒状态
- 选定的筛选器

下面逐一分析这些候选状态项，并确定它们在组件层次结构中的位置：

- 当前用户输入似乎应该存储在包含表单的组件中，所以我们把它放在 InputForm 组件中。

- 当前选择的截止日期似乎应该与用户输入一起存储。所以我们也把它放在
  InputForm 组件中。
- 从逻辑上讲，提醒列表似乎属于 RemindersList 组件。
- 每个提醒项的 isComplete 状态似乎可置于每个 Reminder 组件的内部。
- 当前选定的筛选器可以与 Filter 组件一起使用。

现在我们已经将每个状态块放入到相应的组件中，让我们再次查看组件的层次
结构，以及每个组件包含的状态值：

```
<App>
- <InputForm>
    - currentInput
    - selectedDate
- <Filter>
    - selectedFilter
- <RemindersList>
    - reminders
- <Reminder>
    - isComplete
```

尽管看起来很符合逻辑，但在我们的应用程序中，状态的组织方式存在一些严
重问题，当考虑状态的实际应用时，这些问题就变得显而易见。以下是一些较大的
问题：

1. 在前面的轮廓中，每个提醒都会跟踪自己的完成状态。如果我们希望
RemindersList 组件只列出已完成的任务，或者只列出未完成的任务，那么
RemindersList 需要首先查询每个 Reminder 并找出其状态。

2. Filter 和 RemindersList 组件是兄弟组件。如果你还记得，数据在 React 应用
程序中总是向下流动，就会发现一个问题。如果 Filter 维护自己的状态，用来说明
当前选择了哪个筛选器，则无法将该信息传递给 RemindersList 组件，以便显示正确
的 Reminder 组件。

3. InputForm 也是 RemindersList 的兄弟。由于用户输入表单的目标是向提醒列
表中添加一个新项，因此需要将当前用户输入传递给 RemindersList 组件。由于这些
组件是兄弟组件，所以很难做到这一点。

Reminders 程序似乎变得非常复杂。我们需要弄清楚 RemindersList 组件将如何
查询所有 Reminders 的状态，我们需要找出方法来解决在兄弟组件之间传递数据的
问题。同时，我们已在整个应用程序中散布了很多状态数据，因此我们需要记住并
跟踪这些状态数据。你也许会说，一定有更简单的方法。

确实，有一个更简单的方法，那就是状态提升(lifting state up)。

6.3.9 状态提升

如果拥有大量的组件，每个组件都独立维护自己的状态，那么很快你的应用程
序的复杂性就会增加，出现故障的可能性也会增加。因此，一个很好的经验法则是，

大多数组件应该是无状态的纯函数。

回忆一下第 4 章中的内容，纯函数是指函数的输出仅仅是其输入的结果。换句话说，当给定相同的输入时，纯函数总是会产生相同的输出。

为了将有状态组件变成无状态组件，React 开发人员使用了一种称为"状态提升"的技术。这意味着，可以让用户界面层次结构中更高级别的组件来控制状态，而不是让组件控制自己的状态。然后可以将该状态作为 props 传递给需要它的组件。

状态提升可以减少可能导致用户界面变化的组件数量，使组件更容易重用，并使应用程序更容易测试。

要确定将状态提升到哪个组件，需要考虑在应用程序中每个状态片段的使用位置，然后找到使用了这些状态的所有组件的共同父组件。

例如，在我们的 Reminders 应用程序中，InputForm、Filter、RemindersList 和 Reminder 组件使用提醒列表。在我们的应用程序中，所有这些组件的唯一共同父组件是 App 组件。所以，该状态数据应该存在于 App 组件中。

事实上，如果你仔细查看我们为 Reminders 应用程序确定的状态变量列表，就会发现其中的每一个变量实际上都应该属于 App 组件，并且其中一些可以合并。

例如，reminders 和 isComplete 值可以组合成一个对象数组，每个对象都具有 reminderText 属性、isComplete 属性和 dueDate 属性：

```
[
  {reminderText:"do laundry",dueDate:"2022-01-01",isComplete:false},
  {reminderText:"finish chapter",dueDate: "2022-02-01",isComplete:false},
  {reminderText:"make Pizza",dueDate: "2022-03-01",isComplete:false}
]
```

同样，currentInput 和 selectedDate 也可以组合成一个对象。这样做的好处是创建正确的数据结构，以方便插入提醒列表中。

由于 useState hook 不仅创建了状态变量,而且还创建了用于设置该变量的函数,因此可以将这两者作为 props 传递给适当的组件。

完成这些更改后，具有提升状态的 App 组件如代码清单 6-39 所示。

代码清单 6-39：具有提升状态的 App

```
import {useState} from 'react';
import InputForm from './InputForm';
import FilterSelect from './FilterSelect';
import RemindersList from './RemindersList';

function App(){
  const [reminders,setReminders] = useState();
  const [userInput,setUserInput] = useState();
  const [selectedFilter,setSelectedFilter] = useState("all");

  return(
    <div>
      <InputForm userInput={userInput}
                 setUserInput={setUserInput} />
```

```
        <FilterSelect selectedFilter={selectedFilter}
                      setSelectedFilter={setSelectedFilter} />
        <RemindersList reminders={reminders} />
      </div>
    );
}

export default App;
```

接下来，我将接收并利用有状态数据(已经将其作为 props 传递给子组件) ，并将 App 的所有子组件编写为纯函数。代码清单 6-40 显示了 InputForm 组件，代码清单 6-41 显示了 FilterSelect 组件，代码清单 6-42 显示了 RemindersList 组件。

代码清单 6-40：纯 InputForm

```
function InputForm(props){
  return(
    <form>
      <input value={props.userInput.reminderText}
             id="reminderText"
             type="text"
             placeholder="What do you want to do?" />
      <input value={props.userInput.dueDate}
             id="dueDate"
             type="date" />
      <button>Add Item</button>
    </form>
  );
}
export default InputForm;
```

代码清单 6-41：纯 FilterSelect

```
function FilterSelect(props){
  return(
    <label htmlFor="filterReminders">Show tasks due:
      <select id="filterReminders" value={props.selectedFilter}>
        <option value="2day">within 2 Days</option>
        <option value="1week">within 1 Week</option>
        <option value="30days">within 30 Days</option>
        <option value="all">any time</option>
      </select>
    </label>
  );
}
export default FilterSelect;
```

代码清单 6-42：纯 RemindersList

```
import Reminder from './Reminder';

function RemindersList(props){

  const reminders = props.reminders.map((reminder,index)=>{
    return (<Reminder reminderText={reminder.reminderText}
                      dueDate={reminder.dueDate}
                      isComplete={reminder.isComplete}
```

```
                           id={index}
                           key={index} />);
    });
    return(
       <div>
         {reminders}
       </div>
    );
}
export default RemindersList;
```

图 6-18 显示了此时尝试运行应用程序时发生的情况。

图 6-18   无法读取属性

之所以会出现这个错误，是因为我们试图读取一个尚不存在的对象(userInput)
的属性。

解决这个问题以及 React 中的许多其他问题的方法是使用 PropTypes 来验证
props，并使用 defaultProps 设置 props 的初始值。我将再次从子组件开始，逐个使用
每个组件，并进行一些必要的改进。

InputForm 组件接收两个 props：userInput 和 setUserInput。userInput prop 是一个
具有两个属性的对象。我们可以使用 propTypes.shape 来验证组件接收的对象是否具
有正确的属性，以及这些属性是否是正确的数据类型。我还将为 userInput 的每个属
性设置默认值，以便在未收到 prop 时使用默认值，如代码清单 6-43 所示。

代码清单 6-43：向 InputForm 添加 PropTypes 和默认值

```
import PropTypes from 'prop-types';

function InputForm(props){
  return(
     <form>
       <input value={props.userInput.reminderText}
              id="reminderText"
              type="text"
              placeholder="What do you want to do?" />
       <input value={props.userInput.dueDate}
              id="dueDate"
```

```
                    type="date" />
            <button>Add Item</button>
        </form>
    );
}

InputForm.propTypes = {
  userInput: PropTypes.shape({
    reminderText: PropTypes.string,
    dueDate: PropTypes.string
  }),
  setUserInput: PropTypes.func
}

const date = new Date();
const formattedDate = date.toISOString().substr(0,10);

InputForm.defaultProps = {
  userInput: {
    reminderText:"",
    dueDate:formattedDate
  }
}

export default InputForm;
```

你可能对如何设置日期选择器的默认值有疑问。HTML 日期选择器控件接受格式为"YYYY-MM-DD"的字符串。要设置其默认值,我将获取当前日期(通过创建一个新的 Date 对象),然后使用 JavaScript 的 toISOString 函数将当前日期转换为包含日期和时间的字符串,格式为"YYYY-MM-DDTHH:mm:ss.sssZ"。因为我只关心这个字符串的日期部分,所以使用 substr 函数来获取 toISOString 函数结果的前 10 个字符。

因为日期输入实际使用的值是字符串,所以正确的 PropType 验证类型应为 string 而不是 date。

如果现在运行应用程序(或者如果开发服务器仍在运行,那么刷新浏览器窗口),就会看到 reminderText 错误消失了,但出现了一个新的错误,如图 6-19 所示。

图 6-19　无法读取未定义的属性"map"

这个错误在使用 React 的过程中会多次出现。简单地说，它告诉我们，我们正在对非数组元素尝试运行 Array.map 函数。

RemindersList 接收 reminders 变量作为 prop，并使用 Array.map 从中创建一个 Reminder 元素数组。任何时候在组件中使用 Array.map 时，都必须确保在填充 Array.map 所使用的数组之前组件不会尝试对其进行渲染。如果它尝试在数组被接收之前进行渲染，渲染将会失败并出现错误，如图 6-18 所示。使用默认 prop 值是消除这类故障可能性的一种方法。定义了默认 props 和 propTypes 的 RemindersList 组件如代码清单 6-44 所示。

代码清单 6-44：带有默认 props 和 PropTypes 的 RemindersList

```
import PropTypes from 'prop-types';
import Reminder from './Reminder';

function RemindersList(props){

  const reminders = props.reminders.map((reminder,index)=>{
    return (<Reminder reminderText={reminder.reminderText}
                      dueDate={reminder.dueDate}
                      isComplete={reminder.isComplete}
                      id={index}
                      key={index} />);
  });

  return(
    <div>
      {reminders}
    </div>
  );
}

RemindersList.propTypes = {
  reminders: PropTypes.array
}

const date = new Date();
const formattedDate = date.toISOString().substr(0,10);

RemindersList.defaultProps = {
  reminders: [{
    reminderText:"No Reminders Yet",
    dueDate:formattedDate,
    isComplete: false
  }]
}

export default RemindersList;
```

另一种防止 map 在非数组的 prop 上运行的方法是将 App 中状态变量的初始值设置为空数组，如下所示：

```
const [reminders,setReminders] = useState([]);
```

但如果将 reminders 的初始值设置为空数组，则不会显示默认的 "No Reminders

Yet"提醒。如果移除创建 reminders 变量的 useState 函数中传递的空方括号，则会渲染 RemindersList 中定义的默认 props，如图 6-20 所示。

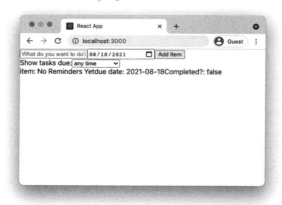

图 6-20   显示默认 prop

6.3.10   关于 key Prop

每当你创建一个组件列表时(就像在 RemindersList 组件中所做的那样)，列表中的每个元素都必须有一个名为 key 的 prop。列表中每一项的 key 值必须都是唯一的。由于数组中元素的索引位置是唯一的值，所以它可以作为 key prop 的一个方便的值。

React 使用 key prop 来帮助更新列表中的项目。key 的值在组件内部的 props 对象中不可用。你会注意到 RemindersList 将相同的值(数组中 reminder 元素的索引位置)传递给 key prop 和一个名为 id 的 prop。这是必要的，这样就可以利用该值更新提醒列表，当开始编码实现应用程序的功能时，你会看到这一点。

注意:
在这个例子中，我使用 reminders 数组的索引作为 key 值。在实际的应用程序中，最好为每个 reminder 元素使用一个单独的、唯一的 ID 属性，并将其用作 key 值。原因在于，React 使用该 key 值来标识数组中的元素。如果应用程序更改了数组中元素的顺序，或者从数组中添加或删除元素(目前我们没有进行这些操作)，React 将假定相同的 key 值表示相同的 DOM 元素。结果可能是显示错误的数据或应用程序会崩溃。要查看关于将索引用作 key 值这一问题的更详细解释，请参阅 Robin Pokorny 的博客文章(详见链接[1])。

现在介绍 FilterSelect 组件。FilterSelect 还接收两个 props：selectedFilter 和 setSelectedFilter。默认情况下，我将 selectedFilter 设置为 all，并验证两者的类型，如代码清单 6-45 所示。

代码清单 6-45：验证和设置 FilterSelect 的默认值

```
import PropTypes from 'prop-types';

function FilterSelect(props){
  return(
    <label htmlFor="filterReminders">Show tasks due:
      <select id="filterReminders" value={props.selectedFilter}>
        <option value="2day">within 2 Days</option>
        <option value="1week">within 1 Week</option>
        <option value="30days">within 30 days</option>
        <option value="all">any time</option>
      </select>
    </label>
  );
}
FilterSelect.propTypes = {
  selectedFilter: PropTypes.string,
  setSelectedFilter: PropTypes.func
}

FilterSelect.defaultProps = {
  selectedFilter:'all'
}

export default FilterSelect;
```

Reminder 组件接收三个 props：reminderText、dueDate 和 isComplete。所以不存在 Reminder 由于它的父组件 RemindersList 已设置默认 props，不接收 props 的情况。但是，为了使组件更具可重用性和独立性设置默认值并使用 PropTypes 来验证 props 始终是一个好主意。设置了 propTypes 和默认 props 的 Reminder 组件如代码清单 6-46 所示。

代码清单 6-46：带有 PropTypes 和 defaultProps 的 Reminder

```
import PropTypes from 'prop-types';

function Reminder(props){
    return(
        <div>item: {props.reminderText}
            due date: {props.dueDate}
            Completed?: {String(props.isComplete)}</div>
    );
}

Reminder.propTypes = {
    reminderText: PropTypes.string,
    dueDate: PropTypes.string,
    isComplete: PropTypes.bool
}

const date = new Date();
const formattedDate = date.toISOString().substr(0,10);

Reminder.defaultProps = {
    reminderText:"No Reminder Set",
    dueDate:formattedDate,
    isComplete: false
```

```
}

export default Reminder;
```

现在我们已经通过组件传递了状态和 props，并为 props 设置了默认值，应用程序的初始渲染开始成型，JavaScript 控制台中不应该有任何 PropType 警告(尽管你会看到一些其他警告)，如图 6-21 所示。

图 6-21　Reminders 应用程序的初始渲染

你现在在控制台中看到的警告是意料之中的，它们指出，在成为一款功能强大的应用程序之前，还有一件大事要做：我们需要实现用于触发状态更改的事件侦听器。

由于我们完全使用函数组件来构建这个应用程序，所以已经创建了设置状态变量的函数。现在需要将这些函数传递给正确的组件，然后设置事件侦听器来调用这些函数。

我将从 userInput 对象及其 setter 函数 setUserInput 开始。setUserInput 函数已传递给 InputForm 组件。我们希望在文本字段和日期字段更改时调用它，并存储提醒文本和日期。

通常，在事件处理程序和 setter 函数之间定义一个中间函数是很常见的。多数情况下，该函数名与触发它的事件名一致，以 handle 开头。在 InputForm 组件中，我们将定义一个名为 handleTextChange 的函数，一个名为 handleDateChange 的函数和一个名为 handleClick 的函数。handleTextChange 和 handleDateChange 的作用是将字段更改事件中的数据转换为正确的格式，以便存储在状态中，并调用 setUserInput 函数。handleClick 的作用是在每次单击按钮时使用 userInput 对象中的当前值向 reminders 数组添加新元素。

回想一下，useState hook 创建的 setter 函数会替换状态变量的值，而不是像 setState 那样更新它。因此，每次调用 setUserInput 时，都需要使用新值来重新创建 userInput 对象。这可以使用 spread 运算符轻松实现。InputForm 中的 handleTextChange

函数如下所示：

```
const handleTextChange = (e)=>{
  const newUserInput = {...props.userInput,reminderText:e.target.value}
  props.setUserInput(newUserInput);
}
```

handleDateChange 函数非常类似，但它需要将日期转换为正确的格式：

```
const handleDateChange = (e)=>{
  const date = new Date(e.target.value);
  const formattedDate = date.toISOString().substr(0,10);
  const newUserInput = {...props.userInput,dueDate:formattedDate};
  props.setUserInput(newUserInput);
}
```

因为我们已经完成了在用户输入时创建 userInput 对象的所有步骤，所以在单击按钮向 reminders 数组添加新的提醒时只需要添加新对象及其 isComplete 属性即可。

我们将编写一个函数来更新提醒列表。为了避免不必要地将 reminders 数组传递到 InputForm 组件，我们将在 App 中定义一个函数，然后将其传递给 InputForm。

下面是要添加到 App 的 addNewReminder 函数：

```
const addNewReminder = (itemToAdd) => {
  setReminders([...reminders,itemToAdd]);
}
```

向 InputForm 元素添加一个新属性，并将 addNewReminder 传递到 InputForm 组件：

```
<InputForm userInput={userInput}
           setUserInput={setUserInput}
           addNewReminder={addNewReminder} />
```

当然，不要忘记验证 InputForm 中 setUserInput 的 PropType：

```
InputForm.propTypes = {
  userInput: PropTypes.shape({
    reminderText: PropTypes.string,
    dueDate: PropTypes.string
  }),
  setUserInput: PropTypes.func,
  addNewReminder: PropTypes.func
}
```

现在，在 InputForm 内部，我们可以定义一个 handleClick 函数，它将在单击按钮时调用 addNewReminder 函数。HTML 按钮有一个默认操作，即提交表单并重新加载页面。我们需要阻止这个默认操作，这样就不会在每次单击按钮时重新加载页面和 React(从而丢失状态)。

```
const handleClick = (e)=>{
  e.preventDefault();
  const itemToAdd = {...props.userInput,isComplete:false};
  props.addNewReminder(itemToAdd);
};
```

要调用这些新函数，需要向表单元素添加事件侦听器属性。React 中的事件侦听器属性与 HTML 事件侦听器属性类似。当在包含了该属性的元素上发生指定的事件时，将运行指定的函数。

> **注意：**
> 第 7 章将更详细地介绍 React 中的事件和事件处理。

事件侦听器属性的值可以是函数名(或带有函数值的 prop)，也可以是箭头函数定义。下面是指定了事件侦听器函数的 reminderText 输入元素：

```
<input value={props.userInput.reminderText}
       id="reminderText"
       type="text"
       placeholder="What do you want to do?"
       onChange={handleTextChange} />
```

下面是 dueDate 输入及其事件侦听器属性：

```
<input value={props.userInput.dueDate}
       id="dueDate"
       type="date"
       onChange={handleDateChange} />
```

下面是带有事件侦听器属性的按钮：

```
<button onClick={handleClick}>Add Item</button>
```

此时，InputForm 组件的代码应该如代码清单 6-47 所示。

代码清单 6-47：带有事件处理程序和事件侦听器的 InputForm 组件

```
import PropTypes from 'prop-types';

function InputForm(props){
  const handleTextChange = (e)=>{
    const newUserInput = {...props.userInput,reminderText:e.target.value}
    props.setUserInput(newUserInput);
  }

  const handleDateChange = (e)=>{
    const date = new Date(e.target.value);
    const formattedDate = date.toISOString().substr(0,10);
    const newUserInput = {...props.userInput,dueDate:formattedDate};
    props.setUserInput(newUserInput);
  }
  const handleClick = (e)=>{
    e.preventDefault();
    const itemToAdd = {...props.userInput,status:false};
    props.addNewReminder(itemToAdd);
  };

  return(
    <form>
      <input value={props.userInput.reminderText}
             id="reminderText"
```

```
                  type="text"
                  placeholder="What do you want to do?"
                  onChange={handleTextChange} />

      <input value={props.userInput.dueDate}
             id="dueDate"
             type="date"
             onChange={handleDateChange} />

      <button onClick={handleClick}>Add Item</button>
    </form>
  );
}

InputForm.propTypes = {
  userInput: PropTypes.shape({
    reminderText: PropTypes.string,
    dueDate: PropTypes.string
  }),
  setUserInput: PropTypes.func,
  addNewReminder: PropTypes.func
}

const date = new Date();
const formattedDate = date.toISOString().substr(0,10);

InputForm.defaultProps = {
  userInput: {
    reminderText:"",
    dueDate:formattedDate
  }
}

export default InputForm;
```

通过设置这三个事件侦听器来触发事件处理程序函数，就应该能够启动 Create React App 的开发服务器(使用 npm start)。但是，当你尝试添加新的提醒时，会收到一个新错误 TypeError: reminders is not iterable。这表明，在 reminders 成为数组之前，我们正在尝试对其使用 spread 运算符。事实上，这就是 addNewReminder 函数的作用。

根据我们试图对尚未填充的 reminders 数组使用 Array.map 函数时遇到的错误解决方案，这里的解决方案是添加一个默认值。可以将 reminders 数组的初始值设置为空数组，也可以使用第三种方法，在 addNewReminders 中测试 reminders 的值并采取适当的操作。如下所示：

```
const addNewReminder = (itemToAdd) => {
  if (reminders===undefined){
    setReminders([itemToAdd]);
  } else {
    setReminders([...reminders,itemToAdd]);
  }
}
```

完成后，现在可以向列表添加新的提醒，如图 6-22 所示。

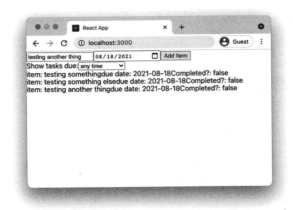

图 6-22　向列表添加提醒

6.3.11　筛选提醒

　　FilterSelect 组件使用包含不同时间范围的下拉菜单来计算筛选后的提醒列表。要了解如何编码实现该组件的功能，让我们逐步完成筛选列表的基本过程：

　　(1) 用户更改 select 输入中的选定项。

　　(2) 对 select 输入的更改将导致调用某个函数。

　　(3) 被调用的函数接收提醒的完整列表和所选的筛选器。

　　(4) 创建完整提醒列表的子集。

　　(5) 显示列表的子集。

　　我们应用程序中的默认筛选器是"all"，它会显示所有的提醒。由于无法删除 filter 选择器，因此应用程序中显示的内容应该始终是经过筛选的列表(即使筛选的列表包含所有提醒)。因此，编码实现筛选器功能的第一步是为已筛选列表创建一个新变量，并将其传递给 RemindersList 组件，而不是完整的提醒列表。

　　现在，我只需要将提醒列表复制到 App 中名为 filteredReminders 的新数组(使用 spread 运算符)，然后将这个新的 filteredReminders 数组作为 RemindersList 中 reminders 属性的值传递下去，如代码清单 6-48 所示。

　　同样，如果你在尝试对 reminders 数组使用 Array.map 之前为 reminders 设置了默认值或进行了测试，那么 spread 运算符将不会产生错误。这次我将使用三元运算符来检查是否定义了 reminders。如果是，我将把 reminders 中的元素复制到 filteredList 中。如果不是，我将把 filteredList 设置为 undefined。

　　记住，因为 filteredList 是计算出来的，所以它不需要成为状态。另一方面，selectedFilter 是由用户交互导致更改的，因此它确实需要成为状态。

代码清单 6-48：创建一个新的 filteredReminders 数组

```
import {useState} from 'react';
import InputForm from './InputForm';
import FilterSelect from './FilterSelect';
import RemindersList from './RemindersList';

function App(){
  const [reminders,setReminders] = useState();
  const [userInput,setUserInput] = useState();
  const [selectedFilter,setSelectedFilter] = useState("all");

  const addNewReminder = (itemToAdd) => {
    if (reminders===undefined){
      setReminders([itemToAdd]);
    } else {
      setReminders([...reminders,itemToAdd]);
    }
  }

  const filteredList = reminders?[...reminders]:undefined;

  return(
    <div>
      <InputForm userInput={userInput}
                 setUserInput={setUserInput}
                 addNewReminder={addNewReminder} />
      <FilterSelect selectedFilter={selectedFilter}
                    setSelectedFilter={setSelectedFilter} />
      <RemindersList reminders={filteredList} />
    </div>
  );
}

export default App;
```

此时，应用程序的功能与以前完全相同，但已经为筛选列表铺垫好了基础。下一步是编写一个基于日期来筛选提醒列表的函数。为此，我们可以使用 Array.filter，它使用一个函数作为参数，并创建一个新数组，数组中包含在函数中通过测试的所有元素。

代码清单 6-49 显示了我为筛选列表编写的函数。

代码清单 6-49：筛选提醒列表

```
function filterList(reminders,selectedFilter){
    if (selectedFilter === "all"){
        return reminders;
    } else {

    let numberOfDays;

    switch(selectedFilter){
        case "2day":
          numberOfDays = 2;
          break;
        case "1week":
          numberOfDays = 7;
          break;
```

```
                    case "30days":
                      numberOfDays = 30;
                      break;
                    default:
                      numberOfDays = 0;
                      break;
      }

      const result = reminders.filter(reminder=>{
          const todaysDate = new Date().toISOString().substr(0,10);
          const todayTime = new Date(todaysDate).getTime();
          const dueTime = new Date(reminder.dueDate).getTime();
          return dueTime < (todayTime + (numberOfDays * 86400000));
      });
      return result;
  }
}
```

如果查看这个函数，将看到它首先检查 selectedFilter 是否为"all"，如果是，
则退出函数的其余部分。如果不是，它会将 selectedFilter 转换为 numberOfDays。然
后它使用 Array.filter 遍历 reminders 数组中的每个元素，并生成一个截止日期早于当
前时间(即从 UNIX 时间开始算起的毫秒数)加上所选筛选器中毫秒数的提醒列表。

要实现这个函数，将它放在 App 组件的 return 语句之外，然后调用它，传入
reminders 和 selectedFilter，如代码清单 6-50 所示。

代码清单 6-50：实现 filterList 函数

```
import {useState} from 'react';
import InputForm from './InputForm';
import FilterSelect from './FilterSelect';
import RemindersList from './RemindersList';

function App(){
  const [reminders,setReminders] = useState();
  const [userInput,setUserInput] = useState();
  const [selectedFilter,setSelectedFilter] = useState("all");

  const addNewReminder = (itemToAdd) => {
    if (reminders===undefined){
      setReminders([itemToAdd]);
    } else {
      setReminders([...reminders,itemToAdd]);
    }
  }

  const filteredList = filterList(reminders,selectedFilter);

  function filterList(reminders,selectedFilter){
    if (selectedFilter === "all"){
      return reminders;
    } else {

    let numberOfDays;

    switch(selectedFilter){
        case "2day":
          numberOfDays = 2;
```

```
          break;
        case "1week":
          numberOfDays = 7;
          break;
        case "30days":
          numberOfDays = 30;
          break;
        default:
          numberOfDays = 0;
          break;
    }

    const result = reminders.filter(reminder=>{
      const todaysDate = new Date().toISOString().substr(0,10);
      const todayTime = new Date(todaysDate).getTime();
      const dueTime = new Date(reminder.dueDate).getTime();
      return dueTime < (todayTime + (numberOfDays * 86400000));
    });
    return result;
  }
}
  return(
    <div>
      <InputForm userInput={userInput}
                 setUserInput={setUserInput}
                 addNewReminder={addNewReminder} />
      <FilterSelect selectedFilter={selectedFilter}
                    setSelectedFilter={setSelectedFilter} />
      <RemindersList reminders={filteredList} />
    </div>
  );
}

export default App;
```

接下来需要将事件侦听器和处理程序添加到 FilterSelect 组件，这样从下拉列表中选择一个筛选器时将会更新 selectedFilter 状态变量。

在 FilterSelect 组件中，我将定义一个名为 handleChange 的新函数，它会把 select 输入的值传递给 setSelectedFilter 组件。然后，我将在 select 输入上设置 onChange 事件处理程序，以调用 handleChange。指定了该事件侦听器和事件处理程序的 FilterSelect 组件如代码清单 6-51 所示。

代码清单 6-51：带有事件处理程序和事件侦听器的 FilterSelect

```
import PropTypes from 'prop-types';

function FilterSelect(props){

function handleChange(e){
  props.setSelectedFilter(e.target.value);
}

return(
  <label htmlFor="filterReminders">Show tasks due:
    <select id="filterReminders" value={props.selectedFilter}
onChange={handleChange}>
      <option value="2day">within 2 Days</option>
```

```
      <option value="1week">within 1 Week</option>
      <option value="30days">within 30 days</option>
      <option value="all">any time</option>
    </select>
  </label>
  );
}

FilterSelect.propTypes = {
  selectedFilter: PropTypes.string,
  setSelectedFilter: PropTypes.func
}

FilterSelect.defaultProps = {
  selectedFilter:'all'
}

export default FilterSelect;
```

6.3.12　实现 isComplete 更改功能

现在要做的最后一件事是实现 isComplete 状态更改功能。这只是一个复选框，位于每个提醒的右侧，当单击该复选框时，表示已选中该选项。

首先需要在 Reminder 组件中实现复选框。复选框没有 value 属性，而是有一个名为 checked 的属性，其值为 true 或 false。Reminder 组件中的复选框应如下所示：

```
<input type="checkbox" checked={props.isComplete} onChange={handleChange} />
```

完整的 Reminder 组件现在应该如代码清单 6-52 所示。

代码清单 6-52：带有复选框的 Reminder

```
import PropTypes from 'prop-types';

function Reminder(props){
  function handleChange(){
    props.setIsComplete(!props.isComplete,props.id);
  }

  return(
    <div className="item">item: {props.reminderText}
      <span className="due-date">due date: {props.dueDate}</span>
      <span className="is-complete">
        Completed?: <input type="checkbox"
                    checked={props.isComplete}
                    onChange={handleChange} /></span>
    </div>
    );
}

Reminder.propTypes = {
  reminderText: PropTypes.string,
  dueDate: PropTypes.string,
  isComplete: PropTypes.bool
}
const date = new Date();
```

```
const formattedDate = date.toISOString().substr(0,10);

Reminder.defaultProps = {
  reminderText:"No Reminder Set",
  dueDate:formattedDate,
  isComplete: false
}

export default Reminder;
```

接下来，我们可以定义 handleChange 函数，它将调用一个名为 setIsComplete 的函数，我们通过 props 来传递该函数。handleChange 函数将传递数组中当前 reminder 元素的索引(我们将其作为 id prop 传递)和当前 isComplete 的相反值(因此，如果 isComplete 为 true，则 false 将传递给 setIsComplete 函数):

```
function handleChange(){
 props.setIsComplete(!props.isComplete,props.id);
}
```

接下来，需要定义 setIsComplete 函数。请记住，isComplete 是 reminders 数组中的一个属性。由于 reminders 数组位于 App 组件中，因此我们也将在其中定义 setIsComplete 函数。这个函数将简单地更改数组中与传递给它的索引匹配的元素的 isComplete 属性。下面显示了如何使用"三明治"方法(两个 slice 函数和 spread 运算符)来完成该操作:

```
function setIsComplete(isComplete,index){
    const newReminders = [ ...reminders.slice(0, index),
                          {...reminders[index],isComplete},
                           ...reminders.slice(index+1) ];
    setReminders(newReminders);
}
```

要将 setStatus 函数放入 Reminders 组件,需要先将它传递给 RemindersList 组件,如下所示:

```
<RemindersList reminders={filteredList} setIsComplete={setIsComplete}/>
```

然后需要将它从 RemindersList 组件传递到 Reminder 组件，如下所示:

```
<Reminder reminderText={reminder.reminderText}
          dueDate={reminder.dueDate}
          isComplete={reminder.isComplete}
          setIsComplete={props.setIsComplete}
          id={index}
          key={index} />
```

当你运行应用程序并添加一些提醒时，现在可以独立地选中和取消选中每个提醒的状态复选框，如图 6-23 所示。

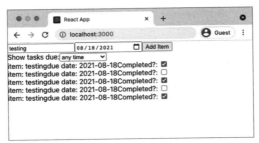

图 6-23　选中和取消选中 isComplete 复选框

6.4　转换为类组件

在讨论了如何以简单的方式编写这个应用程序后，现在让我们来看看如何使用类组件来编写这个应用程序。尽管应用程序的功能将保持不变，但编写组件的类方法依然很常用，甚至在引入 React Hooks 之后也是如此，因此了解如何在这两种方法之间切换是很重要的：

(1) 从根组件 App 开始。所有的状态变量仍然在此组件中定义，但在类组件中，这是在 constructor 函数中完成的。从 react 库导入 Component 而不是 useState，然后创建 render 方法并初始化 this.state 的属性，如代码清单 6-53 所示。

代码清单 6-53：初始化 App 中的状态

```
import {Component} from 'react';
class App extends Component{
  constructor(props){
  super(props);
    this.state = {
      reminders:undefined,
      userInput:undefined,
      selectedFilter:"all"
    }
  }
  render(){
    return();
  }
}

export default App;
```

(2) 将 JSX 从 App 的函数版本复制到类版本，导入子组件，并更新状态属性的名称以引用 this.state，然后将函数的名称更新为类的方法，如代码清单 6-54 所示。

代码清单 6-54：在 App 中复制和修改 JSX

```
import {Component} from 'react';
import InputForm from './InputForm';
import FilterSelect from './FilterSelect';
import RemindersList from './RemindersList';
```

```
class App extends Component{
  constructor(props){
    super(props);
    this.state = {
      reminders:undefined,
      userInput:undefined,
      selectedFilter:"all"
    }
  }
  render(){
    return(
      <div>
        <InputForm userInput={this.state.userInput}
                   setUserInput={this.setUserInput}
                   addNewReminder={this.addNewReminder} />
        <FilterSelect selectedFilter={this.state.selectedFilter}
                      setSelectedFilter={this.setSelectedFilter} />
        <RemindersList reminders={filteredList}
                       setIsComplete={this.setIsComplete} />
      </div>
    );
  }
}

export default App;
```

（3）为 setUserInput、setSelectedFilter、addNewReminder 和 setIsComplete 创建方法。更改对状态属性和方法的引用以引用类的属性，并将这些方法绑定到组件，如代码清单 6-55 所示。

代码清单 6-55：添加方法并将它们绑定到 App

```
import {Component} from 'react';
import InputForm from './InputForm';
import FilterSelect from './FilterSelect';
import RemindersList from './RemindersList';

class App extends Component{
  constructor(props){
    super(props);
    this.state = {
      reminders:undefined,
      userInput:undefined,
      selectedFilter:"all"
    }

    this.setUserInput = this.setUserInput.bind(this);
    this.setSelectedFilter = this.setSelectedFilter.bind(this);
    this.addNewReminder = this.addNewReminder.bind(this);
    this.setIsComplete = this.setIsComplete.bind(this);
  }

  setUserInput(newInput){
    this.setState({userInput:newInput});
  }

  setSelectedFilter(newFilter){
    this.setState({selectedFilter:newFilter});
  }
```

```
addNewReminder(itemToAdd) {
  if (this.state.reminders===undefined){
    this.setState({reminders:[itemToAdd]});
  } else {
    this.setState((current)=>{
      return (
        {
          reminders:[...current.reminders,itemToAdd]
        }
      )
    });
  }
}

setIsComplete(isComplete,index){
  const newReminders = [ ... this.state.reminders.slice(0, index),
                   { ... this.state.reminders[index],isComplete},
                   ... this.state.reminders.slice(index+1) ];
  this.setState({reminders:newReminders});
}

render(){
  return(
    <div>
      <InputForm userInput={this.state.userInput}
               setUserInput={this.setUserInput}
               addNewReminder={this.addNewReminder} />
      <FilterSelect selectedFilter={this.state.selectedFilter}
                  setSelectedFilter={this.setSelectedFilter} />
      <RemindersList reminders={filteredList}
                  setIsComplete={this.setIsComplete} />
    </div>
  );
 }
}

export default App;
```

(4) 复制 filterList 函数并更新其对 this.state.reminders 的引用。

(5) 使用 render 方法中的 filterList 调用来创建 filteredList，因为我们希望在组件重新渲染时重新计算它。

完成这些步骤后，App 组件将完全转换为类，并且 Reminders 应用程序的功能将与之前相同。转换后的 App 组件的最终代码如代码清单 6-56 所示。

代码清单 6-56：转换后的 App 组件

```
import {Component} from 'react';
import InputForm from './InputForm';
import FilterSelect from './FilterSelect';
import RemindersList from './RemindersList';

class App extends Component{
  constructor(props){
    super(props);
    this.state = {
      reminders:undefined,
      userInput:undefined,
```

```
      selectedFilter:"all"
  }
    this.setUserInput = this.setUserInput.bind(this);
    this.setSelectedFilter = this.setSelectedFilter.bind(this);
    this.addNewReminder = this.addNewReminder.bind(this);
    this.setIsComplete = this.setIsComplete.bind(this);
  }

setUserInput(newInput){
  this.setState({userInput:newInput});
}

setSelectedFilter(newFilter){
  this.setState({selectedFilter:newFilter});
}

addNewReminder(itemToAdd) {
  if (this.state.reminders===undefined){
    this.setState({reminders:[itemToAdd]});
  } else {
    this.setState((current)=>{
      return (
        {
          reminders:[...current.reminders,itemToAdd]
        }
        )
    });
  }
}

setIsComplete(isComplete,index){
  const newReminders = [ ...this.state.reminders.slice(0, index),
                    {...this.state.reminders[index],isComplete},
                        ...this.state.reminders.slice(index+1) ];
  this.setState({reminders:newReminders});
}

filterList(reminders,selectedFilter){
  if (selectedFilter === "all"){
      return reminders;
  } else {

  let numberOfDays;

  switch(selectedFilter){
      case "2day":
        numberOfDays = 2;
        break;
      case "1week":
        numberOfDays = 7;
        break;
      case "30days":
        numberOfDays = 30;
        break;
      default:
        numberOfDays = 0;
        break;
  }
}

const result = this.state.reminders.filter(reminder=>{
    const todaysDate = new Date().toISOString().substr(0,10);
    const todayTime = new Date(todaysDate).getTime();
```

```
        const dueTime = new Date(reminder.dueDate).getTime();
        return dueTime < (todayTime + (numberOfDays * 86400000));
      });

      return result;
    }
  render(){
      const filteredList =
this.filterList(this.state.reminders,this.state.selectedFilter);

      return(
        <div>
          <InputForm userInput={this.state.userInput}
                    setUserInput={this.setUserInput}
                    addNewReminder={this.addNewReminder} />
          <FilterSelect selectedFilter={this.state.selectedFilter}
                      setSelectedFilter={this.setSelectedFilter} />
          <RemindersList reminders={filteredList}
                      setIsComplete={this.setIsComplete} />
        </div>
      );
    }
}

export default App;
```

由于应用程序的所有状态都位于 App 组件中，因此转换其他组件非常简单。我将介绍如何将第一个 InputForm 转换为类，然后可以按照相同的步骤转换其他组件。

(1) 在文件的开始部分从 react 导入 Component：

```
import {Component} from 'react';
```

(2) 将函数头替换为类头：

```
class InputForm extends Component {
```

(3) 使用 render 方法封装事件处理程序函数和 return 语句，并将对 props 的引用更改为对 this.props 的引用：

```
render(){
  const handleTextChange=(e)=>{
    const newUserInput = {...this.props.userInput,reminderText:e.target.value}
      this.props.setUserInput(newUserInput);
  }

  const handleDateChange=(e)=>{
    const date = new Date(e.target.value);
    const formattedDate = date.toISOString().substr(0,10);
    const newUserInput = {...this.props.userInput,dueDate:formattedDate};
    this.props.setUserInput(newUserInput);
  }

  const handleClick=(e)=>{
    e.preventDefault();
    const itemToAdd = {...this.props.userInput,isComplete:false};
    this.props.addNewReminder(itemToAdd);
  }
```

```
   return(
     <form>
       <input value={this.props.userInput.reminderText}
              id="reminderText"
              type="text"
              placeholder="What do you want to do?"
              onChange={handleTextChange} />

       <input value={this.props.userInput.dueDate}
              id="dueDate"
              type="date"
              onChange={handleDateChange} />
       <button onClick={handleClick}>Add Item</button>
     </form>
   );
}
```

　　完成这些更改后，启动应用程序并进行测试。如果一切正常，它的功能应该和之前一样。转换后的 InputForm 组件如代码清单 6-57 所示。

代码清单 6-57：转换后的 InputForm 组件

```
import {Component} from 'react';
import PropTypes from 'prop-types';

class InputForm extends Component {

  render(){

  const handleTextChange=(e)=>{
    const newUserInput = {...this.props.userInput,reminderText:e.target.value}
      this.props.setUserInput(newUserInput);
   }

  const handleDateChange=(e)=>{
    const date = new Date(e.target.value);
    const formattedDate = date.toISOString().substr(0,10);
    const newUserInput = {...this.props.userInput,dueDate:formattedDate};
    this.props.setUserInput(newUserInput);
  }

  const handleClick=(e)=>{
    e.preventDefault();
    const itemToAdd = {...this.props.userInput,isComplete:false};
    this.props.addNewReminder(itemToAdd);
  }
  return(
      <form>
          <input value={this.props.userInput.reminderText}
              id="reminderText"
              type="text"
              placeholder="What do you want to do?"
              onChange={handleTextChange} />

          <input value={this.props.userInput.dueDate}
              id="dueDate"
              type="date"
              onChange={handleDateChange} />

          <button onClick={handleClick}>Add Item</button>
```

```
        </form>
    );
  }
}

InputForm.propTypes = {
  userInput: PropTypes.shape({
    reminderText: PropTypes.string,
    dueDate: PropTypes.string
  }),
  setUserInput: PropTypes.func,
  addNewReminder: PropTypes.func
}

const date = new Date();
const formattedDate = date.toISOString().substr(0,10);

InputForm.defaultProps = {
  userInput: {
    reminderText:"",
    dueDate:formattedDate
  }
}

export default InputForm;
```

同样的基本方法可以应用于其他组件，将它们转换为类组件。然而，有一个重要的问题需要注意。在 InputForm 和 RemindersList 函数中，我们使用 function 关键字定义了内部事件处理程序函数。当使用 function 关键字定义函数并在其中引用 this 时，this 指的是函数本身，而不是函数所属的对象。结果是以下函数将导致错误：

```
function handleChange(e){
  this.props.setSelectedFilter(e.target.value);
}
```

最简单的解决方案(但不是唯一的解决方案)是简单地将函数重新定义为箭头函数。箭头函数中的 this 关键字引用该函数所属的对象：

```
const handleChange = (e)=> {
  this.props.setSelectedFilter(e.target.value);
}
```

如果你真的打算使用 function 关键字，另一种解决方案是使用 bind 函数来指定函数应该在当前对象的上下文中运行。可以在 constructor 函数(如前所述)或 onChange 事件侦听器属性中绑定函数，如下所示：

```
<select id="filterReminders"
        value={this.props.selectedFilter}
        onChange={this.handleChange.bind(this)}>
```

6.5　本章小结

　　单向数据流是使 React 用户界面能够高效可靠地处理更新的重要原因之一。虽然许多 JavaScript 程序员可能不熟悉一些用于实现单向数据流的模式和技术，但它们实质上就是 JavaScript，并且随着你使用 React 次数的增多，它们会变得更加熟悉和自然。特别是自从引入 React Hooks，尤其是 useState hook 之后，React 中的基本状态管理变得更加简单，同时也与之前编写 React 组件的方法保持兼容。

　　在本章中，我们学到了：

- 单向数据流的用法。
- 如何使用 props 将数据传递给子组件。
- 如何初始化状态。
- 如何更改类组件和函数组件中的状态变量。
- 如何使用 setState 的异步特性。
- 什么是不变性。
- 浅拷贝的重要性。
- 如何使用 PropTypes 验证 props。
- 如何使用 defaultProps 设置默认 prop 值。
- 如何使用 rest 和 spread 运算符。
- 从原型应用程序到反应性应用程序的构建步骤。
- 如何"提升状态"。
- 如何在函数组件和类组件之间转换。

　　在下一章中，我们将深入了解 React 中事件、事件侦听和事件处理的运行机制。

第 **7** 章

事　件

React 之所以具有响应性，是因为存在事件和为响应事件而运行的函数。在本章中，你将学习：

- 如何以及在何处使用事件侦听器
- 原生事件和 SyntheticEvent 事件之间的区别
- 如何在类和函数组件中编写事件处理程序
- 如何使用 Event 对象
- 如何将函数绑定到类组件
- 如何将数据传递给事件处理程序
- 如何在内联事件处理程序中使用箭头函数
- 如何将函数传递给子组件

7.1 React 中事件的运行机制

简单地说，React 组件中侦听和处理事件的方式类似于在浏览器中使用 HTML 事件属性来触发特定的操作。

在 HTML 中，可以使用事件属性调用 JavaScript 函数。这些事件属性的名称以 "on" 开头，并将函数调用作为其值。例如，HTML 的 onsubmit 事件属性可以与<form>元素一起使用，用于在提交表单时调用函数。代码清单 7-1 显示了使用 HTML onsubmit 属性的示例。本示例假设已在 HTML 文件的其他位置定义或导入了名为 validate()的 JavaScript 函数。

代码清单 7-1：在 HTML 中使用事件属性

```
<form id="signup-form" onsubmit="validate()">
  <input type="text" id="email">
  <input type="text" id="fullname">
```

```
    <input type="submit">
  </form>
```

由于 HTML 事件属性违反了"关注点分离"规则，即标记和脚本应保持分离，因此在 Web 应用程序中不应过度依赖它们。相反，大多数 JavaScript 程序员使用 addEventListener 的 DOM 方法将事件侦听器附加到 HTML 元素，如代码清单 7-2 所示。

代码清单 7-2：使用 addEventListener

```
<html>
  <head>
    <script>
      function validate(e){
        //do something here
      }
    </script>
  </head>
  <body>
    <form id="signup-form">
      <input type="text" id="email">
      <input type="text" id="fullname">
      <input type="submit">
    </form>
    <script>
      document.getElementById("signup-form").addEventListener("submit",
        validate);
    </script>
  </body>
</html>
```

注意：
在代码清单 7-2 中，事件侦听器是在文档的 body 末尾注册的，因此 form 元素将被预先加载。另一种实现相同效果的方法是向文档添加另一个事件侦听器，该事件侦听器会等待整个页面(HTML 文档)加载完成后再注册事件侦听器。

在 React 中，设置事件侦听器是 HTML 中这两种方法的混合体。JSX 代码中的语法看起来非常类似于 HTML 事件属性，但因为它是 JSX，所以它实际上更类似于使用 addEventListener 来设置事件侦听器的方法。

代码清单 7-3 显示了如何在 React 组件中设置事件侦听器，用来侦听表单的 submit 事件。

代码清单 7-3：在 React 组件中设置事件侦听器

```
function MyForm(props){
  return (
    <form onSubmit={props.handleSubmit}>
      <input type="text" id="fullName" />
      <input type="text" id="phoneNumber" />
      <button>Submit</button>
    </form>
```

```
  );
}
export default MyForm;
```

在 React 中经常会看到，使用事件侦听器属性似乎违反了关注点分离的规则，该规则规定应避免在 HTML 中使用事件属性。但是，请记住，JSX 本质上是 JavaScript。因此，实际上，并不是使用 HTML 来触发 JavaScript，而是使用 JavaScript 来编写 HTML 并向使用 JavaScript 创建的 form 元素中添加事件侦听器。

在 JSX 中编写事件属性时，需要注意以下两个问题：

1. 与 DOM addEventListener 方法一样，React 事件属性的值是一个函数，而不是包含函数调用的字符串。React 事件属性的值必须放在花括号中，而且函数名后面不应该有一对括号。

2. React 事件属性使用 JavaScript 风格的驼峰式命名法来命名，而不是 HTML 事件属性所使用的 HTML 风格的小写属性名称。

React 事件实际上是原生 HTML DOM 事件的包装器，这些事件的名称与原生事件相同(尽管大小写不同)。这些包装的事件是名为 SyntheticEvent 的 React 类的实例。

7.2　什么是 SyntheticEvent

SyntheticEvent 是浏览器原生事件的跨浏览器包装器。历史上，Web 浏览器处理事件的方式总是略有不同。最著名的是，在微软现已停用的 Internet Explorer 浏览器中，event 对象是浏览器 window 对象的全局属性，而在 Chrome 和 Firefox 中，它是传递给事件处理程序的属性(与 SyntheticEvent 的作用一样)。浏览器对事件处理方式的另一个重要差异是事件侦听器在事件传播的哪个阶段处理事件。如今，每个现代浏览器都在事件"冒泡"阶段处理事件，但在早期的 Web 浏览器中，Internet Explorer 在"捕获"阶段处理事件。

> **注意：**
> 事件冒泡是指事件从元素层次结构的较低层向上传播到较高层。事件捕获则相反。在事件冒泡中，发生在按钮上的事件(如单击)被该按钮调度，然后包含该按钮的 form 元素再调度该事件。

过去不同的 Web 浏览器在事件处理方式上存在的主要差异基本上已得到解决，如今跨浏览器的事件包装器的真正价值在于它可以为每个浏览器提供额外且一致的属性。

SyntheticEvent 还对开发人员屏蔽了如何将 React 中的事件转换为浏览器 DOM 事件的具体实现细节。React 文档有意地对 SyntheticEvents 如何映射到原生事件的具体细节保持模糊(尽管你可以找到相关信息，后面会提到)。除非是在极少数情况下，这些细节对 React 开发人员来说并不重要，因为这些细节不是 React 官方文档的一部分，所以随时可能发生变化。

7.3   使用事件侦听器属性

要在 React 中创建事件侦听器，可以在内置的 HTML DOM 元素上使用支持的事件侦听器属性之一。如果由 React 组件创建的 HTML 事件支持某个事件，则 React 组件也应该支持该事件，除非在少数情况下 React 的工作方式可能会有所不同。

在由自定义组件创建的元素中使用事件侦听器属性不会对自定义组件产生任何影响，只会在组件内部创建一个与事件侦听器属性同名的 prop。例如，在下面的元素中，将创建名为 onClick 的 prop：

```
<MyButton onClick={handleEvent} />
```

上面的 onClick 属性不是事件侦听器属性。通常可以使用事件侦听器属性的名称在自定义组件之间传递事件处理程序，但这样做实际上不会将事件侦听器添加到生成的浏览器 DOM 中。

为了使 MyButton 组件能真正处理事件，必须在 MyButton 组件中包含一个具有事件侦听器属性的 HTML DOM 元素。例如，MyButton 组件的 return 语句可能如下所示：

```
return (
  <button onClick={props.onClick}>Click Me</button>
);
```

7.4   Event 对象

当 React 中发生事件时，它会触发 DOM 中的事件。这又会创建 Event 对象的一个实例，从而触发在 React 中创建 SyntheticEvent 对象。这就是我们所说的 SyntheticEvent 是原生 DOM 事件的包装器。

Event 对象包含了所有事件通用的属性和方法。最重要的基本 Event 属性和方法如下：

- Event.cancelable 表示是否可以取消事件。取消事件会阻止事件发生。例如，当你希望阻止用户单击某些内容或阻止 form 元素提交表单时，取消事件非常有用。
- Event.target 引用事件最初调度到的对象(例如，被单击的元素或被输入内容的表单输入框)。
- Event.type 包含事件的名称，如 click、change、load、mouseover 等。

● Event.preventDefault 在事件可取消时取消该事件。

React 为 JavaScript Event 对象创建的包装器名为 SyntheticBaseEvent。

要访问 SyntheticBaseEvent 对象的属性和方法，需要在事件处理程序的函数定义中指定一个参数。在函数内部，该参数将用于表示 SyntheticBaseEvent 对象。标准做法是将该参数命名为 event 或简单地用 e 表示，但在 React 或 JavaScript 中对该参数的名称没有限制，你可以使用任何有效的 JavaScript 变量名来表示。

代码清单 7-4 是一个 React 组件示例，它侦听按钮上的 click 事件，然后将触发的 SyntheticBaseEvent 对象的属性输出到控制台。

代码清单 7-4：查看 Event 对象的属性

```
function EventProps(){
    const logClick=(e)=>{
        console.dir(e);
    }
    return(
        <button onClick={logClick}>Click Me</button>
    )
}
export default EventProps;
```

通过修改，这个基本函数可用于查看任何事件的 SyntheticBaseEvent 对象的属性。图 7-1 显示了单击该组件中的按钮时输出到控制台的对象。

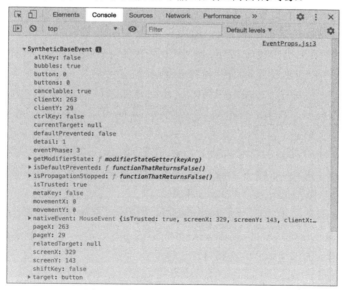

图 7-1　查看 SyntheticEvent 的属性

SyntheticBaseEvent 对象有一个名为 NativeEvent 的属性，该对象包含 SyntheticBaseEvent 包装的原生 Event 对象的所有属性。可将图 7-2 所示的 NativeEvent 对象中的属性与图 7-1 所示的 SyntheticEvent 中的属性进行比较。

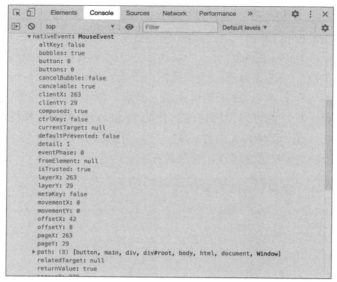

图 7-2　NativeEvent 属性

7.5　支持的事件

Web 浏览器中的所有交互都是通过事件实现的。事件是由软件在浏览器中对用户交互或重要事件(包括自动化过程)做出反应而发出或触发的。例如，当鼠标指针悬停在按钮上时用户单击鼠标按钮，这会导致按钮元素触发 click 事件。鼠标指针在浏览器窗口内的移动以及鼠标指针悬停在元素上方会触发其他事件。

许多 DOM 事件在官方规范中被定义，而其他事件则由特定的浏览器定义和使用。可以使用 HTML DOM 来检测这些事件，并使用浏览器中运行的 JavaScript 来做出响应。

React 支持侦听和处理许多标准 DOM 事件。其中大多数事件会向 Event 对象添加属性，可以通过这些属性来了解有关该事件的更多信息。例如，键盘事件包含的属性会告诉你按下了哪个键。

表 7-1 列出了 React 中当前支持的事件，以及每个事件的简要描述。要查看添加到 Event 对象的属性，可以将 Event 对象记录到控制台，如代码清单 7-4 所示，或者查阅 Event API 文档(详见链接[1])。

表 7-1　React 支持的事件

类别	事件侦听器	描述
剪贴板 事件	onCopy	将数据复制到剪贴板时，会触发 copy 事件
	onCut	将数据剪切到剪贴板时，会触发 cut 事件
	onPaste	从剪贴板粘贴数据时，将触发 paste 事件

(续表)

类别	事件侦听器	描述
合成 事件	onCompositionEnd	compositionend 事件在文本合成系统完成或取消会话时触发。 文本合成系统包括使用拉丁键盘输入中文、日文或韩文文本的 输入法编辑器(IME)
	onCompositionStart	compositonstart 事件在文本合成系统启动会话时触发
	onCompositionUpdate	compositionupdate 事件在合成会话期间接收到新字符时触发
键盘 事件	onKeyDown	按下键盘上的一个键时会触发 keydown 事件
	onKeyPress	按下字符键时,会触发 keypress 事件
	onKeyUp	释放键时会触发 keyup 事件
焦点 事件	onFocus	focus 事件在元素接收到焦点时触发,例如在选择 input 元素时 触发
	onBlur	当一个元素失去焦点时,例如当一个 input 元素变为未选中时 (通过使用制表符或单击其他 input 元素),会触发 blur 事件
表单 事件	onChange	当用户更改输入值时,将触发 input、select 和 textarea 元素的 change 事件
	onInput	当元素的值发生变化时,将触发 input 事件
	onInvalid	当可提交元素的内容被检查并且不满足其约束条件时,将触发 invalid 事件。例如,当数字输入接收到的数字超出 min 和 max 属性指定的范围时
	onReset	重置表单时会触发 reset 事件
	onSubmit	提交表单时会触发 submit 事件
通用 事件	onError	当资源加载失败时,会触发 error 事件
	onLoad	当资源完成加载时,会触发 load 事件
鼠标 事件	onClick	当按下并释放定点设备(如鼠标)时,会触发 click 事件
	onContextMenu	单击鼠标右键时,会触发 contextmenu 事件
	onDoubleClick	双击鼠标按钮时会触发 doubleclick 事件
	onDrag	拖动元素或选择文本时会触发 drag 事件
	onDragEnd	当拖动事件结束时(例如释放鼠标按钮时),会触发 dragend 事件
	onDragEnter	当可拖动元素进入拖放目标时,会触发 dragenter 事件
	onDragExit	当可拖动元素退出拖放目标时,会触发 dragexit 事件。注意: onDragExit 可能不适用于所有浏览器。可使用 onDragLeave 代替
	onDragLeave	当可拖动元素退出拖放目标时,会触发 dragleave 事件
	onDragOver	当可拖动元素被拖到拖放目标上时,会触发 dragover 事件
	onDragStart	当用户开始拖动元素时,会触发 dragstart 事件

(续表)

类别	事件侦听器	描述
鼠标事件	onDrop	当元素被拖到拖放目标上时，会触发 drop 事件。
	onMouseDown	当在元素上按下定点设备按钮(如鼠标按钮)时，会触发 mousedown 事件
	onMouseEnter	当定点设备移动到元素上时，会触发 mouseenter 事件
	onMouseLeave	当定点设备从元素中移出时，会触发 mouseleave 事件
	onMouseMove	当定点设备移过指定的元素时，会触发 mousemove 事件
	onMouseOut	当定点设备从附加有 onMouseOut 事件侦听器的元素中移出时，会触发 mouseout 事件
	onMouseOver	当定点设备移动到具有添加了 onMouseOver 事件侦听器的子元素的元素上时，会触发 mouseover 事件
	onMouseUp	当在元素上释放定点设备按钮时，会触发 mouseup 事件
指针事件	onPointerDown	当指针设备(例如鼠标、光笔或触摸屏)处于活动状态时，例如单击按钮或触摸敏感设备时，会触发 pointerdown 事件
	onPointerMove	指针更改坐标时，会触发 pointermove 事件
	onPointerUp	当指针不再处于活动状态时，会触发 pointerup 事件
	onPointerCancel	当浏览器认为不太可能有更多的指针事件时(例如当浏览器窗口变为不活动状态时)，会触发 pointercancel 事件
	onGotPointerCapture	当使用 setPointerCapture 方法捕获指针时，会触发 gotpointercapture 事件
	onLostPointerCapture	释放捕获的指针时，会触发 lostpointercapture 事件
	onPointerEnter	当指针移动到不支持悬停的设备(例如没有鼠标的笔或触摸设备)上的元素边界时，会触发 pointerenter 事件
	onPointerLeave	当指针移出元素的边界时，会触发 pointerleave 事件
	onPointerOver	当定点设备移动到元素的边界时，会触发 pointerover 事件
	onPointerOut	当指针离开元素边界时，会触发 pointerrout 事件
选择事件	onSelect	选择文本时会触发 select 事件
触摸事件	onTouchCancel	触摸点中断时会触发 touchcancel 事件
	onTouchEnd	当触点从触控面移除时，会触发 touchend 事件
	onTouchMove	当触点沿着触控面移动时，会触发 touchmove 事件
	onTouchStart	当触点被放置在触控面上时，会触发 touchstart 事件
UI 事件	onScroll	滚动文档或元素时会触发 scroll 事件
滚轮事件	onWheel	当定点设备的滚轮按钮旋转时，会触发 wheel 事件

(续表)

类别	事件侦听器	描述
媒体事件	onAbort	中止媒体播放时，会触发 abort 事件
	onCanPlay	当有足够的数据可供媒体开始播放时，会触发 canplay 事件
	onCanPlayThrough	当下载了足够多的媒体文件，并且文件可以在不中断的情况下播放时，会触发 canplaythrough 事件
	onDurationChange	当指示媒体文件持续时间的元数据发生变化时，例如当下载了足够多的媒体文件，导致持续时间已知时，会触发 durationchange 事件
	onEmptied	当媒体变为空时，例如重新加载时，会触发 emptied 事件
	onEncrypted	当媒体指示已加密时，会触发 encrypted 事件
	onEnded	媒体播放结束时会触发 ended 事件
	onError	发生错误时会触发 error 事件
	onLoadedData	媒体加载完成后，会触发 loadeddata 事件
	onLoadedMetadata	加载媒体元数据时会触发 loadedmetadata 事件
	onLoadStart	当开始加载媒体时，会触发 loadstart 事件
	onPause	暂停播放时会触发 pause 事件
	onPlay	play 方法导致播放开始或恢复播放时会触发 play 事件
	onPlaying	当媒体有足够的数据开始播放时，在 play 事件之后会触发 playing 事件
	onProgress	在加载媒体期间会触发 progress 事件，并包含有关加载数据量的信息
	onRateChange	当播放速度改变时，会触发 ratechange 事件
	onSeeked	搜索操作完成时会触发 seeked 事件
	onSeeking	搜索操作开始时会触发 seeking 事件
	onStalled	当未意外地加载媒体时，会触发 stalled 事件
	onSuspend	暂停或完成媒体加载时会触发 suspend 事件
	onTimeUpdate	当元素的 currentTime 属性更改时，会触发 timeupdate 事件
	onVolumeChange	当音频音量改变时，会触发 volumechange 事件
	onWaiting	当请求的操作延迟时，会触发 waiting 事件
图像事件	onLoad	当图像完全加载时，会触发 load 事件
	onError	当加载图像时发生错误，会触发 error 事件
动画事件	onAnimationStart	动画开始时，会触发 animationstart 事件
	onAnimationEnd	动画停止时，会触发 animationend 事件
	onAnimationIteration	在动画的一次迭代结束而另一次迭代开始时会触发 animationiteration 事件
转换事件	onTransitionEnd	当 CSS 转换完成时，会触发 transitioned 事件
其他事件	onToggle	在切换 details 元素(打开或关闭)的状态时会触发 toggle 事件

7.6　事件处理函数

一旦 React 组件检测到事件，就可以编写函数来响应该事件。此函数称为事件处理程序函数。

7.6.1　编写内联事件处理程序

内联事件处理程序是作为事件侦听器属性的值而编写的匿名函数。内联事件处理程序通常用作包装器，用于调用在 return 语句之外定义的另一个函数。它们还可以用于执行简单的不需要创建完整的事件处理程序函数的任务。

代码清单 7-5 显示了内联事件处理程序的示例。

代码清单 7-5：使用内联事件处理程序显示警报

```
function WarningButton(){

return (
  <button onClick={()=>{alert('Are you sure?');}}>Don't Click Here</button>
);

}

export default WarningButton;
```

虽然可以在内联事件处理程序中调用多个函数或执行一个代码块，但有几个原因不建议在复杂代码中使用内联事件处理程序：

1. 内联事件处理程序不可重用。
2. 内联事件处理程序可能很难阅读，并且会降低代码的组织性。
3. 每次组件重新渲染时，都会重新创建内联事件处理程序。在函数组件中，所有内部函数都会发生这种情况。但是，在类组件中，内联事件处理程序可能会影响性能，尽管这种影响不太明显，而且在出现这种情况之前过早地优化代码会导致更多的问题(仅从时间浪费的角度来看)。

注意：
第 11 章将讨论如何使用 React Hooks 来缓存函数组件中的事件处理程序函数。

当某些用户交互的结果只是以某种方式更新状态时，也经常使用内联事件处理程序。在类组件中，这意味着调用 setState，或者在函数组件中调用 state setter 函数。使用内联事件处理程序调用 setState 的示例如代码清单 7-6 所示。

代码清单 7-6：使用内联事件处理程序调用 setState

```
import {Component} from 'react';

class ScreenDoor extends Component {
  constructor(props){
    super(props);
    this.state={
      isOpen:true
    }
  }
  render(){
    return(
      <button onClick={()=>this.setState({isOpen:!this.state.isOpen})}>
        {this.state.isOpen?'Close the Door':'Open the Door'}
      </button>
    )
  }
}

export default ScreenDoor;
```

7.6.2 在函数组件中编写事件处理程序

函数组件内的事件处理程序是以内部函数的形式编写的，可以使用箭头函数语法或 function 关键字。

如果你熟悉编写组件的类方法，则可以将函数组件视为来自类组件的 render 方法。函数组件中的事件处理程序只存在于单个渲染中，而不像类组件中的事件处理程序是类的方法，并在渲染之间持久存在。

函数组件没有 this 关键字，因此没必要绑定函数内部声明的事件处理程序。

在函数组件中编写函数与在其他地方编写函数一样简单。一旦编写了事件处理程序函数，就可以直接将函数名称作为事件侦听器属性的值传递，从而将其分配给特定的事件侦听器，如代码清单 7-7 所示。

代码清单 7-7：在函数组件中使用事件处理程序函数

```
import {useState} from 'react';

function Search(props){

  const [term,setTerm] = useState('');
  const updateTerm = (searchTerm)=>{
    setTerm(searchTerm);
  }

  return(
    <>
      <input type="text" value={term}
      onChange={(e)=>{updateTerm(e.target.value)}}/><br />
      You're searching for: {term}
```

```
      </>
    );

  }

export default Search;
```

7.6.3 在类组件中编写事件处理程序

类组件中的事件处理程序是类的方法。它们是在 render 方法之外编写的，必须绑定到类的特定实例。

代码清单 7-8 显示了一种在类组件中编写和绑定事件处理方法的方式。

代码清单 7-8：在类中编写和绑定事件处理程序方法

```
import {Component} from 'react';

class CoffeeMachine extends Component {
  constructor(props){
    super(props);
    this.state={
      brewing:false
    }
    this.toggleBrewing = this.toggleBrewing.bind(this);
  }
  toggleBrewing = function(){
    this.setState({brewing:!this.state.brewing});
  }

  render(){

    return(
      <>
        The Coffee Maker is {this.state.brewing?'on':'off'}.<br />
        <button onClick={this.toggleBrewing}>toggle brewing state</button>
      </>
    );
  }
}

export default CoffeeMachine;
```

Javascript 教程：方法定义语法
在 JavaScript 类中，可以使用方法定义语法来创建类中的函数(也称为方法)，这是将函数分配给方法名称的一种简洁方式。
例如，可以通过将函数分配给属性来定义方法，如下所示：

```
toggleBrewing = function(){
  this.setState({brewing:!this.state.brewing});
}
```

或者可以使用方法定义语法，如下所示：

```
toggleBrewing(){
  this.setState({brewing:!this.state.brewing});
}
```

7.6.4　绑定事件处理程序函数

为了发挥作用，需要将事件处理程序函数作为值传递给支持事件侦听器属性的 React 内置组件。例如，内置的 input 元素表示一个输入组件，该组件可以接收 onChange 事件处理程序 prop，并在接收 change 事件时调用相关的回调函数。

因为事件处理程序函数通过 props 传递给子组件，所以需要将它们绑定到创建它们的上下文中，以便 this 的值将指向定义事件处理程序的父组件。

只有类组件具有 this 关键字，因此绑定仅适用于类组件。另外，正如你将看到的，绑定仅适用于类组件中使用 function 或方法定义语法所定义的方法。

1. 使用 bind

如果你仍然不清楚 this 和 bind 在 JavaScript 类中的用法，请返回并复习第 4 章中的 JavaScript 教程。或者，只需要记住以下规则：

在类组件中，如果使用方法定义语法或 function 关键字定义的函数将被作为 prop 传递，需要进行绑定操作。

函数可以通过两种方式绑定。第一种是目前最常见的：在 constructor 函数中进行绑定。在该方法中，要使用包含类上下文的新函数覆盖原始的未绑定函数的值，如代码清单 7-9 所示。

代码清单 7-9：在 constructor 函数中绑定函数

```
import {Component} from 'react';

class ColorWheel extends Component {

  constructor(props){
    super(props);
    this.state = {
      currentColor: '#ff0000'
    }
    this.changeColor = this.changeColor.bind(this);
  }

  changeColor(e) {
    this.setState({currentColor:e.target.value});
  }

  render(){
    const wheelStyle = {
        width: "200px",
        height: "200px",
```

```
                borderRadius: "50%",
                backgroundColor: this.state.currentColor
            }
            return(
                <>
                <div style={wheelStyle}></div>
                <input onChange={this.changeColor} value={this.state.currentColor} />
                </>
            )
        }
    }

export default ColorWheel;
```

绑定函数的另一种方法是内联绑定。在该方法中，要将函数绑定到事件侦听器属性的值中，如代码清单 7-10 所示。

代码清单 7-10：内联绑定事件处理程序

```
import {Component} from 'react';

class ColorWheel extends Component {

    constructor(props){
        super(props);
        this.state = {
            currentColor: '#ff0000'
        }
    }

    changeColor(e) {
        this.setState({currentColor:e.target.value});
    }
    render(){
        const wheelStyle = {
            width: "200px",
            height: "200px",
            borderRadius: "50%",
            backgroundColor: this.state.currentColor
        }
        return(
            <>
            <div style={wheelStyle}></div>
            <input onChange={this.changeColor.bind(this)}
                    value={this.state.currentColor} />
            </>
        )
    }
}

export default ColorWheel;
```

虽然内联方法在某些情况下可能更方便，但它有一个缺点是它位于 render 方法内部，这意味着在每次组件渲染时它将重新运行。此外，如果在一个类中多次使用同一事件处理程序函数，可能会导致重复工作。

由于 constructor 函数只运行一次，因此在 constructor 函数中进行绑定既高效，又能保持代码的整洁。

2. 使用箭头函数

箭头函数使用词法 this 绑定。这意味着它们会自动绑定到创建它们的作用域。因此，如果使用箭头函数来定义事件处理程序，或将事件处理程序编写为内联箭头函数，那么它们不需要被绑定。

代码清单 7-11 显示了如何将箭头函数用作事件处理程序。

代码清单 7-11：使用箭头函数作为事件处理程序

```
import {Component} from 'react';

class ColorWheel extends Component {

  constructor(props){
    super(props);
    this.state = {
      currentColor: '#ff0000'
    }
  }

  changeColor = (e)=>{
    this.setState({currentColor:e.target.value});
  }

  render(){

    const wheelStyle = {
      width: "200px",
      height: "200px",
      borderRadius: "50%",
      backgroundColor: this.state.currentColor
    }

    return(
      <>
        <div style={wheelStyle}></div>
        <input onChange={this.changeColor}value={this.state.currentColor} />
      </>
    )
  }
}

export default ColorWheel;
```

使用你在 constructor 函数中消除事件处理程序绑定的相同语法，还可以完全省略 constructor 函数，并使用类属性来定义组件的状态，如代码清单 7-12 所示。

代码清单 7-12：使用类属性定义状态

```
import {Component} from 'react';

class ColorWheel extends Component {

  state = {currentColor: '#ff0000'};
  changeColor = (e)=>{
    this.setState({currentColor:e.target.value});
```

```
    }
    render(){

      const wheelStyle = {
          width: "200px",
          height: "200px",
          borderRadius: "50%",
          backgroundColor: this.state.currentColor
      }

      return(
        <>
          <div style={wheelStyle}></div>
          <input onChange={this.changeColor} value={this.state.currentColor} />
        </>
      )
    }
  }

export default ColorWheel;
```

7.6.5 将数据传递给事件处理程序

事件处理程序通常需要从 render 方法内部接收数据。最常见的情况是，事件处理程序需要访问 Event 对象，以便使用它的属性来获取表单字段值、鼠标位置和表 7-1 中列出的其他属性。

如果只使用事件处理程序函数的名称来指定事件处理程序，那么好消息是无须再做其他任何操作。Event 对象会被自动传递给事件处理程序函数，如代码清单 7-13 所示。

代码清单 7-13：自动传递 Event 对象

```
function LogInput(){
    const logChange=(e)=>{
        console.dir(e);
    }
    return(
        <input onChange={logChange} />
    )
}

export default LogInput;
```

如果使用匿名箭头函数来调用事件处理程序，则需要专门将 Event 对象传递到事件处理程序中，如代码清单 7-14 所示。

代码清单 7-14：将 Event 对象传递给事件处理程序

```
function LogInput(){
    const logChange=(e)=>{
        console.dir(e);
    }
    return(
```

```
        <input onChange={(e)=>{logChange(e)}} />
    )
}

export default LogInput;
```

7.7　本章小结

通过使用熟悉且简单的界面和标准的惯用 JavaScript 编程风格，React 允许程序员在用户界面中启用交互性，同时还能获得单向数据流的好处。

在本章中，我们学到了：

- 什么是 SyntheticEvents。
- 如何记录 SyntheticBaseEvent 对象的属性。
- React 可以响应哪些事件侦听器。
- 如何在函数和类组件中编写事件处理程序。
- 如何在类组件中绑定事件处理程序。
- 如何将数据传递给事件处理程序。

在下一章中，你将学习如何在 React 中创建交互式表单，以及如何侦听和响应表单事件。

第**8**章

表　单

HTML 表单元素使 Web 应用程序能够收集用户输入。React 具有内置的 HTML DOM 组件，可以创建原生 HTML 表单元素。但是，用于创建 HTML 表单元素的内置 React 组件与原生 HTML 表单元素在某些重要方面的行为略有不同。

在本章中，你将学到：

- 如何在具有单向数据流的 React 中使用表单组件
- 受控和非受控表单输入之间的差异
- 如何以及为什么要阻止表单的默认行为
- 如何使用 React 的每个表单元素
- 如何从表单中检索和使用数据

8.1　表单具有状态

HTML 中的表单元素是唯一的，因为它们维持着自己的内部状态。当在文本框中输入、选中复选框或从下拉菜单中选择某项时，都会改变元素的内部状态。

例如，在 HTML 的 input 元素中，该状态保存在 value 属性中，而在 checkbox 元素中，该状态保存在名为 checked 的 Boolean 属性中。在 HTML 中，表单元素的内部状态可以由与表单交互的人员来设置(例如，在表单中输入或选中复选框)，也可以通过更改决定状态的属性值来设置。

如果仔细观察，就会发现 HTML 表单的这种默认行为是双向数据流，而 React 通常不鼓励这种行为。理想情况下，对状态对象的更改会导致 React 用户界面中的所有更改。然而，对于表单，有时实现单向数据流是不必要的，甚至可能有点荒谬，我将对此进行说明。React 没有强迫程序员总是为表单元素实现单向数据流，而是提供了两种不同的方式来处理表单输入，你可以根据特定表单的需要进行选择。

React 将这两种不同的方式称为受控输入和非受控输入。

8.2 受控输入与非受控输入

input 元素的默认行为是允许用户直接更改其值。另一方面，在单向数据流中，与用户界面的每次交互都会产生一个事件，在处理该事件的同时会更新状态。然后，状态的变化会更新用户界面。

React 将用户可以直接操作的表单输入称为非受控输入，而将只能通过更改状态对象来更改的表单输入称为受控输入。

受控输入和非受控输入的区别如图 8-1 所示。

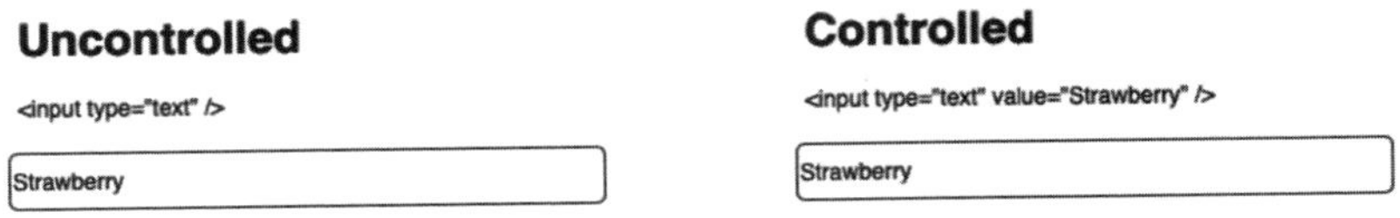

Uncontrolled
<input type="text" />
Strawberry
Controlled
<input type="text" value="Strawberry" />
Strawberry

图 8-1　受控输入和非受控输入

要创建非受控输入，可以从该输入的 JSX 代码中删除 value 属性，如代码清单 8-1 所示。

代码清单 8-1：删除 value 属性会创建一个非受控输入

```
function SignUp(props){
  return(
    <form>
      <input type="text" name="emailAddress" />
      <button>Sign up for our newsletter</button>
    </form>
  )
}

export default SignUp;
```

渲染上述组件并在 input 元素中输入的结果如图 8-2 所示。这正是你对 HTML 表单期望的行为。

localhost:3000/listing801
localhost:3000/listing801
email@example.com
Sign up for our newsletter

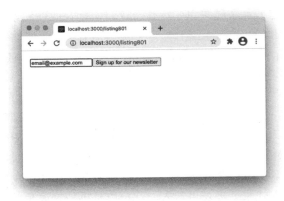

图 8-2　渲染非受控输入

要使该表单受控，需要添加一个 value 属性，如代码清单 8-2 所示。

代码清单 8-2：添加 value 属性创建受控输入

```
function SignUp(props){
  return(
    <form>
      <input value="" type="text" name="emailAddress" />
      <button>Sign up for our newsletter</button>
    </form>
  )
}

export default SignUp;
```

只需要添加 value 属性，React 就会对输入进行"控制"。现在，当你渲染 SignUp 组件并尝试在其中输入内容时，不会发生任何事情。在图中无法展示什么都不发生的情况，所以如果你想要了解该操作的结果，可以创建一个与代码清单 8-2 所示类似的组件，或者从本书的 GitHub 存储库中下载示例代码。

8.2.1　更新受控输入

除非你的目标是创建不可编辑的输入框，否则受控输入还必须具有事件侦听器属性和事件处理程序函数。即使代码清单 8-2 中 input 元素的内部状态在输入时没有改变，它仍然会在每次击键时触发一个 change 事件。

使用 onChange 事件侦听器，可以检测该事件并使用 Event 对象的 target.value 属性来更新 state 属性，然后可以将其分配给 input 元素的 value 属性。

在函数和类组件中，控制受控输入的过程是相同的，但需要编写的 JavaScript 代码略有不同。

8.2.2　控制函数组件中的输入

代码清单 8-3 显示了一个受控的文本输入，它使用函数组件中的单向数据流进行更新。

代码清单 8-3：使用单向数据流更新 input 元素

```
import {useState} from 'react';

function SignUp(props){

  const [emailAddress,setEmailAddress] = useState('');

  const handleChange = (e)=>{
    setEmailAddress(e.target.value);
  }

  return(
    <>
```

```
    <form>
      <label>Enter your email address:
        <input value={emailAddress} onChange={handleChange} type="text" />
      </label>
    </form>
    <p>Your email address: {emailAddress}</p>
  </>
 )
}

export default SignUp;
```

在浏览器中运行该组件时，在 input 元素中键入内容会更新 emailAddress 状态变量的值，该值被用作 input 元素的值，也会在 input 元素下方的段落中输出。input 元素的作用类似于普通的 HTML 输入，但组件也可以访问 input 元素的值。

8.2.3 控制类组件中的输入

在类组件中，控制输入的方式与之前相同，但 JavaScript 的写法略有不同，而且有点冗长，因为需要编写和绑定事件处理程序，并正确地处理 state 属性。

在代码清单 8-4 中，展示了与代码清单 8-3 相同的受控输入，但它是以类组件的形式编写的。

代码清单 8-4：控制类组件中的输入

```
import {Component} from 'react';

class SignUp extends Component{

  constructor(props){
    super(props);
    this.state = {
      emailAddress:''
    }
    this.handleChange = this.handleChange.bind(this);
  }

  handleChange(e){
    this.setState({emailAddress:e.target.value});
  }

  render(){

    return(
      <>
      <form>
        <label>Enter your email address:
        <input value={this.state.emailAddress} onChange={this.handleChange}
              type="text" />
        </label>
      </form>
      <p>Your email address: {this.state.emailAddress}</p>
      </>
    )
  }
}
```

```
export default SignUp;
```

可以通过使用箭头函数、内联事件处理程序以及将 state 创建为类属性来更简洁地编写代码清单 8-4 中的类组件，如代码清单 8-5 所示。

代码清单 8-5：简化类中的受控输入

```
import {Component} from 'react';

class SignUp extends Component{

  state = {emailAddress:''};

  render(){

    return(
      <>
      <form>
        <label>Enter your email address:
          <input value={this.state.emailAddress}
                 onChange={(e)=>{this.setState({emailAddress:e.target.value})}}
                 type="text" />
        </label>
      </form>
      <p>Your email address: {this.state.emailAddress}</p>
      </>
    )
  }
}

export default SignUp;
```

8.3　提升输入状态

当在用户界面中使用表单时，大多数情况下输入应该影响到用户界面的其他部分。例如，输入到搜索表单中的单词不仅是为了执行搜索，还应导致搜索的单词和搜索结果显示在某种结果组件中，如图 8-3 所示。

因为图 8-3 中输入到搜索表单中的搜索项需要被其他组件使用，所以搜索表单更新的状态变量应该被提升为搜索表单和搜索结果组件的共同祖先。

代码清单 8-6、代码清单 8-7 和代码清单 8-8 显示了三个组件，它们构成了图 8-3 中搜索界面的一个基础版本。请注意，setSearchTerm 函数被传递给 SearchInput 组件，而 searchTerm 变量被传递给了 SearchInput 和 SearchResults 组件。

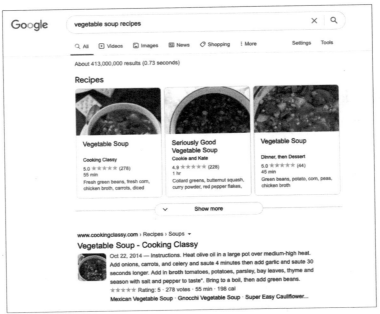

图 8-3　表单输入通常会影响其他组件

代码清单 8-6：SearchBox 组件

```
import {useState} from 'react';
import SearchInput from './SearchInput';
import SearchResults from './SearchResults';

function SearchBox(){
  const [searchTerm,setSearchTerm] = useState('');

  return(
    <>
      <SearchInput searchTerm={searchTerm} setSearchTerm = {setSearchTerm} />
      <SearchResults searchTerm = {searchTerm}/>
    </>
  );
}
export default SearchBox;
```

代码清单 8-7：SearchInput 组件

```
function SearchInput(props){

  const handleChange = (e)=>{
    props.setSearchTerm(e.target.value);
  }

  return(
    <label>Enter your search term:
      <input type="text" value={props.searchTerm} onChange={handleChange} />
    </label>
  );
}
```

```
export default SearchInput;
```

代码清单 8-8：SearchResults 组件

```
function SearchResults(props){
  return(
    <p>You're searching for: {props.searchTerm}</p>
  );
}

export default SearchResults;
```

如第 6 章所述，状态提升可以最小化需要具有状态的组件数量。使用单个有状态组件可以避免重复处理数据，并为应用程序提供单一的真实性来源。换句话说，通过在状态组件中管理状态，可以了解和测试子组件的行为，这是因为子组件的行为取决于状态变化。

8.4　使用非受控输入

使用受控输入可以确保用户界面严格遵循单向数据绑定的模式，并能够轻松地处理输入字段的当前值。然而，它也会产生大量不必要的开销。

例如，用户界面中的"Contact Us"表单不需要存储输入的数据，也不需要对输入的数据进行任何处理。从本质上说，大型应用程序根本不需要使用这样的表单，而且 React 也没有理由跟踪和运行事件处理程序函数来处理用户输入到 textarea 中的每一次击键。绑定大型表单的每个输入可能非常繁琐，侦听和响应大量表单输入所需的额外处理可能会导致性能问题。

如果不需要在用户键入时跟踪用户的输入，也不需要将输入存储在状态对象中，那么使用非受控输入可能是更好的选择，只需要简单地将事件侦听器附加到表单本身，以便在表单提交时运行事件处理程序函数。

代码清单 8-9 显示了一个使用非受控输入的评论表单，就像你在博客上看到的那样。当用户提交表单时，将运行一个事件处理程序函数，从非受控输入检索数据并将其添加到状态对象中。

代码清单 8-9：使用非受控输入的博客评论界面

```
import {useState,useRef} from 'react';

function BlogComment(props){
    const [comments,setComments] = useState([]);
    const textAreaRef = useRef(null);
    const recordComment = (e)=>{
        e.preventDefault();
        setComments([...comments,textAreaRef.current.value]);
    }

    const commentList = comments.map((comment,index)=>{
```

```
        return (<p key={index}>{comment}</p>);
    })

    return(
        <>
            <form onSubmit={recordComment}>
            <p>Enter your comment:</p>
            <textarea ref={textAreaRef}></textarea><br />
            <button>Submit Comment</button>
            <p>All Comments:</p>
            {commentList}
            </form>
        </>
    );
}

export default BlogComment;
```

要从非受控输入中获取值，可以使用一种称为 ref 的技术。ref 能创建对底层 DOM 节点的引用，从而允许 React 直接访问其属性。你将在第 9 章学习更多关于 ref 的知识，并了解如何和何时使用 ref。

8.5 使用不同的表单元素

HTML 中的输入元素是最常用的交互元素类型。通过更改 input 元素的 type 属性，可以创建适用于各种数据类型的输入，包括：

- button
- checkbox
- color
- date
- datetime-local
- email
- file
- hidden
- image
- month
- number
- password
- radio
- range
- reset
- search
- submit
- tel
- text
- time
- url
- week

不同的输入类型可能在外观和用户输入验证方面有所不同。例如，number 输入类型只允许输入数字，color 输入类型将显示一个颜色选择器(在支持它的浏览器中)，而 hidden 输入类型在浏览器窗口中不显示任何内容。

8.5.1 控制 input 元素

除了用于创建按钮的输入类型和特殊的 file 输入类型，从 React 中获取受控 input

元素值的方法是使用 onChange 属性。

而按钮输入(submit、reset 和 button)则使用 onClick 属性。button 元素的作用与 button 类型的输入相同,它也使用 onClick 属性。

file 输入是只读输入,它允许从计算机中选择一个文件上传到浏览器。在 React 中,file 类型的输入总是不受控制的。

8.5.2　控制 textarea 元素

在 HTML 中,textarea 元素的值是它的子元素,如代码清单 8-10 所示。

代码清单 8-10:HTML 的 textarea 元素的值是它的子元素

```
<textarea name="terms-of-use">
  Make sure to read all of these terms of use. By reading this book, you agree
to learn React and to never try to mutate a prop or forget to bind an event
handler in a class component. Furthermore, although it is not required, you
agree to consider writing a review of this book and to tell your friends how
great this book is.
</textarea>
```

在 React 中,textarea 更像是一个 input 元素:一个带有 value 属性的空元素(意味着它没有结束标记或内容)。可以使用 onChange 事件侦听器处理 React 中 textarea 的输入,如代码清单 8-11 所示。

代码清单 8-11: 在 React 中使用 textarea

```
function TermsOfUse(props){
  return(
    <textarea value={props.terms} onChange={props.updateTerms} />
  );
}

export default TermsOfUse;
```

8.5.3　控制 select 元素

HTML 中的 select 元素用于创建一个下拉列表,其中任意数量的 option 元素子元素构成了下拉列表中的项。在 HTML 中,每个 option 元素都有一个名为 selected 的布尔属性,它决定了 select 元素的当前值,如代码清单 8-12 所示。

代码清单 8-12:HTML 中的 select 元素

```
<select name="pizza-type">
  <option value="thin">Thin Crust</option>
  <option value="thick">Thick Crust</option>
  <option value="deep">Deep Dish</option>
  <option value="detroit" selected>Detroit-style</option>
  <option value="chicago">Chicago-style</option>
</select>
```

在 React 中，select 元素有一个 value 属性，用于确定当前选择了哪个 option 元素，并且可以使用 select 输入中的 onChange 属性来检测和处理当前所选选项的更改，如代码清单 8-13 所示。

代码清单 8-13：在 React 中使用 select 输入

```
function SizeSelect(props){
  return(
    <select name="size" value={props.size} onChange={props.changeSize}>
      <option value="xs">Extra Small</option>
      <option value="sm">Small</option>
      <option vlue="md">Medium</option>
      <option value="lg">Large</option>
      <option value="xl">Extra Large</option>
    </select>
  );
}

export default SizeSelect;
```

8.6 阻止默认操作

在浏览器窗口中提交表单时，浏览器的默认操作是重新加载当前页面，将表单中的值作为查询字符串附加到 URL 的后面。可以使用 form 元素的 action 和 method 属性来更改 form 元素的默认操作。action 属性将更改表单提交的目标 URL，method 属性则更改用于提交表单的 HTTP 方法(使用 HTTP GET 或 HTTP POST)。

实际上，在使用 JavaScript 编写的用户界面中，你根本不希望 form 元素向 URL 提交数据。相反，表单数据应该由 JavaScript 处理。原因是表单的默认操作会重新加载表单或加载不同的 URL，这会导致重新加载底层 JavaScript 库并删除用户界面的状态。

React 没有自己的方法来阻止默认操作。相反，它只是使用 Event 对象的 preventDefault 方法。因此，每当编写事件处理程序以响应 submit 事件时，都必须包含对 preventDefault 的调用，如代码清单 8-14 所示。

代码清单 8-14：使用 preventDefault

```
function SignUpForm(props){

  const handleSubmit = (e)=>{
    e.preventDefault();
    props.commitFormData();
  }

  return(
    <form onSubmit={handleSubmit}>
      <input type="email" value={props.email} onChange={props.setEmail} />
      <button>Sign Up!</button>
    </form>
```

```
  )
}

export default SignUpForm;
```

8.7 本章小结

在 React 中，由于采用了单向数据流的原则，使用表单和输入与在原生 HTML 或其他框架和库中使用它们有一些不同。受控输入使应用程序能够完全访问用户输入，并保持了数据向下流动和事件向上流动的基本 React 模式。

然而，有时放弃对输入的控制可能更好。为此，React 提供了 refs 和非受控输入的功能。

在本章中，我们学到了：

- 受控输入和非受控输入的区别。
- 如何使用事件从受控输入中获取数据。
- 如何使用 refs 从非受控输入中获取数据。
- 如何使用不同类型的 input 元素。
- 如何阻止表单的默认操作。

在下一章中，你将了解使用 refs 的更多内容，如果使用得当，它们不仅可以从非受控输入中获取数据，还能做更多的事情。

第**9**章

ref

ref 是 React 中最常争论和争议的话题之一。网上有数百篇博客和文章提醒你避免使用 ref。React 的官方文档甚至(事实上好几次)表示，除非在特定情况下，否则应避免使用它们。

确切地知道何时可以使用 ref，以及使用它们会有什么问题，这是你在具有更多经验后才能学到的内容之一，但本章的目的是让你提前理解为什么 ref 是一个如此棘手的问题，并对如何正确使用它们提供了一些实用建议。

在本章中，你将学习：

- 如何在类组件中使用 ref
- 如何在函数组件中使用 ref
- 何时应该使用 ref
- 何时不应该使用 ref
- 如何在表单中保持正确的焦点

9.1 什么是 ref

没有什么是完美的，React 也不例外。单向数据流和仅通过 props 修改子组件的声明式方法会出现问题，尽管这种情况很少见，但不可避免。对于这些情况，我将在本章中通过大量示例来详细演示，React 开发人员需要能够以命令方式进入子组件或 DOM 节点，直接进行更改或访问某些属性。对于这些情况，React 提供了一个称为 ref 的"逃生通道"。

ref 是对子组件的引用，它允许你从父组件修改子组件或 DOM 节点，而不是仅通过向子组件传递 props 来修改它们。

9.2　如何在类组件中创建 ref

在类组件中，可以使用 React.createRef 来创建 ref。创建 ref 后，就可以将其作为 ref 属性的值传递并分配给子组件。代码清单 9-1 显示了如何从名为 TextReader 的组件创建对 textarea 元素的引用。

> **代码清单 9-1：在类组件中创建 ref**

```
import React,{Component} from 'react';

class TextReader extends Component {
  constructor(props) {
    super(props);
    this.textView = React.createRef();
  }
  render() {
    return (
      <textarea ref={this.textView} value={this.props.bookText} />
    );
  }
}
```

9.3　如何在函数组件中创建 ref

在函数组件中，可以使用 useRef hook 创建一个 ref，如代码清单 9-2 所示。

> **代码清单 9-2：使用 useRef()创建 ref**

```
import {useRef} from 'react';

function TextReader(props) {

  const textView = useRef(null);

  return (
    <textarea ref={textView} value={props.bookText} />
  );

}

export default TextReader;
```

9.4　使用 ref

一旦有了 ref 并将其分配给子元素，就可以通过使用名为 current 的 ref 属性来访问该子元素的属性。当创建对 DOM 元素的引用时，current 将包含 DOM 节点的属性(即在浏览器中渲染的内容)。

当创建对自定义 React 元素的引用时，current 将接收组件的挂载实例。

在 React 中，ref 只能传递给类组件和 DOM 元素。尽管可以在函数组件内部创建引用，但不能将它们传递给函数组件。无法创建对函数组件的引用的原因是函数没有实例。

如果需要向当前的函数组件传递引用，最简单的方法是将函数组件转换为类组件。

> **注意：**
> 函数组件和类组件可以在同一个 React UI 中共存。没有必要在两者之间做出选择。使用你喜欢的或者最适合的组件即可。

通过访问子组件的属性和方法，父组件几乎可以对其进行任何操作。你可以把创建一个 ref 想象成在子组件中植入一块芯片，这样就可以远程控制它们。但是，没有人会真的这么做或想这么做。

代码清单 9 - 3 显示了如何从其父组件调用 textarea 上的 DOM focus 方法。这样做的原因是确保包含文本的 textarea 在挂载时具有焦点，以便用户可以使用方向键滚动它，而不必先单击它。

代码清单 9-3：使用 ref 对子组件调用 DOM 方法

```
import React,{Component} from 'react';

class TextReader extends Component {

  constructor(props) {
    super(props);
    this.textView = React.createRef();
  }

  componentDidMount(){
    this.textView.current.focus();
  }

  render(){
    return (
      <textarea style={{width:'380px',height:'400px'}}
                ref={this.textView}>{this.props.bookText}</textarea>
    );
  }

}

export default TextReader;
```

图 9-1 显示了浏览器中渲染的 TextReader 组件的外观。注意文本区域周围有一个高亮显示的边框，这表示它当前获得了焦点。

图 9-1　TextReader 组件

9.5　创建回调 ref

创建 ref 的第三种方法是使用回调 ref。回调 ref 不使用 createRef 函数或 useRef hook。相反，它是一个传入了 ref 属性的函数，该属性接收 React 组件实例或 HTML DOM 元素作为其参数。

使用 ref 回调函数比使用 createRef 或 useRef 更有用，因为要将 ref 附加到的子组件是动态的。当组件挂载时，会调用传入了 ref 属性的函数(传入了实例或元素)，然后当组件卸载时，将再次以 null 为参数调用同一函数。

代码清单 9-4 显示了一个创建回调 ref 的示例。请注意 focusTextView 方法中使用的条件，如果子元素已卸载，则可以避免对 ref 调用 focus 方法。

代码清单 9-4：创建回调 ref

```
import {Component} from 'react';

class TextReaderCallback extends Component {

  constructor(props) {
    super(props);
    this.textView = null;

    this.setTextViewRef = element => {
      this.textView = element;
    };

    this.focusTextView = () => {
      if (this.textView) this.textView.focus();
    };
  }

  componentDidMount(){
    this.focusTextView();
  }
```

```
render(){
  return (
    <textarea style={{width:'380px',height:'400px'}}
              ref={this.setTextViewRef}
              value={this.props.bookText} />
  );
}

}

export default TextReaderCallback;
```

Ref 回调通常作为内联函数传递给子组件，如代码清单 9-5 所示。

代码清单 9-5：将 ref 回调作为内联函数传递

```
import {Component} from 'react';

class TextReaderCallback extends Component {

  constructor(props) {
    super(props);
    this.textView = null;

    this.focusTextView = () => {
      if (this.textView) this.textView.focus();
    };
  }

  componentDidMount(){
    this.focusTextView();
  }

  render(){
    return (
      <textarea style={{width:'380px',height:'400px'}}
                ref={(e)=>this.textView = e}
                value={this.props.bookText} />
    );
  }

}

export default TextReaderCallback;
```

使用内联 ref 回调语法需要注意的一点是，它会导致在组件第一次挂载时执行两次 ref 回调——一次传入 null，然后第二次传入元素。这不是一个主要问题，但是如果希望避免这种额外的回调执行，可以简单地在 constructor 函数中定义回调。

9.6 何时应使用 ref

因为 ref 允许直接操作来自父组件的 React 组件和 DOM 元素，所以它是一个功能强大的工具。Ref 适用于 Web 应用程序中的某些重要任务。这些任务包括：

- 管理焦点

- 自动选择子元素中的文本
- 控制媒体播放
- 设置子元素的滚动位置
- 触发命令式动画
- 与第三方库(如 jQuery)集成

虽然你不需要经常执行这些任务，但在确实需要时，仅通过传递 props 来完成这些任务会非常困难，甚至几乎不可能完成。

9.7　何时不应使用 ref

能力越大，责任越大。理论上，你可以使用 ref 绕过 React 的所有特性，仅以命令的方式更改元素的内容、调用组件的方法、更改元素样式，以及执行应用程序中需要做的任何其他操作。但是，这将违背使用 React 的目的。

一般来说，如果有一种通过向子组件传递 props 来完成某个任务的方法(我们称之为"React 方式")，那就应该使用这种方法。打破使 React 运行良好的基本模式将使应用程序更加复杂，更难调试，并且可能会降低性能。

9.8　示例

在网上查找一些使用 ref 的有效示例可能很困难。因此，在本章的其余部分，我将提供一些代码供你研究和尝试，以更好地理解 ref 的适当用法。

9.8.1　管理焦点

管理焦点，尤其在 Web 表单中正确管理焦点，是 Web 用户界面的可用性和无障碍性的重要组成部分。

管理焦点的最基本用例如代码清单 9-3 所示。同样的技术也常用于在加载登录表单时自动将光标放置到第一个字段中。

管理焦点的另一个常见用法是，将用户返回到模态窗口打开之前正在编辑的字段，或者用户保存其输入并在以后返回到该表单时焦点返回到之前正在编辑的字段。

9.8.2　自动选择文本

自动选择子元素中的文本是很有用的功能，可用于创建显示文本并提供复制文本按钮的组件。这通常在生成代码或密钥等内容的应用程序中使用。代码清单 9-6 显示了一个文本输入示例，其中包含一个用于复制内容的按钮。

该示例还演示了如何在 React 组件中显示临时通知。复制代码后，组件将更新

名为 message 的状态变量以显示一条成功消息。该状态更改会触发
componentDidUpdate 生命周期 hook，该 hook 使用 JavaScript 的 setTimeout 方法等待
三秒钟，然后将 message 重设为空字符串，从而删除这条成功消息。

代码清单 9-6：选择和复制带有 ref 的文本

```
import React,{Component} from 'react';

class CodeDisplay extends Component {

  constructor(props) {
    super(props);
    this.state={message:''};

    this.codeField = React.createRef();
    this.copyCode = this.copyCode.bind(this);
  }
  componentDidUpdate(){
    setTimeout(() => this.setState({message:''}), 3000);
  }

  copyCode(){
    this.codeField.current.select();
    document.execCommand('copy');
    this.setState({message:'code copied!'});
  }

  render(){
    return (
      <>
        <input value={this.props.yourCode}
               ref={this.codeField} /> {this.state.message}<br />
        <button onClick={this.copyCode}>Copy your Code</button>
      </>
    );
  }

}

export default CodeDisplay;
```

图 9-2 显示了选中的文本输入的值以及单击按钮后立即显示的成功消息。

图 9-2　选择文本并显示临时消息

9.8.3 控制媒体播放

可以使用多种 DOM 方法控制 HTML 的 audio 和 video 元素，包括 play、pause 和 load。可以将 ref 附加到 media 元素以使用这些方法，如代码清单 9-7 所示。

代码清单 9-7：React 音频播放器

```
import React,{Component} from 'react';

class AudioPlayer extends Component {

  constructor(props) {
    super(props);
    this.mediaFile = React.createRef();
    this.playToggle = this.playToggle.bind(this);
  }

  playToggle(){
    if (this.mediaFile.current.paused){
      this.mediaFile.current.play();
    } else {
      this.mediaFile.current.pause();
    }
  }

  render(){
    return (
      <>
        <audio ref={this.mediaFile}>
          <source src="/music/thebestsongever.mp3" type="audio/mpeg" />
        </audio><br />
        <button onClick={this.playToggle}>Play/Pause</button>
      </>
    );
  }

}

export default AudioPlayer;
```

9.8.4 设置滚动位置

DOM 的 window.scrollTo 方法用于获取文档中的坐标(指定为 x 和 y 像素值)，并将窗口滚动到该坐标。使用该功能的一种方法是查找文档中某个元素的位置(使用 offsetTop 属性)，然后将窗口滚动到该元素。

这对于导航长文档或在会话之间记住用户的位置非常有用。

代码清单 9-8 演示了如何使用 ref 来获取元素的位置，然后滚动到该元素。前面的示例使用了类组件，所以本例中将使用函数组件。

代码清单 9-8：滚动到具有 ref 的元素

```
import {useRef} from 'react';

const ScrollToElement = (ref)=>{window.scrollTo(0,ref.current.offsetTop)};

function ScrollToDemo(){

  const bookStart = useRef();

  return (
    <>
      <h1 ref={bookStart}>CHAPTER 1. Loomings.</h1>

      <div style={{width:'300px'}}><p>...</p></div>

      <button onClick={() => ScrollToElement(bookStart)}>
        Scroll to the Beginning
      </button>
    </>
  );

}

export default ScrollToDemo;
```

9.9 本章小结

在本章中，你了解了 React 的逃生通道 ref。Ref 是 React 的一个重要且有用的部分。然而，如果使用不当，它们会与 React 的目标和目的背道而驰，并会对 React UI 产生不利影响。幸运的是，ref 的用例相对较少，在本章中我已经用示例覆盖了大部分情况。在本章中，我们学习了：

- 什么是 ref 及使用 ref 的原因。
- 如何在函数和类组件中创建 ref。
- 如何使用 ref 从父组件访问组件和 DOM 元素。
- 什么是回调 ref 以及如何使用它们。
- 如何实现某些 ref 的基本用例。

在下一章中，你将学习 React 另一个备受争议的方面，即如何将样式应用于 React 组件。

第 10 章

样式化 React

在 React 中如何为组件和 React 用户界面添加样式是一个有争议的话题。React 中有许多处理样式的方法，在大多数 React 项目中，可能会同时使用其中的多种方法。

在本章中，你将学到：
- 如何在 React 中包含和使用 CSS 文件
- 如何在 React 中编写内联样式
- 如何使用 CSS 模块
- 如何使用 CSS-in-JS

10.1 样式的重要性

在 Web 应用程序中，样式决定了各个元素的外观，包括字体、文本大小、颜色、背景、宽度和高度。它还决定了元素之间以及元素与 HTML 文档或浏览器窗口之间的关系，比如边框、边距、对齐方式和位置。某些 CSS 样式可以创建动画效果。还有一些样式会影响元素在不同状态下的行为和外观，如悬停、单击、聚焦等。

即使你根本没有在用户界面上添加任何样式，它仍然会受到浏览器默认样式的影响，而默认样式往往是不理想的。样式还决定了用户界面在不同类型设备上的外观、打印时的样式，甚至决定了文本在语音阅读器中阅读的声音。

由于样式在很大程度上决定了最终用户对应用程序的体验，因此对于开发人员或开发团队来说，必须充分考虑如何在用户界面中管理和实现样式。

因为 React 只是 JavaScript，而且 React 用户界面中的所有内容都将以 JavaScript 的形式存在，所以与使用普通的 HTML 和 CSS 文件开发应用程序相比，你可以有更多的选择来实现 React 中的样式。

然而，在 React 中使用普通 CSS 不失为一种选择，我们首先对此进行讨论。

10.2 将 CSS 导入 HTML 文件

设置 React 用户界面样式的最基本方法是将一个或多个 CSS 文件导入到加载 React 的 HTML 文件中。这可以通过打开 index.html(它位于 Create React App 项目的 public 文件夹中)，并在<head>和</head>标记之间添加一个 HTML link 元素来完成，如代码清单 10-1 所示。

代码清单 10-1：向 HTML 文件添加 HTML link

```html
<!DOCTYPE html>
<html lang="en">
  <head>
    <meta charset="utf-8" />
    <link rel="icon" href="%PUBLIC_URL%/favicon.ico" />
    <meta name="viewport" content="width=device-width, initial-scale=1" />
    <meta name="theme-color" content="#000000" />
    <meta
      name="description"
      content="Web site created using create-react-app" />

    <link rel="stylesheet" href="%PUBLIC_URL%/css/style.css" />

    <link rel="apple-touch-icon" href="%PUBLIC_URL%/logo192.png" />

    <link rel="manifest" href="%PUBLIC_URL%/manifest.json" />

  </head>
  <body>
    <noscript>You need to enable JavaScript to run this app.</noscript>
    <div id="root"></div>

  </body>
</html>
```

在 Create React App 项目中，index.html 文件是一个模板，它在运行 npm start 或 npm run build 时被编译。模板中的变量由%字符包围。因此，在代码清单 10-1 中添加的 CSS 链接中，%PUBLIC_URL%变量将被替换为应用程序所用的实际 URL。

要使用 CSS 文件来为 React 添加样式，只需要将 CSS 文件放在公共目录的正确位置，或将 link 元素指向外部 URL(例如托管样式表或 Bootstrap 等样式表库)。

这种为 React 添加样式的方法对于为用户界面或主题提供整体样式非常有用。但是，应该谨慎使用它，因为 HTML 文件中包含的样式将影响应用程序中的每个组件，并且很容易在组件树的较低层次产生异常问题，或者由于在该层级添加样式而产生不必要的复杂性。

10.3 在组件中使用普通的旧 CSS

Create React App 内置了将普通 CSS 文件加载和捆绑到用户界面的功能。如果你对 CSS 的使用以及使用 CSS 选择器将样式应用于元素、类和 ID 的内容很熟悉，那么你会发现在 React 中使用 CSS 非常方便快捷。代码清单 10-2 显示了如何将 CSS 文件包含到 React 组件中，然后使用 CSS 类。

代码清单 10-2：在组件中包含 CSS

```
import "styles.css";

function ArticleLink(props){

return (

  <div className="article-link">
    <h1 className="title">{props.title}</h1>
    <p className="firstPara">{props.firstPararaph}</p>
    <p><a className="articleLink" href={props.link}>read more</a></p>
  </div>

  );
}

export default ArticleLink;
```

将样式表导入 React 组件的好处在于，它是一种熟悉的工作方式，并且可以使用你可能已有的现有样式表。

与将样式导入 HTML 文件一样，导入组件中的 CSS 样式会级联到组件的子组件上。例如，代码清单 10-3 显示了样式表、父组件和由父组件渲染的子组件。虽然样式被导入到父组件中，但样式表中定义的类和元素样式仅在子组件中使用。

代码清单 10-3：组件中的级联样式

```
/* style.css */
p {
    font-size: 80px;
}

.red {
    color: red;
}
// StyledParent.js
import StyledChild from './StyledChild';

import './style.css';

function StyledParent(props){
    return (<StyledChild />)
}

export default StyledParent;


// StyledChild.js
function StyledChild(props){
    return (<p className="red">This is testing whether styles cascade.</p>)
}
```

```
export default StyledChild;
```

在浏览器中渲染 StyledParent 的结果如图 10-1 所示。

图 10-1　从父组件到子组件的级联样式

从父元素到子元素的样式渗透，以及浏览器通过一系列复杂的步骤来确定不同样式的优先级，这就是 CSS 的设计方法。能够将样式应用到元素树中并利用 CSS 级联来应用样式通常是有用的，但更多情况下，它会造成混乱，并导致组件能访问的样式远多于它们实际使用的样式。

掌握 CSS 的一种方法是只使用类选择器。这是许多 CSS 库(包括 Bootstrap)都采用的方法。仅通过使用类选择器(使用 CSS 样式表中的 "." 符号创建，并与 JSX 中 className 属性的值匹配)来应用样式，就可以消除一系列样式问题，包括应用于 ID 的样式覆盖了应用于类的样式，应用于元素的样式覆盖了类和 ID，以及标记为!important 的样式覆盖了所有样式。

但是，无论你做什么，CSS 都不是一种编程语言，它没有程序员所理解的作用域，也没有编程语言提供的便利性。这就是为什么许多直接在组件或 HTML 文件中使用 CSS 的开发人员使用 CSS 预处理器(如 SASS)的原因。

> **注意：**
> 关于 CSS 预处理器的讨论超出了本书的范围，更多信息详见链接[1]。

然而，React 已经内置了另一种方法来设计组件的样式，它提供了 CSS 预处理器的所有功能，而无须学习 CSS 预处理器使用的语言：可以简单地使用 JavaScript 将样式应用到组件。

10.4　编写内联样式

React 的内置 DOM 元素有一个 style 属性，它接受一个 style 对象作为其值。当将 DOM style 属性传递到该属性时，所生成的 HTML 元素将使用这些属性。

为了演示 style 属性的基本用法，代码清单 10-4 显示了一个 React 组件，它返回一个样式化的文本段落。

代码清单 10-4：在 React 中使用内联样式

```
function WarningMessage(props){
  return (
    <p style={{color:"red",padding:"6px",backgroundColor:"#000000"}}>
      {props.warningMessage}
    </p>
  )
}

export default WarningMessage;
```

在本例中，需要注意的是 style 对象(以花括号表示的对象字面量)本身必须用花括号包围，以表明它将被视为文本 JavaScript 而不是 JSX，这就是为什么 style 属性周围有双花括号的原因。

10.4.1　JavaScript 样式语法

可以使用 JavaScript 访问和操作与 CSS 属性相对应的属性，并且可以使用 JavaScript 样式执行任何与 CSS 相关的操作。然而，由于 JavaScript 和 CSS 之间的差异，JavaScript 样式的编写方式也有所不同。

第一个区别是 CSS 规则集不遵循 JavaScript 对象字面量的规则，尽管它们看起来类似。特别是，CSS 样式规则的值周围不需要引号，而在 JavaScript 样式对象中，字符串周围需要引号。

CSS 规则集和 JavaScript 对象之间的第二个区别是，CSS 中的各个规则用分号分隔，而在 JavaScript 对象中，属性用逗号分隔。

第三个区别是，CSS 属性名称中的多个单词之间使用连字符。在 JavaScript 中，这将导致错误，因此 JavaScript 样式属性使用驼峰式命名法来表示多词名称。

最后，CSS 中有选择器的概念，也就是选择性地将样式应用于特定元素的机制。基于类选择器的规则集(在规则集名称前以.开头)将适用于具有该类(或 JSX 中的 className)的元素。

而在 JavaScript 中，非内联样式的样式对象必须分配给一个变量，并且该变量可以用作 DOM 元素 style 属性的值。

代码清单 10-5 显示了一个 CSS 规则集，后面是实现相同功能的 JavaScript 样式对象。

代码清单 10-5：CSS 规则集与 JavaScript 样式对象

```
/* CSS rule-set */
.headingStyle{
  background-color: #999999;
  color: #eee;
```

```
  border: 1px solid black;
  border-radius: 4px;
  width: 50%;
}

//JavaScript style object
const headingStyle = {
  backgroundColor: '#999999',
  color: '#eee',
  border: '1px solid black',
  borderRadius: '4px',
  width: '50%'
};
```

10.4.2 为什么使用内联样式

内联样式使得查看组件的样式变得简单。如果你只对一个元素应用了多种 style 属性，并且不打算在另一个组件中重用这些属性的特定组合，那么将它们编写为内联样式既简单又快速。使用内联样式还提高了组件的可移植性，因为样式是组件文件的一部分，并且不依赖于存在的外部模块。

10.4.3 为什么不使用内联样式

在包含许多不同组件的 React 应用程序中，使用内联样式会使该应用程序更加难以维护。而重用某些样式，包括标题的样式、按钮的颜色和大小、不同类型文本的大小和字体等，是一种很好的用户界面设计实践。

如果要编写包含相同 style 属性的相同样式对象，则每次对文本块进行样式设置时，你很快就会意识到编写内联样式对象是一种浪费。从逻辑上讲，此时应该创建变量来存储样式对象。

10.4.4 使用样式模块改进内联样式

可以创建变量来保存样式，而不是直接在每个元素的 style 属性中编写样式对象，如代码清单 10-6 所示。

代码清单 10-6：使用变量保存样式对象

```
function WarningMessage(props){

  const warningStyle = {color:"red",padding:"6px",backgroundColor:"#000000"};

  return (
    <p style={warningStyle}>
      {props.warningMessage}
    </p>
  )
}

export default WarningMessage;
```

　　创建用于保存样式对象的变量时，可以将其保存在组件内部，如代码清单 10-6 所示，也可以将它们放在单独的文件中，然后使用命名导出(如果要创建一个包含多个组件样式的样式库)或默认导出进行导出。

　　代码清单 10-7 显示了一个样式对象库的示例，其中包含多个不同组件的样式。

代码清单 10-7：样式对象库

```
export const warningStyle={color:"red",padding:"6px",
  backgroundColor:"#000000"};
export const infoStyle = {color:"yellow",padding:"6px",
  backgroundColor:"#000000"};
export const successStyle = {color:"green",padding:"6px",
  backgroundColor:"#000000"};
```

　　先暂时忽略这些样式的美丑，只需要知道它们可以保存在一个名为 messageStyles.js 的文件中，然后单独导入或作为群组导入到需要显示消息的每个组件中。

　　代码清单 10-8 显示了如何将整个样式对象库导入到一个组件中，该组件将以不同的样式显示文本，具体取决于传递到组件中的消息类型。

代码清单 10-8：导入多个样式

```
import {warningStyle,infoStyle,successStyle} from './messageStyles.js';

function DisplayStatus(props){
let messageStyle;
switch(props.message.type){
  case 'warning':
    messageStyle = 'warningStyle';
    break;
  case 'info':
    messageStyle = 'infoStyle';
    break;
  case 'success':
    messageStyle = "successStyle";
    break;
  default:
    messageStyle = "infoStyle";
    break;
}

  return (
    <p style={messageStyle}>{props.message.text}</p>
  );
}

export default DisplayStatus;
```

10.5　CSS 模块

　　如果需要在使用标准 CSS 样式表的同时使用 JavaScript 样式对象，CSS 模块提供了一些便利。具体来说，CSS 模块解决了 CSS 中的名称冲突和作用域的问题。

可以像普通的 CSS 文件一样编写 CSS 模块，然后像 JavaScript 一样将其导入组件中。事实上，在编译组件的过程中，CSS 模块被转换为 JavaScript 对象。这为 CSS 模块提供了一些特殊的功能，稍后我们将对此进行讨论。代码清单 10-9 显示了一个基本的 CSS 模块。

代码清单 10-9：CSS 模块

```
/* my-component.module.css */
.bigText {
  font-size: 4em;
}

.redText {
  color: #FF0000;
}
```

要将上述 CSS 模块导入到一个组件中，请确保将文件以.module.css 为结尾保存，并使用以下导入语句：

```
import styles from './my-component.module.css';
```

当编译组件时，CSS 模块中的类将使用一种称为 ICSS 的格式重写，ICSS 是互操作 CSS(Interoperable CSS)的缩写。

然后，可以使用点表示法来访问导入的样式并将它们传递到 className 属性，如代码清单 10-10 所示。

代码清单 10-10：使用 CSS 模块

```
import styles from './my-component.module.css';

function DisplayMessage(props) {

  return (<p className = {styles.redText}>This text is red.</p>);

}

export default DisplayMessage;
```

CSS 模块并不特定于 React。它是一个独立的规范，可以与任何前端库一起使用。然而，Create React App 中已经内置了对 CSS 模块的支持，所以在使用 Create React App 构建的 React 应用程序中使用 CSS 模块时，你不需要做任何其他操作即可开始使用它。

10.5.1 命名 CSS 模块文件

尽管 CSS 模块文件类似于普通的 CSS 文件，但是在 Create React App 中使用它时，其文件名必须以.module.css 结尾，以指示编译器需要将其作为 CSS 模块来处理。

　　CSS 模块文件的标准命名约定是用小写字母和连字符连接模块所用的组件名称，然后在后面加上.module. css。

　　因此，如果 React 组件名为 NavBar，则 NavBar 组件的 CSS 模块文件将命名为 nav-bar.module.css。可以使用任何名称导入 CSS 模块文件中包含的样式，但通常会将其作为名为 styles 的对象导入，如下所示：

```
import styles from './nav-bar.module.css';
```

　　因为每个组件都可以导入自己的 styles 对象，所以可以为任何组件编写 CSS，而不必担心用于一个组件样式的类名会干扰另一个组件中具有相同名称的样式。

　　CSS 模块文件中的样式应该使用驼峰式命名法，这样当你在 JSX 中使用它们时，可以使用点表示法来访问它们。

10.5.2　高级 CSS 模块功能

　　CSS 模块文件可以只是普通的 CSS，但它们也有一些额外的功能，与普通的旧 CSS 相比，这些功能更强大。

1. 全局类

　　默认情况下，在 CSS 模块文件中创建的规则的作用域仅局限于导入样式的组件。如果要创建全局规则，可以在类名前加上:global 前缀，如下所示：

```
:global .header1 {
  font-size: 2rem;
  font-weight: bold;
}
```

　　在本例中，header1 类将对所有组件可用。

2. 类合成

　　类合成支持通过扩展现有类来在 CSS 模块中创建新类。例如，可能有一个名为 bodyText 的类，用于确定组件中标准文本的显示方式。通过类合成，不同类型的文本可以扩展 bodyText 基类以创建变体。CSS 模块中的类合成使用一个名为 composes 的特殊属性，该属性以任意数量的类作为值，来合成当前类。

　　代码清单10-11 显示了使用类合成创建基于bodyText 的firstParagraph 类的示例。

代码清单 10-11：使用类合成

```
.bodyText {
  font-size: 12px;
  font-family: Georgia serif;
  color: #333;
  text-indent: 25px;
}
```

```
.firstParagraph {
  composes: bodyText;
  text-indent: 0px;
}
```

还可以从其他样式表导入样式作为新样式的基类，如代码清单 10-12 所示。

代码清单 10-12：基于外部样式的新类

```
.checkoutButton {
  composes: button from './buttons';
  background-color: #4CAF50;
  font-size: 32px;
}
```

10.6 CSS–IN–JS 和样式化组件

CSS-in-JS 是一种使用 JavaScript 合成样式的模式。有一些第三方库用于实现 CSS-in-JS。其中最流行和最常用的可能是 Styled 组件。

由于 Styled 组件是一个独立的库，默认情况下，Create React App 不会安装它，因此使用它的第一步是安装它：

```
npm install --save styled-components
```

安装之后，可以将 styled-components 包引入到任何想要使用它的组件中。

Styled 组件允许使用带标签的模板字面量，以让你使用 CSS 编写新组件。具体可参考本章后面"JavaScript 教程：带标签的模板字面量"中的内容，以了解更多关于 JavaScript 新特性的信息。

Styled 组件创建了一个样式化组件，可用于包装要进行样式化的元素。结果是，JSX 代码中不需要包含样式对象、类名和 style 属性，因为所有的样式都是通过可重用的 styled 元素来实现的。可以说，Styled 组件是一种声明式的为 React 组件添加样式的方法。

代码清单 10-13 显示了一个简单的示例，使用 Styled 组件创建一个名为 Heading 的组件，并对其内容应用样式。

代码清单 10-13：使用 Styled 组件

```
import styled from 'styled-components';

const Heading = styled.h1`
  width: 50%;
  margin: 0 auto;
  font- size: 2.2em;
  color: #333300;`
```

```
const ExampleComponent = ()=>{
 return(
   <Heading>Example Heading</Heading>
 );
}

export default ExampleComponent;
```

Styled 组件可以像其他组件一样在单独的文件中定义，然后导入到多个文件中，它们可以被嵌套以通过组合来创建更复杂的组件，而且因为它们是 JavaScript，所以可以编写脚本。

JavaScript 教程：带标签的模板字面量

带标签的模板字面量是模板字面量的一种更高级的形式，因此我将首先回顾模板字面量。

模板字面量使用反引号(`)将 JavaScript 字符串转换为模板。用反引号括起来的字符串可以包含 JavaScript 表达式，方法是用${}将表达式括起来。例如，如果你希望网站上有人下单后动态生成要显示的消息，则可以使用以下语句：

```
const thankYouMessage = `Thank you, ${ customer.name }, for your
order.`;
```

在模板字面量之前，前面的代码必须写成这样：

```
const thankYouMessage = "Thank you, " + customer.name + " for
your order.";
```

带标签的模板字面量允许使用函数来解析字符串。tag 函数接收一个模板字面量作为其参数，并返回一个新字符串。例如，如果有一个函数可以反转字符串中的字母，那么可以将其用作 tag 函数，如下所示：

```
reverseString`Bet you can't read this.`;
```

因为 tag 函数只接收一个实参，所以实参周围的圆括号是可选的，在使用带标签的模板时通常会省略它。

如果在传递给 tag 模板的字符串中包含变量，那么这些变量将作为参数传递给函数。在下面的示例中，tag 函数接收一个带有 price 变量的语句，用于显示自定义消息：

```
let orderTotal = 42;

function determineShipping(strings, price) {
 let str0 = strings[0]; // "Your order "
 let str1 = strings[1]; // " for free shipping."

 let qualifyStr;
 if (price > 50){
   qualifyStr = 'qualifies';
 } else {
```

```
      qualifyStr = 'does not qualify';
   }

   return `${str0}${qualifyStr}${str1}`;
}

let output = determineShipping`Your order ${orderTotal} for
free shipping.`;

console.log(output);
// Your order does not qualify for free shipping.
```

10.7　本章小结

因为 React 没有为开发人员提供关于如何构造用户界面的规则，所以可以自由地混搭解决方案和模式，并找出最合适的方法。在为 React 设计的多种样式化组件的方法中，这一点尤为明显。

在本章中，我们学到了：

- 如何将 CSS 导入组件。
- 如何使用内联样式。
- 如何导入和使用 JavaScript 样式模块。
- 如何编写和使用 CSS 模块。
- 关于 CSS-in-JS 的知识。

在下一章中，你将学习如何使用 hook 来赋予函数组件与类组件几乎相同的功能。

第 **11** 章

hook 介绍

React Hook 使函数组件能够使用之前仅适用于类组件的大部分 React 功能。hook 还为开发人员提供了更简单的语法，用于使用状态、响应生命周期事件和重用代码。

在本章中，你将学习：

- 什么是 hook
- 使用 hook 的一般规则和最佳实践
- 如何使用 React 的内置 hook
- 如何编写自定义 hook
- 如何查找和使用其他自定义 hook

11.1　什么是 hook

hook 是 React 库中的一部分，它们是函数，它使你能够使用 React 的某些功能，而这些功能以前只能通过扩展 React.Component 类才能使用。这些功能包括状态和生命周期管理，以及 ref 和函数结果的缓存(也称为 memoization)。hook 通过函数的方式与 React 进行关联。

11.2　为什么要引入 hook

引入 hook 是为了解决 React 库中的几个问题。首先，React 没有提供一种简单的方法来在组件之间共享可重用功能。在 React Hook 之前，通常使用高阶组件和渲染 props(将在第 12 章中介绍)之类的解决方案(现在仍然如此)来共享功能。然而，高阶组件往往会导致代码和组件树难以阅读且过于复杂。在 React 中，如果要在一个深层嵌套的组件中提供可重用的功能，常常需要在组件内部的组件中多级渲染，这种情况通常被称为"包装器地狱"(wrapper hell)。图 11-1 显示了一个组件树的 React Developer Tools 视图，它正遭受这种情况的严重影响。

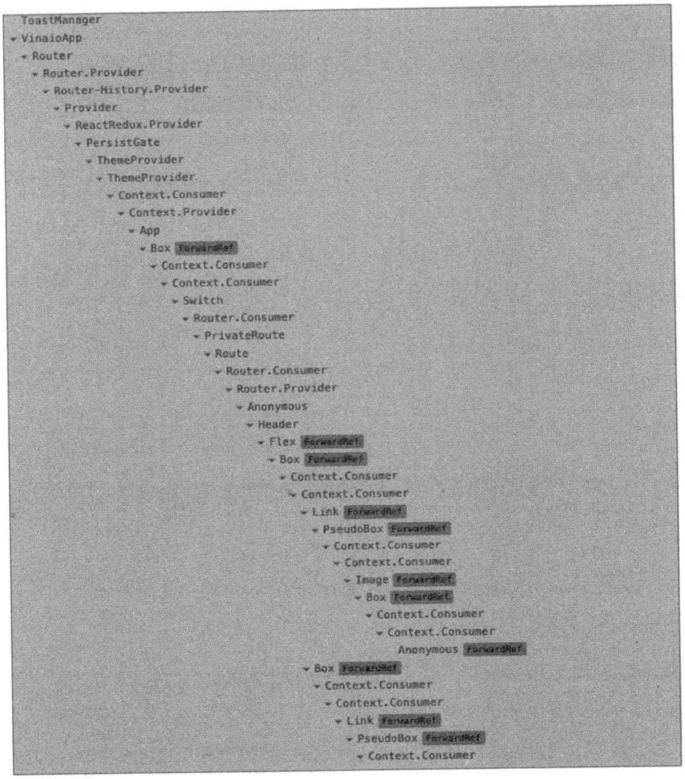

图 11-1   wrapper hell

在引入 hook 之前，React 的另一个大问题是，人们发现使用类语法过于复杂和冗长。如果你已经读到这里了，我就不需要再向你解释这个问题。大多数时候，在一个类中需要 50 行代码才能完成的任务，使用函数只需要几行代码就可以完成。

正如你将看到的，除了能够用更少的代码完成相同的任务之外，hook 还使你能够通过创建自定义 hook 将组件拆分为更小的部分。

既然你已经了解了使用 hook 的动机，那么让我们来看看具体用法。

11.3   使用 hook 的规则

尽管不同的 hook 完成不同的任务，但它们都有两个必须遵循的重要规则：

1. hook 只能在函数组件中使用。

2. hook 必须在函数组件的顶层调用，即在函数内部调用，而不是在语句或内部函数中调用。因为每次函数组件运行时 hook 只需要运行一次，所以不能从条件语句、循环或嵌套函数内部调用它们。

11.4 内置 hook

React 有 10 个内置的 hook，无须额外安装任何其他工具就可以使用。这些内置 hook 是：

- useState
- useEffect
- useContext
- useReducer
- useCallback
- useMemo
- useRef
- useImperativeHandle
- useLayoutEffect
- useDebugValue

前三个 hook—— useState、useEffect 和 useContext 是基本的 hook。它们是最常用的工具，因此也是最需要掌握的工具。

其他七个 hook 在 React 文档中称为"附加的 hook"。这些 hook 可能只是偶尔使用(或者从不使用)，或者是三种基本 hook 的变体。然而，在这组 hook 中有一些非常实用的功能(在我看来，还有一些功能是必不可少的)，因此我将花一些时间来介绍它们，并通过示例来展示如何使用它们。

11.4.1 使用 useState 管理状态

在包含 useState hook 的函数组件进行第一次渲染时，它会根据传递给它的参数创建一个有状态的值，同时创建一个用于更新该值的函数。在第一次渲染之后，useState 会返回应用更新后的最新值。与类属性(如 this.state)一样，用 useState 创建的值在渲染之间保持不变。

和所有的 hook 一样，使用 useState 的第一步是导入它：

```
import {useState} from 'react';
```

导入所有 Hook

实际上，由于 hook 是 React 库的一部分，可以通过导入整个 React 库来一次导入所有的 hook，然后使用点表示法来引用它们，如下所示：

```
import React from 'react';
const [state,setState] = React.useState();
```

尽管以这种方式使用 hook 没有实际问题，但更常见且可能更有效的做法是使用命名导入只导入所需要的 hook。如果组件使用了多个 hook，在花括号内用逗号分隔它们，如下所示：

```
import {useState,useEffect,useCallback} from 'react';
```

一旦将 useState 导入到组件中，就可以根据需要多次使用它来创建状态变量。React 会根据函数组件中的状态值在代码中出现的顺序来跟踪它们，这样就可以在每次函数渲染时返回每个状态变量的最新值。这就是 hook 不能在条件代码或循环代码中使用的原因——这样做会导致 hook 在组件渲染时无法保证始终被调用，或者不能在每次渲染时以相同的顺序被调用，从而导致 React 返回意外值。

代码清单 11-1 显示了一个简单的示例，它使用 useState 来跟踪猜数字游戏中的游戏分数和当前猜测。

代码清单 11- 1：使用 useState 的猜数字游戏

```
import {useState} from 'react';

function NumberGuessing(props){
  const [score,setScore] = useState(0);
  const [guess,setGuess] = useState('');

  const checkNumber =()=>{
    const randomNumber = Math.floor(Math.random() * 10)+1;
    if (Number(guess) === randomNumber){
      setScore(()=>score+1);
    }
  }

  return (
    <>
      What number (between 1 and 10) am I thinking of?
      <input value={guess}
             type="number"
             min="1"
             max="10"
             onChange={(e)=>setGuess(e.target.value)}
      />
      <button onClick={checkNumber}>Guess!</button>
      <p>Your score: {score}</p>
    </>
  )
}

export default NumberGuessing;
```

在前面的示例中，当用户在 number 输入字段中输入数字时，使用 onChange 事件侦听器中的内联事件处理程序来更新用户的猜测。

单击按钮时，checkNumber 函数生成 1 到 10 之间的随机数，然后将该数字与存储在 guess 状态变量中的最新值进行比较。

比较时需要注意的一件重要事情是，我使用 Number 函数将 guess 值转换为数字。

这是必要的，因为即使是＜input＞元素的数值也会作为字符串存储在浏览器中。然而，随机数变量是 number 数据类型，因此为了能够在它们之间进行严格的比较，必须转换其中一个变量。

如果两个数字匹配，score 变量将更新为当前值加 1。

> **Javascript 教程：严格相等**
>
> JavaScript 有两个相等运算符，==和===。它们之间的区别是，==在比较时将忽略数据类型，而===运算符将同时比较值和数据类型。
>
> 如果你初次接触 JavaScript，那么==运算符的行为会显得奇怪和难懂。例如，"0"等于 0 是不正确的。
>
> 事实上，JavaScript 中存在==运算符(以及相反的!=运算符)被广泛认为是语言中的一个缺陷，因为它有可能产生难以理解的行为和错误。因此，最好避免使用==，并始终执行严格的相等比较。

1. 设置初始状态

要对使用useState创建的状态变量设置初始状态，需要将初始值传递给useState。useState hook 接收单个参数，该参数可以是 JavaScript 的任何数据类型(或计算结果为单个值的表达式)或函数。

如果不向 useState 传递参数，则将创建初始值为 undefined 的状态变量。

如果初始状态是表达式，则该表达式仍将在每次渲染时运行，但在第一次渲染后结果将被忽略。因此，如果初始状态是一个昂贵的计算结果(例如，需要网络请求)，那么应传递一个返回初始值的函数给 useState，如下所示：

```
const [mailingList,setMailingList] = useState(()=>{
  const initialMailingList = loadMailingList(props);
  return initialMailingList;
});
```

该函数只会在组件第一次渲染时运行。React 称之为惰性初始状态。

2. 使用 Setter 函数

与类组件中的 setState 函数一样，useState 返回的 setter 函数将触发渲染。如果将 setter 函数向下传递给子组件并从该子组件调用它，它仍然会操作创建它的原始变量，如代码清单 11-2 所示。

代码清单 11-2：绑定 setter 函数到其父组件

```
import {useState} from 'react';

function ButtonContainer(){

  const [count,setCount] = useState(0);
```

```
    return (
      <>
        <MyButton count = {count} setCount = {setCount} /><br />
        count value: {count}
      </>
    );
}

function MyButton(props){
  return (
    <button onClick = {()=>props.setCount(props.count+1)}>
      Add 1 to the Count
    </button>
  );
}

export default ButtonContainer;
```

图 11-2 显示了渲染 ButtonContainer 组件并单击按钮(由 MyButton 子组件渲染)
的结果。

图 11-2　将 setter 函数作为 prop 传递

可以以两种不同的方式使用 useState 返回的 setter 函数:传递函数或传递单个值。

3. 向 Setter 传递值

向 useState setter 函数传递单个值(或计算结果为单个值的表达式)时,与该
useState 函数调用相关联的状态变量将被设置为传递的新值:

```
const [guess,setGuess] = useState(''); // guess === ''
setGuess('7'); // guess === '7'
setGuess('3'); // guess === '3'
```

与在类组件中使用 setState 不同,useState 的 setter 函数不会合并对象。如果将
对象传递给 useState 的 setter 函数,则连接到 useState 函数的变量将被明确设置为该
对象。

4. 向 Setter 传递函数

另一种使用 useState 的 setter 函数的方法是向它们传递函数。当变量的新状态是基于变量之前的状态计算得出时，应该使用这种方法。通过传递一个函数，可以确保 setter 函数总是接收到变量的最新值。

传递给 setter 函数的函数将以先前的状态变量值作为参数接收，通常将这个参数命名为 prev，或者在变量名称前面加上 prev：

```
const [score,setScore] = useState(0); // score === 0
setScore((prevScore)=>prevScore+1); // score === 1
```

5. Setter 函数值比较

如果传递给 setter 函数的值与状态变量的当前值相同，setter 函数将"退出"，而不会重新渲染组件的子组件。

11.4.2　使用 useEffect 链入生命周期

useEffect hook 接收一个函数作为参数，默认情况下，它将在每次渲染函数组件后运行该函数。useEffect hook 可以用来模拟函数组件中的 componentDidMount()、componentDidUpdate() 和 componentWillUnmount() 生命周期方法。

useEffect 的目的是允许你在函数组件中运行具有副作用的命令式代码。这些副作用在函数组件中是不允许存在的，比如网络请求、设置计时器和直接操作 DOM。这些类型的操作在函数组件中是不可能实现的，原因是函数组件本质上只是组件的 render 方法。render 方法中不应该产生副作用，即使在类组件中也是如此，因为 render 方法可能会覆盖任何副作用的结果。相反，副作用应该在 render 方法运行后和更新 DOM 后执行。

这就是为什么要在生命周期方法，例如类组件中的 constructor()、componentDidMount() 和 componentDidUpdate() 内处理副作用的原因。

JavaScript 教程：副作用

"副作用"一词在 React 中经常出现，但它不是 React 特有的术语。在计算机科学中，副作用是指不纯函数的结果。如果你还记得，纯函数是指当给定相同的参数时，其返回值总是相同的，并且除了返回值外，它不会对外部状态进行修改或产生持久化的副作用。

除了产生返回值，任何函数在函数之外产生的具有影响的操作都是副作用。

基于浏览器的应用程序中，副作用可以包括以下内容：

- 修改全局变量。
- 提出网络请求。

- 更改 DOM。
- 写入数据库或文件。
- 修改参数。

1. 使用默认的 useEffect 行为

在其最基本的形式中，useEffect 只接收一个函数，并在每次渲染完成后执行该函数，如代码清单 11-3 所示。

代码清单 11-3：useEffect 的最基本形式

```
import {useEffect,useState} from 'react';

function RenderCounter(){

  const [count,setCount] = useState(0);

  useEffect(()=>{console.log(count)});

  return(
    <>
      This component will count how many times it renders.
      <button onClick={()=>setCount((prev)=>prev+1)}>Update State</button>
    </>
  );
}

export default RenderCounter;
```

如果运行代码清单 11-3 中的组件，那么每当传递给 useEffect 的函数运行时，它将计算并将当前计数记录到浏览器的 JavaScript 控制台。

useEffect 的 这 种 用 法 类 似 于 将 相 同 的 函 数 传 递 给 类 组 件 中 的 componentDidMount()和 componentDidUpdate()生命周期方法。然而，这些生命周期方法和 useEffect 的工作方式之间有一个重要的区别。那就是类组件的生命周期方法何时运行和 useEffect 何时运行的时间是不同的。大多数情况下，这不是问题，但在某些情况下，它会导致浏览器布局出现问题或故障。我将在介绍 useLayoutEffect hook 时讨论这个问题以及解决它。

2. 使用 useEffect 后要进行清理

如果使用 useEffect 来设置订阅、设置事件侦听器或创建计时器，那么就有可能将 内 存 泄 漏 问 题 引 入 React 应 用 程 序 。 在 类 组 件 中 ， 我 们 可 以 使 用 componentWillUnmount()生命周期方法来清理和避免内存泄漏，如你在第 4 章中所见。

而在函数组件中使用 useEffect 后如果要进行清理，可以从传递给 useEffect 的函数中返回一个函数。这个返回的函数会在组件从用户界面中被移除前运行。此外，它还将在每次更新组件前运行。

尽管在每次更新组件之前运行 cleanup 函数似乎效率低下，但如果你思考下函数组件的用法，就会理解为什么要这样做。因为 JavaScript 函数不是持久性的，所以每次组件渲染时都会使用 useEffect。如果正在创建数据源的订阅或计时器，那么这意味着每次组件渲染时将创建一个新的计时器或订阅。如果组件多次渲染，而没有清理多个计时器或订阅，就会出现内存泄漏。

另外，在 useEffect 中使用 cleanup 函数是可选的。

3. 自定义 useEffect

有时，你不希望在每个渲染上使用 useEffect，而是只在初始渲染上使用 useEffect，或者只在特定值更改时使用 useEffect。要自定义 useEffect 的行为，可以向其传递可选的第二个实参。第二个实参是一个值的数组，用于指定 effect 所依赖的变量。

例如，代码清单 11-4 显示了一个启动计时器并使用默认 useEffect 行为的组件。使用默认的 useEffect 行为，每次组件渲染时都会重新创建该计时器。

代码清单 11-4：每次渲染时启动计时器

```
import {useEffect} from 'react';

function TimerFun(){

    useEffect(() => {
      let time = 0;
      const interval = setInterval(() => {
        console.log(time++);
      }, 1000);
       return () => clearInterval(interval);
    });

    return (<p>Check the console to see the timer.</p>);
}

export default TimerFun;
```

由于该组件既不使用状态(state)，也不接收任何 props，因此没有理由让它重新渲染，只要组件仍挂载在浏览器窗口中，计时器就会继续递增，并且每秒记录一个更大的数字。

然而，如果该组件要重新渲染，useEffect 的默认行为将导致 cleanup 函数运行，并为每个渲染创建一个新的计时器，如代码清单 11-5 所示。

代码清单 11-5：为每次渲染创建一个新的计时器

```
import {useEffect,useState} from 'react';

function TimerRestartFun(props){

  const [count,setCount] = useState(0);
  useEffect(() => {
    let time = 0;
```

```
   const interval = setInterval(() => {
     console.log(time++);
   }, 1000);
   return () => clearInterval(interval);
 });

 return (
   <p>Check the console to see the timer.
     <button onClick={()=>setCount((prev)=>prev+1)}>{count}</button>
   </p>
 );
}

export default TimerRestartFun;
```

每次单击前面示例组件中的按钮时，状态和返回值都会发生变化，这会导致组件渲染，从而启动新的计时器，如图 11-3 所示。

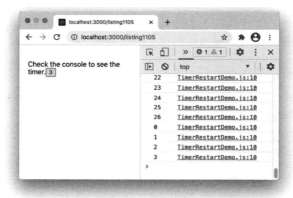

图 11-3　每次渲染时启动一个新的计时器

但是，如果你想创建一个游戏，其中包含一个计时器用于测试点击按钮的速度，该怎么办？一种方法是，仅在组件首次挂载后启动计时器，而不是在每次渲染后启动计时器。使用 useEffect 实现该功能的方法是将一个空数组作为第二个实参传递给它，如代码清单 11-6 所示。

代码清单 11-6：传递一个空数组，只在挂载时运行 useEffect

```
import {useEffect,useState} from 'react';

function TimerOnceFun(props){

  const [count,setCount] = useState(0);

  useEffect(() => {
    let time = 0;
    const interval = setInterval(() => {
      console.log(time++);
      if(time===10){
        console.log(`time's up!`);
        clearInterval(interval);
      }
```

```
  }, 1000);
  return () => clearInterval(interval);
},[]);

return (<p>Check the console to see the timer.
  <button onClick={()=>setCount((prev)=>prev+1)}>{count}</button>
</p>);
}

export default TimerOnceFun;
```

由于 useEffect 仅在组件挂载时运行，因此由递增 count 变量引起的渲染不再创建新的计时器，如图 11-4 所示。

图 11-4　仅在挂载后运行 useEffect

当将空数组作为 useEffect 的第二个实参传递时，它模拟了 componentDidMount() 生命周期方法的行为，因此可以将数据获取请求放在这里，例如对那些在组件的生命周期内不会更改的数据的请求。空的依赖项数组之所以有效，是因为依赖项数组的任务是"当其中某个值发生变化时运行函数"。如果依赖项数组中没有值，则 useEffect 仅在首次创建时运行。

但是，如果你想改变游戏，以便在用户需要时重新启动计时器，或者当计数达到某个数字时重启，该怎么办？你需要有条件地运行 useEffect。为此，可以使 useEffect 依赖于一个或多个值，这些值将决定它何时运行，如代码清单 11-7 所示。

代码清单 11-7：指定 useEffect 的依赖项

```
import {useEffect,useState} from 'react';

function TimerConditionalFun(props){

  const [count,setCount] = useState(0);
  const [gameNumber,setGameNumber] = useState(0);

  useEffect(() => {
    let time = 0;
```

```
    const interval = setInterval(() => {
      console.log(time++);
      if(time===10){
        console.log(`time's up!`);
        clearInterval(interval);
      }
    }, 1000);
    return () => clearInterval(interval);
},[gameNumber]);

  return (
    <>
      <h1>Game Number {gameNumber}</h1>
      <p>Click as fast as you can!
        <button onClick={()=>setCount((prev)=>prev+1)}>{count}</button>
      </p>
      <p>
        <button onClick={()=>setGameNumber((prev)=>prev+1)}>New Game</button>
      </p>
    </>
  );
}

export default TimerConditionalFun;
```

当代码清单 11-7 中的组件挂载时，计时器将启动，并且只有当 gameNumber 的值发生变化时它才会重新启动。

即使有条件地运行 useEffect 的好处和结果不像代码清单 11-7 中那样明显，指定 useEffect 的依赖项也可以通过消除不必要的组件渲染来提高用户界面的性能，你将在下一节中看到这一点。

4. 使用 useEffect 运行异步代码

因为 useEffect 是异步的，并且在组件渲染后运行，所以它是执行异步任务(例如获取数据)的理想场所。代码清单 11-8 显示了一个邮政编码查询组件，每当在输入字段中输入的邮政编码发生更改时，该组件都会使用 useEffect hook 来查找美国的城市和州信息。

代码清单 11-8：使用 useEffect 的异步请求

```
import {useEffect, useState} from 'react';

function ShippingAddress(props){
  const [zipcode,setZipcode] = useState('');
  const [city,setCity] = useState('');
  const [state,setState] = useState('');

  const API_URL =
'https://api.zip-codes.com/ZipCodesAPI.svc/1.0/QuickGetZipCodeDetails/';
  const API_KEY = 'DEMOAPIKEY';

  const updateZip = (e)=>{
    e.preventDefault();
    setZipcode(e.target.zipcode.value);
  }
```

```
  useEffect(()=>{
    if (zipcode){
      const loadAddressData = async ()=>{
        const response = await fetch(`${API_URL}${zipcode}?key=${API_KEY}`);
        const data = await response.json();
        setCity(data.City);
        setState(data.State);
      }

      loadAddressData();

    }
  },[zipcode]);

  return (
    <form onSubmit={updateZip}>
      Zipcode: <input type="text" name="zipcode" />
      <button type="submit">Lookup City/State</button><br />

      City: {city}<br />
      State: {state}<br />
    </form>
  )
}

export default ShippingAddress;
```

运行代码清单 11-8 中的组件的结果如图 11-5 所示。

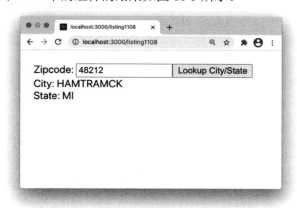

图 11-5　使用 useEffect 执行异步请求

本示例使用了你在最近几章学到的技术，还有一些新的技术，所以下面逐步解析这段代码：

1. 在初始渲染时，zipcode、city 和 state 变量被设置为空字符串。然后，useEffect hook 会运行，但是条件语句会检查 zipcode 是否具有计算结果为 true 的布尔值，因此内部函数 loadAddress()不会被创建或执行。

2. 用户可以在非受控输入框中输入文本。因为输入框是不受控制的，所以它不会导致 UI 渲染，也不会运行 useEffect。如果该输入框受控制，则在每次击键时会运行 useEffect，因为 zipcode 的值将发生变化。

3. 当用户单击按钮时，updateZip()函数将设置 zipcode 状态变量的值。

4. 对 zipcode 变量的更改会导致渲染。因为 zipcode 被列为 useEffect hook 的依赖项，所以 useEffect 会运行。

5. 这次，zipcode 有一个计算结果为 true 的值，因此创建内部函数并运行它。

6. loadAddress()函数是一个异步函数。在函数定义之前使用 async 关键字允许函数使用 await 语句执行异步任务。在该函数中，它会调用 fetch 命令，然后等待响应。当接收到响应时，json()命令将响应读取到名为 data 的对象。

7. 来自 API 的数据用于设置 city 和 state 状态变量的值。这将导致组件的另一次渲染。zipcode 没有改变，所以 useEffect hook 不会运行。

该组件说明了如何使用 useEffect 依赖项来消除不必要的渲染，这是 React 组件中最常见的性能问题之一。虽然没有依赖项数组的情况下，这个组件可能仍然可以正常工作，但它将产生许多不必要的 API 请求，这会降低组件的运行速度(至少)，如果 API 对请求收费，可能会给你带来费用负担。

11.4.3 使用 useContext 订阅全局数据

全局数据是程序中所有组件或多个组件都使用的数据，如主题或用户偏好。对于 React 应用程序中的每个组件，将全局数据从父组件传递到子组件可能是件麻烦事，特别是当组件树有多个层级时。

React Context 提供了一种在组件之间共享全局数据的方法，而不必将值作为 props 手动传递。useContext hook 接收一个 Context 对象作为其参数，并返回该对象的最新值。

> **注意：**
> 第 17 章详细介绍了 React Context API，包括何时以及如何使用它。

样式主题示例说明了可以使用 Context 将全局数据传递给子组件。主题是指由多个组件使用的样式，以使它们在应用程序中具有共同的外观。

代码清单 11-9 显示了使用子组件中的 useContext hook 订阅 Context 对象的示例。

代码清单 11-9：通过 useContext hook 使用 Context

```
import { ThemeContext } from './theme-context'

function App() {
  const { theme } = React.useContext(ThemeContext)
  return (
    <>
      <header
        className="App-header"
        style={{backgroundColor: theme.backgroundColor,color:theme.color}}
      >
```

```
      <h1>Welcome to my app.</h1>
    </header>
  </>
  )
}

export default App;
```

11.4.4　将逻辑和状态与 useReducer 相结合

useReducer hook 是 useState 的替代方案，它适用于复杂的状态更新或新状态依赖于旧状态的情况。useState 仅接收一个初始状态作为其参数，但 useReducer 接收一个初始状态和一个 reducer 作为实参。reducer 是一个纯函数，它接收当前状态和一个名为 action 的对象，并返回新状态。也就是说，reducer 函数的签名如下所示：

```
(state, action) => newState
```

useReducer hook 返回一个值和一个 dispatch 函数。dispatch 函数可用于响应事件，但它不使用值来设置状态变量，而是使用 action 对象。action 对象具有类型和可选的有效负载。

使用 reducer 比简单的状态更新要复杂得多，但一旦看到一些示例，就会清楚它们的用法。代码清单 11-10 显示了我们的老朋友 Counter 组件，但是被重写为使用 reducer。

代码清单 11-10：使用 useReducer 的 Counter 组件

```
import {useReducer} from 'react';

const initialState = {count: 0};

function reducer(state, action) {
  switch (action.type) {
    case 'increment':
      return {count: state.count + 1};
    case 'decrement':
      return {count: state.count - 1};
    default:
      throw new Error();
  }
}

function Counter() {
  const [state, dispatch] = useReducer(reducer, initialState);
  return (
    <>
      Count: {state.count}
      <button onClick={() => dispatch({type: 'decrement'})}>-</button>
      <button onClick={() => dispatch({type: 'increment'})}>+</button>
    </>
  );
}

export default Counter;
```

在代码清单 11-10 中，action 对象只有一个 type 属性。但是，如果你想使用更高级的计数器，可以添加一个有效负载，用于指示计数器的增量或减量，如代码清单 11-11 所示。

代码清单 11-11：向 reducer 传递有效负载

```
import {useReducer} from 'react';
const initialState = {count: 0};

function reducer(state, action) {
  switch (action.type) {
    case 'increment':
      return {count: state.count + action.payload};
    case 'decrement':
      return {count: state.count - action.payload};
    default:
      throw new Error();
  }
}

function Counter() {
  const [state, dispatch] = useReducer(reducer, initialState);
  return (
    <>
      Count: {state.count}
      <button onClick={() => dispatch({type: 'decrement',
payload:4})}>-4</button>
      <button onClick={() => dispatch({type: 'increment',
payload:4})}>+4</button>
    </>
  );
}

export default Counter;
```

11.4.5 使用 useCallback 缓存回调函数

通常，你在组件中定义的函数会在每次渲染时重新创建。这通常不是问题。然而，有时确实需要(或出于性能原因)返回函数的缓存版本，以使其在渲染之间保持可用。这就是 useCallback 的作用。

代码清单 11-12 显示了 useCallback 最常见的用例。在这个示例中，当 phoneNumber 变量的值发生变化时，useEffect hook 应该调用传入的函数(我们称之为回调函数)。useEffect hook 有两个依赖项：函数和变量。

因为回调函数是在每次渲染时重新创建的，所以本示例中的 useEffect 仍然会在每次组件渲染时调用其内部函数。

代码清单 11-12：函数依赖项导致不必要的渲染

```
import {useEffect,useState,useRef} from 'react';

function CallMe(props){
```

```
const [phoneNumber,setPhoneNumber] = useState();
const [currentNumber,setCurrentNumber] = useState();

const phoneInputRef = useRef();

const handleClick = (e)=>{
    setPhoneNumber(currentNumber);
}

const placeCall = () => {
  if(currentNumber){
    console.log(`dialing ${currentNumber}`);
  }
};


useEffect(() => {
  placeCall(phoneNumber);
},[phoneNumber,placeCall]);

return(
  <>
    <label>Enter the number to call:</label>
    <input type="phone" ref={phoneInputRef}
onChange={()=>{setCurrentNumber(phoneInputRef.current.value)}}/>
    <button onClick={handleClick}>
      Place Call
    </button>
    <h1>{currentNumber}</h1>
  </>
);
}

export default CallMe;
```

如果尝试使用 Create React App 运行上述组件，就会在控制台中得到一个警告，如图 11-6 所示。

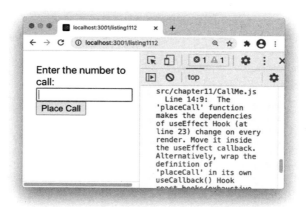

图 11-6　由于函数依赖项导致不必要的渲染警告

当在输入框中输入时，会看到每次组件渲染时都会调用 placeCall()函数，这在每次输入字符时都会发生。

正如警告消息所示，这个问题有两种解决方案。第一种方法是在 useEffect hook 中定义 placeCall ()函数，然后将其从依赖项列表中删除，如下所示：

```
useEffect(() => {
  const placeCall = () => {
    if(phoneNumber){
      console.log(`dialing ${phoneNumber}`);
    }
  };
  placeCall(phoneNumber);

},[phoneNumber]);
```

另一个解决方案(适用于需要在多个位置使用 placeCall()函数的情况)是使用 useCallback 来缓存回调函数，如下所示：

```
const placeCall = useCallback(() => {
  if(phoneNumber){
    console.log(`dialing ${phoneNumber}`);
  }
},[phoneNumber]);
```

useCallback hook 将创建函数的持久版本，只有在 phoneNumber 变量发生变化时才会重新创建该函数。通过这个更改，useEffect hook 将按照预期的方式运行，即只在 phoneNumber 的值发生变化时才调用内部函数，如代码清单 11-13 所示。

代码清单 11-13：缓存回调函数解决了不必要的 useEffect 问题

```
import {useEffect,useState,useRef,useCallback} from 'react';

function CallMe(props){

  const [phoneNumber,setPhoneNumber] = useState();
  const [currentNumber,setCurrentNumber] = useState();

  const phoneInputRef = useRef();

  const handleClick = (e)=>{
    setPhoneNumber(currentNumber);
  }

  const placeCall = useCallback(() => {
    if(phoneNumber){
      console.log(`dialing ${phoneNumber}`);
    }
  },[phoneNumber]);

  useEffect(() => {
    placeCall(phoneNumber);
  },[phoneNumber,placeCall]);

  return(
    <>
      <label>Enter the number to call:</label>
```

```
<input type="phone"
        ref={phoneInputRef}
        onChange={()=>{setCurrentNumber(phoneInputRef.current.value)}}
/>
<button onClick={handleClick}>
  Place Call
</button>
<h1>{currentNumber}</h1>
</>
);
}

export default CallMe;
```

11.4.6　使用 useMemo 缓存计算值

使用 useMemo hook 可以在函数组件的渲染之间存储(缓存)值。它的用法与 useCallback 相同，只是它可以缓存任何值类型，而不仅限于函数。

和 useCallback 一样，使用 useMemo 有两个原因：

● 解决不必要的渲染问题。

● 解决与计算成本昂贵有关的性能问题。

1. 解决不必要的渲染问题

我已经在 11.4.5 节中介绍了第一种情况。当你将一个对象、数组或函数作为依赖项传递给一个应该仅在其依赖项发生变化时运行的函数时，就会出现这个问题。

在 JavaScript 中，当创建了具有完全相同属性的两个对象(或函数，或数组)时，这两个对象并不相等。可以打开浏览器的 JavaScript 控制台并执行以下表达式对此进行测试：

```
{} === {}
[] === []
() => {} === () => {}
```

在每种情况下，结果都将为 false，如图 11-7 所示。

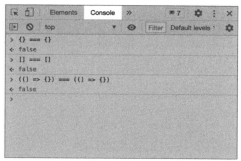

图 11-7　测试引用的相等性

因此，在依赖项数组中使用对象、数组或函数时，每次函数组件渲染时相关的函数都会执行。就像 useCallback 解决了回调函数的不必要创建一样，useMemo 解决了由于对象或数组依赖项导致的不必要渲染的问题。

2. 解决性能问题

通常，JavaScript(以及 React 中的计算)非常快。然而，在极少数情况下，或者当遇到由于计算代价高昂的操作而导致的性能问题时，可以使用 useMemo 来解决。

例如，代码清单 11-14 中的组件从大量数据集中生成图表。通过使用 useMemo 缓存图表，可以防止每次组件渲染时都重新生成图表。相反，图表只在提供给它的数据发生变化时生成。

代码清单 11-14：使用 useMemo 解决性能问题

```
import {useMemo} from 'react';
import {chartGenerator} from 'some-chart-library';

function Chart(props){

  const giantChart = useMemo(()=>{
    return chartGenerator(props.chartData);
  },[props.chartData]);

  return {giantChart};
}

export default Chart;
```

11.4.7　使用 useRef 访问子对象

useRef hook 会返回一个带有可变属性 current 的 ref 对象。ref 对象的一个用途是以命令方式访问 DOM。当附加了 ref 的 DOM 节点发生变化时，ref 对象的当前属性将被更新。而对 ref 的更改不会导致组件重新渲染。

代码清单 11-15 显示了一个组件，它使用 ref 获取非受控的<textarea>值，以便计算其中单词的数量。

代码清单 11-15：获取 textarea 元素的值并计算其字数

```
import {useState,useRef} from 'react';

function WordCount(props){

  const textAreaRef = useRef();
  const [wordCount,setWordCount] = useState(0);
  const countWords = () => {
    const text = textAreaRef.current.value;
    setWordCount(text.split(" ").length);
  }

  return (
```

```
      <>
        <textarea ref={textAreaRef} /><br />
        <button onClick={countWords}>Count Words</button>
        <p>{wordCount} words.</p>
      </>
    )
  }

export default WordCount;
```

11.4.8 使用 useImperativeHandle 自定义公开值

useImperativeHandle hook 允许你使用 ref 为向父组件公开的值创建一个"句柄"或自定义名称。在使用 React.forwardRef 将 ref 属性从一个组件转发到其子组件时，它非常有用。

例如，在代码清单 11-16 中，创建了一个名为 CountingBox 的组件，其中包含一个<textarea>。传递给 CountingBox 组件的 ref 属性将被转发并附加到<textarea>。然后，使用 useImperativeHandle hook 可以使 ref.current 对象的一个新属性(在本例中为 count)对父组件可用。

代码清单 11-16：自定义由 ref 公开的值

```
import {useState,useRef,useImperativeHandle,forwardRef} from 'react';

const CountingBox = forwardRef((props, ref) => {

  const [text,setText] = useState('');

  useImperativeHandle(ref, () => {
    return {count: text.split(" ").length}
  },[text]);

  return (
    <>
      <textarea value={text} onChange={(e)=>setText(e.target.value)} />
    </>);
});

function TextEdit(props){

  const countingBoxRef = useRef();
  const [wordCount,setWordCount] = useState(0);
  const handleClick = (count) => {
    setWordCount(count)
  }

  return (
      <>
        <CountingBox ref={countingBoxRef} /><br />
        <button onClick={()=>handleClick(countingBoxRef.current.count)}>
          count words
        </button><br />
          current count: {wordCount}<br />
      </>
  )
```

```
}

export default TextEdit;
```

> **注意：**
> useImperativeHandle 有第三个参数，它是一个依赖项数组(类似于 useEffect、useCallback 和 useMemo 使用的依赖项数组)。在 React 的当前版本中，useImperative-Handle 会对 handle 的值进行缓存，如果你尝试获取更新的值(如本例所示)，这可能会产生问题。通过指定随每次渲染而更改的依赖项可以解决这个问题。

在所有的 hook 中，useImperativeHandle hook 是最不重要的。在大多数情况下，期望使用 useImperativeHandle 执行的任何操作，都可以通过从父组件向子组件传递 props 来更好地完成。

11.4.9　使用 useLayoutEffect 同步更新 DOM

除了执行时间和执行方式不同，useLayoutEffect hook 在其他各个方面都与 useEffect 相同。useEffect 在组件出现在浏览器中后会异步地运行它的函数(即不阻塞其他操作)，而 useLayoutEffect 则会在将 DOM 绘制到浏览器之前同步地运行其函数。

useLayoutEffect hook 适用于这样的情况：useEffect 会导致 DOM 变化，并且使用 useEffect hook 可能会导致结果闪烁或显示不一致。

11.5　编写自定义 hook

自定义 hook 是利用内置 hook 来封装可重用功能的函数。目前，网上已经免费提供了许多不同的自定义 hook，它们可以作为独立的组件，也可以作为 React 库中的功能。你还可以编写自己的自定义 hook。

自定义 hook，像内置 hook 一样，名称以 use 开头。这是一种有用的约定，而不是强制要求。要编写一个自定义 hook，只需要编写一个至少使用一个内置 hook 的函数，并从该函数导出一个值。

代码清单 11-17 显示了一个基于本章前面的 zipcode 查找组件构建的自定义 hook。当导入到组件中时，useZipLookup 将接收 zipcode 作为实参，并返回包含相应 city 和 state 的数组。

代码清单 11-17：useZipLookup，一个基于邮政编码返回位置数据的自定义 hook

```
import {useEffect,useState} from 'react';

function useZipLookup(zipcode){
  const [city,setCity] = useState('');
```

```
  const [state,setState] = useState('');

  const API_URL =
'https://api.zip-codes.com/ZipCodesAPI.svc/1.0/QuickGetZipCodeDetails/';
  const API_KEY = 'DEMOAPIKEY';

  useEffect(()=>{
    if (zipcode){
      const loadAddressData = async ()=>{
        const response = await fetch(`${API_URL}${zipcode}?key=${API_KEY}`);
        const data = await response.json();
        setCity(data.City);
        setState(data.State);
      }

      loadAddressData();

    }
  },[zipcode]);

  return [city,state];
}

export default useZipLookup;
```

要使用 useZipLookup hook，需要将其导入组件中，向其传递邮政编码，并将返回的数组分解为两个局部变量，如代码清单 11-18 所示。

代码清单 11-18：使用 useZipLookup 自定义 hook

```
import {useRef,useState} from 'react';
import useZipLookup from './useZipLookup';

function ShippingAddress2(props){
  const [zipcode,setZipcode] = useState('');
  const [city,state] = useZipLookup(zipcode);
  const setZip = (e)=>{
    e.preventDefault();
    setZipcode(e.target.zipcode.value);
  }

  return (
    <form onSubmit={setZip}>
      Zipcode: <input type="text" name="zipcode" />
      <button type="submit">Lookup City/State</button><br />

      City: {city}<br />
      State: {state}<br />

    </form>
  )
}

export default ShippingAddress2;
```

通过创建 useZipLookup 自定义 hook，我们实现了功能的重用，并简化了负责输出用户界面的组件。

11.6 使用 UseDebugValue 标记自定义 hook

如果使用自定义 hook，当你检查组件时，它会以 hook 的形式出现在 React Developer Tools 中，如图 11-8 所示。

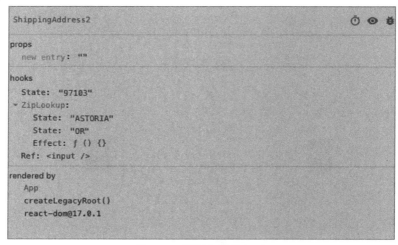

图 11-8　检查自定义 hook

在某些情况下，从自定义 hook 输出值对调试很有帮助。通常，JavaScript 开发人员的长期实践是使用 console.log 将调试代码输出到控制台。尽管这种方法可能很简单，但它并没有提供任何上下文信息来说明是哪个函数编写了日志消息，除非将该信息添加到 console.log 消息中。随着时间的推移，日志消息在代码中会逐渐累积，除非你在不再需要时小心地删除它们。但是，如果删除它们，在调试相关内容时，通常需要再次添加它们。尽管有时将日志记录到控制台是必要的，但并不是理想的做法。

useDebugValue hook 支持从自定义 hook 导出一个值，该值将显示在 React Developer Tools 组件检查器中的 hook 名称旁边。该值可以是你指定的任何内容。代码清单 11-19 显示了如何在 useZipLookup 组件中使用 useDebugValue 来显示传递给它的 zipcode 参数的值。

代码清单 11-19：使用 useDebugValue

```
import {useEffect,useState,useDebugValue} from 'react';

function useZipLookup(zipcode){
  const [city,setCity] = useState('');
  const [state,setState] = useState('');

  useDebugValue(zipcode);

  const API_URL =
'https://api.zip-codes.com/ZipCodesAPI.svc/1.0/QuickGetZipCodeDetails/';
```

```
const API_KEY = 'DEMOAPIKEY';

useEffect(()=>{
  if (zipcode){
    const loadAddressData = async ()=>{
      const response = await fetch(`${API_URL}${zipcode}?key=${API_KEY}`);
      const data = await response.json();
      setCity(data.City);
      setState(data.State);
    }

    loadAddressData();

  }
},[zipcode]);

  return [city,state];
}

export default useZipLookup;
```

图 11-9 展示了 useDebugValue 的值在组件检查器中显示的情况。

useDebugValuehook 还可以选择接收格式化函数作为其第二个参数。此函数接收调试值，并可用于对调试值进行转换、格式化或其他处理。该函数仅在实际检查 hook 时运行。

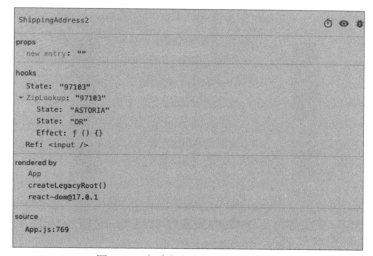

图 11-9　查看自定义 Hook 的调试值

使用格式化函数非常有用的一个示例是将日期存储为 UNIX 时间戳，但你希望在组件检查器中以人类可读的形式查看它。通过使用格式化函数，可以避免在不需要时进行转换，只有在实际检查 hook 时才进行转换。下面是使用 moment.js 日期库中的函数的示例代码：

```
useDebugValue(timestamp, timestamp=>timestamp.format("HH/mm/ss"));
```

11.7 查找并使用自定义 hook

自定义 hook 兑现了 React 的承诺，为开发人员提供了一种共享可重用组件的简单方法。为开发人员可能需要的常见功能创建了数千个自定义 hook。

遗憾的是，找出哪些自定义 hook 可用并不总是那么容易，而且 hook 具有相同的用途和名称，但是分别属于不同的 Node.js 包，还具有不同的 API，这使得问题变得复杂。下面是一些当前可用的比较流行的自定义 hook。

11.7.1 use-http

useFetch hook 是 use-http 包(详见链接[1])的一部分，它可以发出同构的 HTTP 请求。这意味着它既可以在服务器上使用，也可以在浏览器中使用。它具有缓存、TypeScript 支持、组件卸载时自动中止挂起的请求、React Native、GraphQL 和重试等特性。

11.7.2 react-fetch-hook

React Fetch Hook 的 useFetch hook(详见链接[2])将 URL 和响应格式化函数作为参数，并返回名为 isLoading 的布尔值和格式化后的数据。使用这个 hook 的基本形式如下：

```
const {isLoading,data} = useFetch("http://example-url.com/api/users/1");
```

11.7.3 axios-hook

useAxios hook(详见链接[3])使用流行的 Axios 库执行 HTTP 请求。它将 URL 和 options 对象作为参数，并返回一个包含数据、加载状态和由 URL 返回的任何错误消息的对象。它还返回一个函数，可以使用该函数来手动触发 HTTP 请求。

代码清单 11-20 显示了一个使用 useAxios hook 的简单示例。

代码清单 11-20：使用 useAxios

```
import {useState} from 'react';
import useAxios from 'axios-hooks';
import {API_KEY} from './config';

function WeatherWidget() {
  const [city,setCity] = useState('London');
  const [{data, loading, error}, refetch] = useAxios(
`https://api.openweathermap.org/data/2.5/weather?q=${city}&appid=${API_KEY}`);
  if (loading) return <p>Loading...</p>;
  if (error) return <p>There was an error. {error.message}</p>;

  return (
  <>
    <input type="text" value={city} onChange={e=>setCity(e.target.value)} />
```

```
    <pre>{JSON.stringify(data,null,2)}</pre>
  </>
  );
}

export default WeatherWidget;
```

11.7.4　react-hook-form

React Hook Form 的 useForm hook 使构建表单和验证数据输入变得简单。useForm hook 返回一个名为 register()的函数，可以将其作为 ref 传递给具有 name 属性的非受控输入。然后 useForm 返回的 handleSubmit()方法将处理表单中的所有数据。

可以向每个 register()函数传递选项来验证字段，使其成为必填项，并指定其他限制，如最小值和最大值。

代码清单 11-21 显示了 useForm 的基本用法。

代码清单 11-21：使用 useForm

```
import {useForm} from 'react-hook-form';

function SignUpForm() {
  const {register, handleSubmit} = useForm();
  const onSubmit = data => {
    console.log(data);
  };

return (
  <form onSubmit = {handleSubmit(onSubmit)}>
    <label>First Name: </label>
    <input name="firstname" {...register("firstname",{required:true})} />

    <label>Last Name: </label>
    <input name="lastname" {...register("lastname",{required:true})} />

    <input type="submit" />
  </form>
);
}

export default SignUpForm;
```

11.7.5　@rehooks/local-storage

useLocalStorage hook 是 Rehooks 库(详见链接[4])的一部分，它提供了使用浏览器本地存储的函数。浏览器本地存储对于在浏览器会话之间存储数据非常有用。这对于创建离线应用程序，提高 Web 应用程序的性能，以及在会话之间记住用户状态都非常有帮助。

useLocalStorage 的另一个功能是它可以在浏览器选项卡之间同步数据。

11.7.6　use-local-storage-state

useLocalStorageState hook(详见链接[5])接收一个 key 和一个可选的默认值，并返回一个包含三个值的数组：一个值、一个 setter 函数和一个名为 isPersistent 的布尔值。下面是一个示例：

```
const [reminders, setReminders, isPersistent] =
useLocalState('reminders',['sleep','eat food']);
```

前两个返回值的用法与 useState 返回值的用法相同。第三个值表明该值是存储在内存中还是本地存储中。当然，默认情况下，使用 useLocalStorageState 创建的任何值都将存储在 localStorage 中。如果由于某种原因 localStorage 不可用，那么 useLocalStorageState 将回退到只在内存中保留该值。

11.7.7　其他有趣的 hook

除了在大多数现代用户界面中使用的基本功能外，其他自定义 hook 还封装了更专业的功能，甚至只是为了好玩。例如以下几个自定义 hook：

● useGeolocation hook(详见链接[6])，追踪用户的地理位置。
● useNetworkStatus hook(详见链接[7])，返回关于用户当前网络状态的信息。
● useKonomiCode hook(详见链接[8])，一个复活节彩蛋 hook，用于检测用户何时输入了著名的 Konomi 代码(↑↑↓↓←→←→B A)，在许多电子游戏中，这是一个作弊码。

11.7.8　hook 列表

由于 React 社区维护和更新了一些很棒的 hook 列表，使得为几乎任何目的寻找自定义 hook 变得更加容易。下面是目前可用的一些 hook 列表：

● Hooks.guide(详见链接[9])。一个经过策划和分类的 hook 列表。
● React Hook 的集合(详见链接[10])。一个可搜索的 hook 集合，任何人都可以添加。
● Use Hooks(详见链接[11])。提供了 React hook 脚手架工具以及使用这些脚手架工具创建的 hook 列表。

11.8　本章小结

hook 不仅是一种在 React 中进行某些操作的更好的新方法，它们还极大地改善了整个 React 开发体验，使学习 React 变得更容易，同时解决了在组件之间创建标准且简单的方式来共享代码的问题。

在本章中，我们学习了：

- 什么是 React Hook。
- 为什么创建 React Hook。
- 如何使用每个内置 hook。
- 如何使用和创建自定义 hook。
- 如何找到预先构建的自定义 hook。

在下一章中，你将学习如何通过使用 React Router 来将 URL 与组件和布局相关联，以便管理复杂的用户界面和应用程序。

第**12**章

路　　由

到目前为止，书中展示的所有用户界面示例都只有一个屏幕，应用程序可以执行的所有操作都会立即显示。然而在现实世界中，应用程序通常具有多种模式、选项卡和屏幕。例如，从应用程序的主屏幕切换到设置屏幕，使得用户界面可以做更多的事情，同时不会给用户带来复杂和混乱感。

在本章中，你将学习：

- 什么是路由以及为什么需要它
- 路由在单页应用程序中的用法
- 如何安装和使用 React Router
- 如何创建基本路由
- 如何创建导航
- 如何创建嵌套路由
- 如何使用 React Router 的 hook

12.1　什么是路由

Web(我们称之为 Web 1.0)背后最基本的概念是，Web 浏览器使用唯一的 URL 从 Web(HTTP)服务器请求网页。然后，Web 服务器响应一个 HTML 页面，并在浏览器中渲染，如图 12-1 所示。

当用户点击网页上的链接时，它会请求一个新的 HTML 页面，浏览器会下载并显示这个页面，而不是当前的页面。浏览器和服务器通过使用浏览器 cookie、localStorage API 和服务器端数据来维护用户在不同网页之间的状态。

但传统的网页加载方式(每次用户单击链接时加载一个新网页)存在的问题是，它不能为用户提供流畅的体验，也不允许动态刷新数据。而且每次加载新的 URL 时，整个网页都需要被下载和渲染。

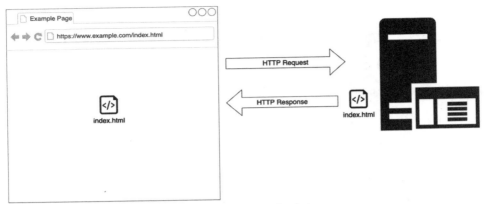

图 12-1   Web 的工作原理

AJAX(代表异步 JavaScript 和 XML)就是为了解决这个问题而创建的。使用
AJAX，JavaScript 可以动态地将数据加载到网页中，而无须加载新的 HTML 页面。
AJAX 可以创建动态 Web 用户界面，而 JavaScript 库和框架使得构建这些界面变得
更容易。这就是所谓的 Web 2.0。

现在，Web 浏览器不再从 Web 服务器请求新页面，而是只加载包含 JavaScript
代码的第一个页面，然后 JavaScript 虚拟机接管该页面，并使用 DOM API 动态加载
数据和更新浏览器。

JavaScript 用户界面库劫持了 Web 最初构建的请求/响应模型。这种方式很有效，
但意味着浏览器总是显示相同的 HTML 页面。这就是我们所说的单页应用程序
(SPA)。如果一个网站或 Web 应用程序只包含一个网页，那么其他网站就不可能使
用 URL 链接到该应用程序或网站中的特定数据，而且搜索引擎也更难对该网站或
应用程序中的数据进行索引。

解决方案是让运行 Web 应用程序的 JavaScript 模拟浏览器的内置功能，通过加
载与唯一 URL 对应的网页来实现，如图 12-2 所示。

在 JavaScript 应用程序内部，将 URL 映射到内部操作或组件的过程称为路由。

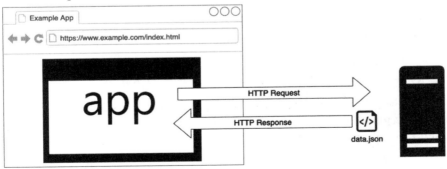

图 12-2   JavaScript 路由

12.2　React 中路由的用法

在 React 中，路由有两个用途：

1. 更改浏览器的 window.location 属性(当与 Web 浏览器一起使用时)。
2. 检测当前位置并使用它显示或隐藏不同的组件或组件的组合。

浏览器的 window.location.href 属性表示网页的当前 URL。通过设置 window.location.href 而不进行服务器请求，JavaScript 路由程序可以模拟浏览器改变渲染视图的方式。这意味着用户搜索引擎可以导航到或链接到特定的 URL，比如 www.example.com/aboutUs。

一旦 window.location.href 的值发生变化，就可以使用 JavaScript 读取该属性，并将不同的 URL 关联到不同的组件上。这种关联称为路由。

代码清单 12-1 显示了使用 React Router 创建两个路由的简单示例，你可以在配置实用程序、调查问卷或基于文本的冒险游戏等应用中使用类似的路由配置。

代码清单 12-1：一个简单的路由组件

```
import React from "react";
import {LessTraveledPath,MoreTraveledPath} from './PathOptions';
import {
  BrowserRouter,
  Switch,
  Route,
  Link
} from "react-router-dom";
function ChooseYourAdventure() {
  return (
    <BrowserRouter>
      <div>
        <p>You come to a fork in the road. Which path will you take?</p>
        <ul>
          <li>
            <Link to="/worn">The More Well-traveled Path</Link>
          </li>
          <li>
            <Link to="/untrodden">The Less Well-traveled Path</Link>
          </li>
        </ul>

        <Switch>
          <Route path="/worn">
            <MoreTraveledPath />
          </Route>
          <Route path="/untrodden">
            <LessTraveledPath />
          </Route>
        </Switch>

      </div>
    </BrowserRouter>
```

```
  );
}

export default ChooseYourAdventure;
```

在本例中，Link 组件更改了当前浏览器的位置。Route 组件根据浏览器的位置渲染正确的子组件。当浏览器的位置(在域名之后)是 /worn 时，将显示 MoreTraveledPath 组件，而当其位置是/untrodden 时，将显示 LessTraveledPath 组件。

可以通过打开 JavaScript 控制台并输入 window.location.href 来验证 window.location.href 属性是否发生了变化，如图 12-3 所示。

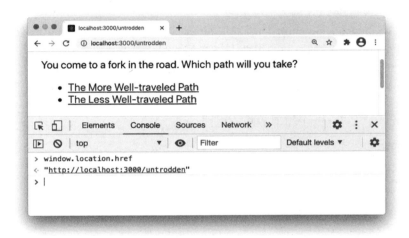

图 12-3　更改路由并查看 window.location.href 属性

12.3　使用 React Router

React Router 可用于在 Web 应用程序或移动应用程序中进行路由。由于在浏览器中进行路由与在原生移动应用程序中进行路由存在根本性差异，因此 React Router 有两种不同的版本：

- react-router-dom 是 React Router 的 Web 版本。
- react-router-native 是针对原生应用程序的 React Router 版本。

由于本书主要介绍如何创建 Web 用户界面，我们将使用 react-router-dom。但是，在 React Router 的两个版本中，创建路由和链接的基本过程是相同的。

12.3.1　安装并导入 react-router-dom

默认情况下，React Router 未与 Create React App 一起安装，因此需要在使用之前安装它。一旦使用 Create React App 构建了 React 应用程序，就可以通过在终端中输入以下命令，然后使用 npm 来安装 react-router-dom：

```
npm install react-router-dom@5.3.0
```

一旦安装了 react-router-dom，就可以将组件、函数和 hook 从库导入将使用路由的任何组件中。要使用 React Router，需要三个部分：

- 路由器组件
- 链接组件
- 路由组件

12.3.2　路由器组件

路由器组件是进行路由的顶层组件。它负责处理 window.location 属性的更改，并为其下方的组件提供 React Router props。

1. 选择路由器

React Router 包含五个不同的路由器组件：

- BrowserRouter
- HashRouter
- MemoryRouter
- StaticRouter
- NativeRouter

无论选择哪个路由器，都会使用名称 Router 导入路由器组件，如下所示：

```
import {BrowserRouter as Router} from 'react-router-dom';
```

如果将路由器作为 Router 组件导入，那么以后想更改路由器也会简化操作。

> **注意：**
> 此处列出的五个路由器组件是"高级"路由器。React Router 还有一个名为 Router 的组件，它是"低级"路由器。低级 Router 组件常用于将路由与状态管理库(如 Redux)进行同步。除非有充分的理由使用低级 Router 组件，否则可以放心地忽略它。

BrowserRouter

BrowserRouter 是最常用的路由器组件，几乎所有情况下都会使用它。它使用 HTML5 历史记录 API 来更改浏览器的 window.location.href 属性。使用 BrowserRouter 可以让 React UI 模拟使用 URL 路径进行 Web 导航这一熟悉的方式。

HashRouter

HashRouter 使用 URL 中哈希符号(#)后面的部分来同步位置信息和显示的组件。HashRouter 依赖于这样一个事实，即默认情况下，URL 中#之后的内容不会导致浏览器加载新页面。例如，以下两个地址都使用相同的 HTML 页面：

```
https://www.example.com/
https://www.example.com/#/aboutUs
```

第二个 URL 在#后面传递一个路径，可以使用 JavaScript 读取该路径并用于更改显示的组件。

在浏览器中广泛使用 HTML5 历史 API(允许 JavaScript 在不加载新页面的情况下更改地址)之前，哈希路由一直是 JavaScript 路由采用的方式。如今，HashRouter 仍然可以向后兼容较旧的应用程序和浏览器。

MemoryRouter

MemoryRouter 不会更新或读取浏览器的 window.location 属性。相反，它将路由历史保存在内存中。MemoryRouter 在 React Native 等非浏览器环境以及用户界面的内存测试中非常有用。

StaticRouter

StaticRouter 会创建一个永不更改的路由器。这对于 React 的服务器端渲染非常有用，其中 Web 服务器在服务器上传递一条到 React 的路径，React 生成静态代码以供用户使用。

NativeRouter

NativeRouter 用于在使用 React Native 构建的 iOS 和 Android 应用程序中创建导航。请记住，React 应用程序可以渲染成许多不同类型的用户界面设备(如第 4 章所示)。原生应用程序处理路由的方式与 Web 浏览器不同，NativeRouter 组件会将较低级别的 React Router 组件转换为与目标移动操作系统一起使用的路由命令。

2. 使用路由器组件

无论选择哪个路由器组件，它都需要封装其他 React Router 组件。确保路由器对整个应用程序可用的常见方法是在 ReactDOM.render 方法中将其渲染在根组件周围。

这是在最初创建 index.js 之后需要修改该文件的少数情况之一，尤其涉及 ReactDOM.render 方法时。回顾第 2 章，ReactDOM.render 方法在 React UI 中仅使用一次，它接收一个组件(称为 root 组件)和一个 DOM 节点作为参数，用于将该组件渲染到指定的 DOM 节点上。

例如，默认的 Create React App ReactRouter.render 方法如下所示：

```
ReactDOM.render(
  <React.StrictMode>
    <App />
  </React.StrictMode>,
  document.getElementById('root')
);
```

React.StrictMode 组件在前面的示例中是可选的，可能存在，也可能不存在，这取决于使用 Create React App 引导应用程序的方式和时间。但是，就像在根组件 App 中封装 React.StrictMode 一样，你也可以在 App 中封装路由器组件，从而为整个应用程序提供路由功能。

导入路由器组件后，将根组件封装在路由器中，如下所示：

```
import React from 'react';
import ReactDOM from 'react-dom';
import {BrowserRouter as Router} from 'react-router-dom';

ReactDOM.render(
  <React.StrictMode>
    <Router>
      <App />
    </Router>
  </React.StrictMode>,
  document.getElementById('root')
);
```

路由器组件创建后，就可以继续创建链接和路由组件。

12.3.3　链接到路由

React Router 有三个不同的链接组件：

- Link
- NavLink
- Redirect

前两个链接组件本质上是 HTML a 元素的包装器，添加了一些额外的特性和功能。Redirect 组件可以在没有用户交互的情况下更改当前 URL。

1. 使用链接组件进行内部链接

因为 React Router 覆盖了浏览器中链接的默认行为，所以不能像在常规网站中那样简单地使用 a 元素在路由之间进行链接。Link 元素是 React Router 中的基本链接元素。它只需要一个可供链接的路径(可以使用 to 属性提供)和一个子节点，如下面的示例所示：

```
<Link to="/user/login">Log in</Link>
```

to 属性的值可以是字符串(或计算结果为字符串的表达式)或对象。如果将 to 属性指定为对象，那么对象的属性会被连接起来以创建目标位置。

使用字符串进行链接

如果向 to 属性传递一个字符串，它可以是任何有效的内部路径，通常将其用作 HTML a 元素 href 属性的值。传递给 Link 组件的任何路径都将用于更新浏览器相对于应用程序路径的相对位置。因为使用 Link 会更新与应用程序相关的 URL，所以下面的示例不会达到预期的效果：

```
<Link to="https://chrisminnick.com">Link to my website</Link>
```

图 12-4 显示了在 React Router 应用程序中单击以上链接时地址栏中显示的内容。

图 12-4　React Router 不能用于外部链接

如果想从 React 应用程序链接到外部站点，只需要使用 a 元素。

与对象链接

要将对象用作 to 属性的值时，可以结合以下属性。

● pathname：包含要链接的目标路径的字符串。

● search：包含查询参数的字符串(问号后跟 name=value 对，形成 HTML 查询字符串)。

● hash：包含 URL 的片段标识符(hash)部分的字符串，即哈希符号(#)后跟要传递给目标路由的任何值。

● state：一个对象，包含要在目标位置保存的状态。

例如，下面的 Link 组件在执行后，将向目标 Route 组件传递一个 path 和 querystring：

```
<Link to={{path: '/orders, search: '?filterBy=new'}}>
  View New Orders
</Link>
```

其他 Link prop

Link 组件可以接收几个可选的 props。其中包括 replace、component 和 pass-through prop，接下来逐一讨论。

replace

通常，当点击 Link 元素时，React Router 会在浏览器历史堆栈中添加一个新的位置条目。如果你想返回到之前的路径，可以使用浏览器后退按钮或更改浏览器在历史堆栈中的位置。replace 属性用于在历史堆栈中替换当前条目，而不是添加一个新条目：

```
<Link to="/somepath" replace>Go to the new location</Link>
```

component

component 属性的值是一个自定义导航组件。可以使用 component 属性来提供想要使用的组件名称，以代替默认的 Link 组件。要创建一个用于链接的自定义导航组件，并通过 prop 将 Link 组件中的属性传递给它，可执行以下操作：

```
const SpecialLink = (props)=>(
  <a {...props}>***Super Special Link*** {props.children}</a>
);

<Link to="/somepath" component={SpecialLink}>Click the special link</Link>
```

pass-through prop

如果希望将额外的 prop 附加到 Link 组件生成的 a 元素上，也可以指定它们作为 prop。常见的示例包括 className、id 和 title 等属性。

2. 使用 NavLink 的内部导航

导航链接是应用程序内部链接的子集。它们用于更改 Web 应用程序中的模式、选项卡或页面。导航链接的示例包括导航栏或移动站点导航菜单中的链接。

导航链接的功能与 Web 应用程序中的任何其他链接相同，但它良好的用户界面设计可以指示哪个链接当前处于活动状态，如图 12-5 所示。

图 12-5　导航链接指示当前位置

React Router 的 NavLink 组件用于创建导航链接。NavLink 和 Link 组件的区别在于，NavLink 具有属性，当其 to 属性的值与浏览器的当前位置匹配时，可以对其进行样式设置。

可以使用 activeClassName 属性(接收一个 CSS 类名)或 activeStyle 属性(接收一个 style 对象)来设置 NavLink 组件的样式：

```
<NavLink to="/home" activeClassName="active">Home</NavLink>
```

根据应用程序的设计方式，在决定 NavLink 何时以“active”样式显示时，有一些选项需要考虑。例如，在图 12-6 所示的导航菜单中，当“Meet the Team”子菜单链接处于活动状态时，是否应突出显示“Home”和“About Us”菜单？

代码清单 12-2 显示了用于构建图 12-6 中导航菜单的 JSX。

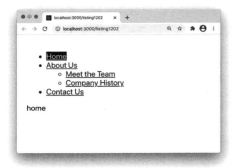

图 12-6 包含子项的导航菜单

代码清单 12-2：包含子项的 NavLinks 列表

```
<ul>
  <li><NavLink to="/" activeClassName="active">Home</NavLink></li>
  <li><NavLink to="/aboutUs" activeClassName="active">About Us</NavLink>
    <ul>
      <li>
        <NavLink to="/aboutUs/team" activeClassName="active">
          Meet the Team
        </NavLink>
      </li>
      <li>
        <NavLink to="/aboutUs/history" activeClassName="active">
          Company History
        </NavLink>
      </li>
    </ul>
  </li>
<li><NavLink to="/contactUs" activeClassName="active">Contact Us</NavLink></li>
</ul>
```

默认情况下，当部分路径匹配时，NavLink 将应用活动样式。在前面的示例中，当 Team 链接处于活动状态时，活动样式将不仅应用于 Team 链接，还应用于 aboutUs 和 Home 链接，如图 12-7 所示。

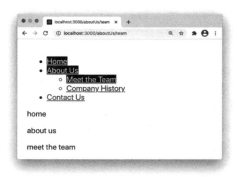

图 12-7 部分匹配时激活活动样式

如果只希望在精确匹配时激活活动样式, 则可以使用值为 Boolean 的 exact 属性, 如代码清单 12-3 所示。

代码清单 12-3: 在 NavLink 组件上使用 exact 属性

```
<ul>
  <li><NavLink exact to="/" activeClassName="active">Home</NavLink></li>
  <li><NavLink exact to="/aboutUs" activeStyle={{color:'green'}}>About
Us</NavLink>
  <ul>
  <li><NavLink exact to="/aboutUs/team"activeClassName="active">Meet the
Team</NavLink></li>
    <li><NavLink exact to="/aboutUs/history" activeClassName=
"active">Company History</NavLink></li>
    </ul>
  </li>
  <li><NavLink exact to="/contactUs" activeClassName="active">Contact
Us</NavLink></li>
</ul>
```

为每个 NavLink 组件添加 exact 属性后的导航栏如图 12-8 所示。

如果需要更严格的路径匹配, 可以在 NavLink 组件中使用 strict 属性, 同时考虑在 URL 路径中使用反斜杠:

```
<li><NavLink strict to="/aboutUs" activeClassName="active">About
Us</NavLink>
```

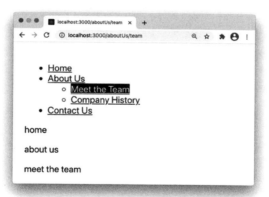

图 12-8　在 NavLink 组件上使用 exact 属性

在前面的链接中, 如果位置是/about Us, 则应用活动样式, 但如果位置是/about Us/, 则不应用活动样式。

3. 使用 Redirect 组件自动链接

Redirect 组件在渲染时通过替换历史堆栈中的当前位置来改变当前 URL。与 Link 和 NavLink 组件一样, Redirect 接收名为 to 的属性, 该属性的值可以是字符串或对象。但不同于 Link 和 NavLink, Redirect 没有子组件。

Redirect 通常用于更改 URL 以响应条件语句的结果，如下例所示：

```
{loginSuccess?<Redirect to="/members" />:<Redirect to="/forgotPassword" />}
```

如果要将新位置添加到历史堆栈，而不是替换当前位置，则使用 push 属性：

```
<Redirect push to="/pageNotFound" />
```

Redirect 组件还可以接收一个名为 from 的属性，从而使其充当路由组件。下一节将讨论 from 属性。

12.3.4 创建路由

Route 组件是实际创建路由的组件。在其最简单的形式中，Route 接收一个名为 path 的属性，并将其与当前位置进行比较。如果有匹配项，Route 将渲染其子组件：

```
<Route path="/login">
<LoginForm />
</Route>
```

默认情况下，path 只需要匹配部分位置。例如，如果当前浏览器位置为/login，那么代码清单 12-4 中的组件将同时渲染 Home 组件和 Login 组件。

代码清单 12-4：组件中的多个路由可能具有匹配项

```
import {BrowserRouter as Router, Route} from 'react-router-dom';

function HomeScreen(props){
  return (
    <Router>
      <Route path="/">
        <Home />
      </Route>
      <Route path="/login">
        <Login />
      </Route>
    </Router>
  )
}

export default HomeScreen;
```

图 12-9 显示了当位置为/login 时，所生成页面的外观，页面中同时显示了 Home 组件和 Login 组件。

能够匹配和显示多个路由意味着可以使用 React Router 来组合页面并创建子导航。

图 12-9　多个路由可以匹配 URL

1. 限制路径匹配

可以使用 Route 的 exact 属性将路径匹配限制为精确匹配。图 12-10 显示了在上一个例子的两个 Route 组件中添加 exact 属性并访问/login 路径的结果。

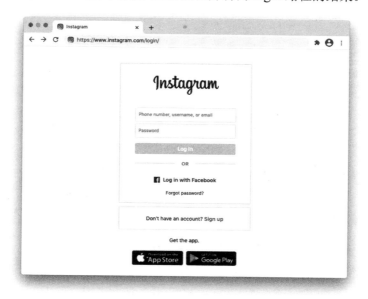

图 12-10　向 Route 组件添加 exact 属性以限制匹配

如果要在路径匹配中强制使用结束斜杠，那么使用 strict 属性：

```
<Route strict path="/user/">
  <UserProfile />
</Route>
```

2. 使用 URL 参数

URL 通常包含需要在子组件中使用的动态数据。例如，在以下路径中，目录名 user 后跟一个斜杠，然后是一个数字：

```
/user/5455
```

这种类型的 URL 通常表示该数字代表用户的唯一标识符，而不是一个名为"5455"的组件(因为它不是有效的组件名称)。

匹配这个路径的 Route 组件将查找/user/路径，然后指出路径后面的字符应该是子组件中可用的参数，如代码清单 12-5 所示。

代码清单 12-5：使用 URL 参数

```
import {BrowserRouter as Router, Route} from 'react-router-dom';

function HomeScreen(props){
  return (
    <Router>
      <Route exact path="/">
        <Home />
      </Route>
      <Route exact path="/login">
        <Login />
      </Route>
      <Route path="/user/:id">
        <UserProfile />
      </Route>
    </Router>
  )
}

export default HomeScreen;
```

在渲染的子组件中，可以使用 useParams hook 来访问 URL 参数，如代码清单 12-6 所示。

代码清单 12-6：使用 useParams hook

```
function UserProfile() {

  let { id } = useParams();

  return (
    <div>
      <h3>User ID: {id}</h3>
    </div>
  );
}
```

3. component Prop

除了使用 Route 组件的子组件来指定匹配路由时要渲染的组件外，还可以使用 component 属性，如代码清单 12-7 所示。

代码清单 12-7：使用 component 属性

```
import React from "react";
import {
 BrowserRouter as Router,
 Route,
 Link
} from "react-router-dom";

function ComponentProp(props) {

   const OrderDetails = (props)=>{
      return (
         <h1>Details for order # {props.match.params.orderid}</h1>
      )
   }

   return (
      <>
        <Router>
           <Link to="/orders/4">Order #4</Link>
           <Route path="/orders/:orderid" component={OrderDetails} />
        </Router>
      </>

   );
}

export default ComponentProp;
```

React Router 将使用传递给 component 属性的组件来创建和渲染新的 React 元素。使用 component 属性会导致组件在每次渲染时被卸载和重新渲染。

4. render Prop

在路由匹配时渲染组件的另一个选项是在 render 属性中指定函数。当路由匹配时，将调用此函数。使用 render 属性不需要 React Router 创建元素，因此它避免了像使用 component 属性那样在每次渲染时卸载和挂载。

代码清单 12-8 显示了使用 render 属性的示例。

代码清单 12-8：使用 render 属性

```
import React from "react";
import {
 BrowserRouter as Router,
 Route,
 Link
} from "react-router-dom";

function ComponentProp(props) {
```

```
    return (
      <>
        <Router>
          <Link to="/orders/4">Order #4</Link>
          <Route path="/orders/:orderid" render={props => (
            <h1>Details for order # {props.match.params.orderid}</h1>
              )
            } />
        </Router>
      </>

    );
}

export default ComponentProp;
```

使用 Route 的 render 属性是 React 中的一个高级技术示例，称为 render prop。render prop 是通过 prop 将一个函数提供给组件，组件在调用这个函数时使用它来渲染内容，而不是使用自己的 render 方法。

render props 可用于在组件之间共享功能，并动态确定子组件将要渲染的内容。在接收 render prop 的组件(如本例中的 Route)内部，组件将调用所提供的函数。代码清单 12-9 显示了使用 render prop 时 Route 组件内部情况的简化版。

代码清单 12-9：渲染 render prop

```
function Route(props) {

  return (
    <>
      {props.render({})}
      </>
  );
}

export default Route;
```

5. 切换路由

Switch 组件仅渲染第一个匹配的 Route。当存在多个匹配项时，如果不想渲染多个路由，则该组件非常有用。要使用 Switch，可使用<Switch>元素封装它所选择的第一个匹配的路由，如代码清单 12-10 所示。

代码清单 12-10：在多个路由之间切换

```
<Switch>
  <Route path="/">
    <p>home</p>
  </Route>
  <Route path="/aboutUs">
    <p>about us</p>
  </Route>
  <Route path="/aboutUs/team">
    <p>meet the team</p>
```

```
  </Route>
</Switch>
```

在本例中，如果当前 URL 为/aboutUs/team，则仅渲染该路由。

6. 渲染默认路由

当没有其他路由匹配时，也可以使用 Switch 来渲染默认路由。默认路由应该放在最后，并且可以使用没有路径的 Route，以便它匹配任何位置，如代码清单 12-11 所示。

代码清单 12-11：渲染默认路由

```
<Switch>
  <Route path="/">
    <p>home</p>
  </Route>
  <Route path="/aboutUs">
    <p>about us</p>
  </Route>
  <Route path="/aboutUs/team">
    <p>meet the team</p>
  </Route>
  <Route>
    <PageNotFound />
  </Route>
</Switch>
```

7. 使用重定向路由

Redirect 组件可以接收一个名为 from 的参数，该参数将与当前 URL 进行比较，如果匹配，则自动重定向到一个新位置。to 属性通过在这两个位置确定是否与 from 属性指定的任何参数匹配，从而将这些参数接收。带有 from 属性的 Redirect 只能在 Switch 组件内部使用。

如果需要多个位置映射到同一 URL，或者处理 URL 已更改的情况，则需要使用带有 from 属性的 Redirect。例如，在代码清单 12-12 中，/users 路由将重定向到 /user/list。

代码清单 12-12：从一个位置重定向到另一个位置

```
import { BrowserRouter as Router, Redirect, Route, Switch, Link, useLocation }
from "react-router-dom";

function Header(props){
  return(<Link to="/users">View a list of users</Link>);
}

function UsersList(props){
  const location = useLocation();
  return(
    <>
```

```
        <h1>User List</h1>
        path: {location.pathname}
      </>);
}

function NoMatch(props){
  const location = useLocation();
  return(<h1>{location.pathname} is not a matching path</h1>)
}

function App(props){
  return(
    <Router>
      <Header />
        <Switch>
          <Route path="/users/list">
            <UsersList />
          </Route>

          <Redirect from="/users" to="/users/list" />

          <Route>
            <NoMatch />
          </Route>
        </Switch>
      </Router>
  );
}

export default App;
```

前面示例中的 App 组件会渲染一个指向/users 的链接。单击该链接后，Redirect 组件将把位置更改为/users/list 并渲染相应的 Route 子组件。

12.3.5　location、history 和 match 对象

实现路由的内容机制涉及 history、location 和 match 这三个对象。通过操作或读取这些对象的值，可以更好地掌握应用程序中的路由工作方式。

1. history 对象

history 对象指的是 history 包，它与 React Router 是分开的，但 React Router 依赖于它。history 对象的任务是记录当前会话中导航到的位置，并允许更改位置。会话历史的概念是与设备无关的，但在不同的环境中(对应于 React Router 中的路由器组件)以几种不同的方式来实现：

- 浏览器历史记录
- 哈希历史记录
- 内存历史记录

通过使用 useHistory hook 或使用 withRouter 高阶函数，可以访问 React 代码中的 history 对象。

　　代码清单 12-13 显示了如何使用 withRouter 访问 history.push 方法并使用它来创建链接。

代码清单 12-13：使用 withRouter

```
import React from "react";
import {
  withRouter
} from "react-router-dom";

function NavMenu(props) {
  function handleClick() {
    props.history.push("/home");
  }

  return (
    <button type="button" onClick={handleClick}>
      Go home
    </button>
  );
}

export default withRouter(NavMenu);
```

　　useHistory hook 是访问 history 对象的新方法，稍微简单一些，如代码清单 12-14 所示。

代码清单 12-14：使用 useHistory

```
import React from "react";
import {
  useHistory
} from "react-router-dom";
  function NavMenu(props) {

    const history = useHistory();

    function handleClick() {
      history.push("/home");
    }

  return (
    <button type="button" onClick={handleClick}>
      Go home
    </button>
  );
}

export default NavMenu;
```

JavaScript 教程：高阶函数

　　高阶函数和高阶组件都是抽象和重用代码的工具。然而，它们一开始很难懂，所以我将用简单的例子来解释它们。

高阶函数

高阶函数是指对其他函数进行操作的函数。高阶函数不是 React 或 JavaScript 特有的。而是数学和计算机科学中常见的技术。高阶函数可以将一个函数作为参数，也可以返回一个函数。

例如以下函数，它只是给某个数字加 1 并返回结果：

```
const addOne = (a)=>a+1;
```

这个函数被称为一阶函数。

下面的高阶函数将一个函数作为参数，并返回该函数的结果，其中附加了一些文本：

```
const addText = f => x => f(x) + ' is the result.';
```

然后可以使用 addText 函数定义新函数，并将 addOne 作为参数提供给它：

```
const addWithText = addText(addOne);
```

接着可以调用 addWithText 函数，如下所示：

```
addWithText(8);
```

结果将是返回字符串"9 is The result"。可以通过将前面的代码逐行复制到浏览器的 JavaScript 控制台来对此进行测试。

高阶组件

在 React 中，高阶组件是一个接收组件并返回新组件的函数。在这个过程中，它以某种方式增强了原始组件。例如，在 React Router 中，withRouter 函数返回一个可以访问 history 对象的新组件。

要使用高阶函数，可以定义一个普通组件，然后使用高阶组件来增强原始组件，如下例所示：

```
import React from "react";
import { withRouter } from "react- router";

class ShowTheLocation extends React.Component {

  render() {
    const { match, location, history } = this.props;

    return <div>You are now at {location.pathname}</div>;
  }
}
const ShowTheLocationWithRouter = withRouter(ShowTheLocation);
export default ShowTheLocationWithRouter;
```

在前面的示例中，当渲染 ShowTheLocationWithRouter 组件时，可以使用 React Router 中的 match、location 和 history 属性。

表 12-1 显示了 history 对象的所有属性和方法。

表 12-1　history 对象的属性和方法

属性和方法	描述
length	历史堆栈中 location 项的数量
action	当前操作(如 PUSH 或 REPLACE)
location	当前的 location
push()	向历史堆栈中添加新项
replace()	替换历史堆栈上的当前位置
go()	按历史堆栈中传入的条目数移动指针
goBack()	返回历史堆栈中的一个条目
goForward()	在历史堆栈中向前移动一个条目
block()	阻止导航。例如，如果用户单击 Back 按钮，block 可用于中断导航以显示一个消息或确认对话框

2. location 对象

location 对象存储了关于应用程序当前位置、过去位置和将来位置的信息。它可以包含 pathname、querystring、hash、状态数据和 key。在 React Router 中，Location 对象被存储在历史堆栈中，可以通过 Route 组件或使用 withRouter 高阶函数来访问它。

代码清单 12-15 显示了如何使用 withRouter 访问 Location 对象的属性。

代码清单 12-15：查看当前 location 对象的属性

```
import React from "react";
import {
  withRouter
} from "react-router-dom";

function ViewLocation(props) {

    return (
        <>
          <h1>Current Location</h1>
          <ul>

             <li>pathname: {props.location.pathname}</li>
             <li>hash: {props.location.hash}</li>
             <li>search: {props.location.search}</li>
             <li>key: {props.location.key}</li>

          </ul>
        </>

    );
}

export default withRouter(ViewLocation);
```

渲染该组件后，可尝试通过在浏览器的地址栏中添加一个 querystring 或 hash 值来更改位置，如图 12-11 所示。

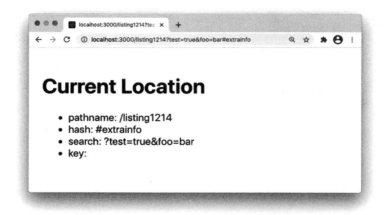

图 12-11　修改当前位置

3. match 对象

match 对象包含有关 Route 路径与 URL 匹配方式的信息。与 location 和 history 对象一样，可以通过几种不同的方式来访问 match 对象：

● 在 Route 组件内部。

● 通过使用 withRouter 高阶组件。

● 通过使用 hook。

match 对象包含以下属性：

● params：包含从 URL 传递的键/值对的对象，对应于 URL 的动态部分。例如，如果路由的路径是/user/:id，id 将位于 params 属性中。

● isExact：一个布尔值，如果整个 URL 匹配成功且后面没有其他字符，则为 true。

● path：用于进行匹配的模式。

● url：URL 中匹配的部分。

match 对象适用于在嵌套路由中动态构建链接和路由，如代码清单 12-16 所示。

代码清单 12-16：嵌套路由的动态链接和路由

```
import {
  BrowserRouter as Router,
  Switch,
  Route,
  Link,
  useParams,
  useRouteMatch
```

```
} from "react-router-dom";

function Reports() {
  let { path, url } = useRouteMatch();
    return (
      <div>
        <h2>Reports</h2>
        <ul>
          <li>
            <Link to={`${url}/profitloss`}>Profit and Loss</Link>
          </li>
          <li>
            <Link to={`${url}/balancesheet`}>Balance Sheet</Link>
          </li>
          <li>
            <Link to={`${url}/payroll`}>Payroll</Link>
          </li>
        </ul>

        <Switch>
          <Route exact path={path}>
            <h3>Select a report.</h3>
          </Route>
          <Route path={`${path}/:reportId`}>
            <Report />
          </Route>
        </Switch>
      </div>
    );
  }

  function Report() {

    let { reportId } = useParams();

    return (
      <div>
        <h3>{reportId}</h3>
      </div>
    );
  }

  function Nav() {

    return(
      <div>
        <ul>
          <li>
            <Link to={`/reports`}>Reports</Link>
          </li>
        </ul>

        <hr />

        <Switch>
          <Route path={`/reports`}>
            <Reports />
          </Route>
        </Switch>
      </div>
    )
}
```

```
function App() {
  return (
    <Router>
      <Nav />
    </Router>
  );
}

export default App;
```

该子导航菜单包含 Link 元素，它们使用 match 对象的 URL 作为 to 属性的基值。为了匹配这些新链接，Route 组件使用 match 对象中的路径作为自己的 path 属性的基值。

渲染代码清单 12-16 并单击 Reports 链接的结果如图 12-12 所示。

图 12-12　具有 match 对象属性的动态链接及其 path 属性

12.4　React Router hook

正如前面的示例所示，React Router 包含多个 hook，用于访问 Router 的状态。这些 hook 包括：

- useHistory：允许访问 history 对象。
- useLocation：允许访问当前的 location 对象。
- useParams：返回包含当前 URL 参数的对象。
- useRouteMatch：尝试匹配当前 URL。useRouteMatch hook 的用法与 Route 组件匹配 URL 的方式相同，但它可以在不渲染 Route 的情况下进行匹配。

12.4.1　useHistory

要使用 useHistory hook，将 useHistory hook 的返回值赋给一个新变量。然后可以通过这个新对象访问 history 对象的属性和方法：

```
const history = useHistory();
```

12.4.2　useLocation

useLocation hook 的用法与 useHistory hook 相同。根据 useLocation 的返回值创建一个新对象，以访问 location 对象的属性：

```
const location = useLocation();
```

12.4.3　useParams

useParamshook 返回一个对象，其中包含当前 Route 每个 params 属性的键/值对。可以解构该对象来使用单独的 params 属性：

```
const {orderNumber,size,color} = useParams();
```

12.4.4　useRouteMatch

useRouteMatch hook 尝试采用 Route 组件所用的方法来匹配当前 URL，但不渲染任何内容。例如，如果使用以下带有 render prop 的 Route：

```
<Route
 path="/order/:orderId"
 render={({ match }) => {

    return <> {match.path}</>;
 }}
/>
```

可以使用相同的 match 对象，而不需要渲染以下内容：

```
let match = useRouteMatch("/order/:orderId");
```

useRouteMatch hook 可以与单个参数一起使用，该参数是要匹配的路径；也可以在没有参数的情况下使用，在这种情况下，它将返回当前 Route 的 match 对象。

12.5　本章小结

路由使得在 React 应用程序中进行导航和配置成为可能。React Router 采用了声明式和可组合的 API，这种方式具有一定的逻辑性，且符合标准 React 最佳实践。通过 hook，可以很轻松地在需要时了解路由的内部机制。

在本章中，我们学习了：

- 什么是路由。
- JavaScript 和 React Router 如何在 SPA 中启用路由。
- React Router 中不同的路由器。
- 如何链接路由。
- 如何创建路由。
- 如何使用 Redirect 组件。
- 如何使用 React Router 的 hook。
- 什么是高阶函数和高阶组件。

在下一章中，你将学习如何使用错误边界正确处理 React 组件中的错误。

第 13 章

错误边界

无论编写的代码如何完美，交互式 Web 应用程序的性质也导致了偶尔会出现一些问题。当出现错误时，错误边界旨在帮助用户避免看到崩溃的用户界面。

在本章中，你将学习：

- 什么是错误边界
- 使用错误边界可以捕获哪些类型的错误
- 如何记录捕获的错误
- 哪些错误无法用错误边界捕获
- 如何使用 JavaScript 的 try/catch

13.1 锦囊妙计

任何类型的软件开发都需要平衡资金、时间和质量等因素。很多时候，资金和时间往往是限制因素，尤其是在 Web 开发中。再加上典型的 JavaScript 应用程序中涉及的依赖项数量，以及其他完全不在控制范围内的因素(比如网络可用性) ，这就造成了在某些时候，React 用户界面不会像预期的那样正常运行。

默认情况下，当 React 在 UI 的任何组件中遇到错误时，它将在下一次渲染时发出错误，并在屏幕上显示一条很大的红色消息(在开发模式下)或者是对任何人都没有太大帮助的"白屏死机"(在生产模式下)，如图 13-1 所示。

崩溃的用户界面和含糊不清的错误消息对终端用户尤其没有帮助。通常，从崩溃的 UI 中恢复应用程序的唯一方法是通过刷新浏览器窗口来重新启动应用程序，从而重置应用程序的状态。在最坏的情况下，仅供开发人员使用的错误消息可能会泄露应用程序内部工作的细节，而这会让恶意用户获取他们需要的信息从而以某种方式破解应用程序。

图 13-1　崩溃的 React 应用程序

　　而错误边界可以捕获用户界面中的多种错误，并显示对用户友好的备用用户界面。它们还允许应用程序中未受错误影响的部分继续运行。

13.2　什么是错误边界

　　错误边界是一个组件，用于捕获其子组件中发生的错误。一旦捕获到错误，错误边界可以提供一个回退 UI 并记录错误，还可以为用户提供一种不刷新浏览器窗口就能够恢复使用 UI 的方法。你可以把它想象成防火墙，能防止组件子树内部错误的激增破坏整个应用程序的正常运行。

　　为了举例说明为什么需要错误边界，请查看图 13-2 所示的典型 React 用户界面图。

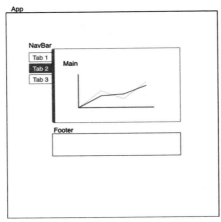

图 13-2　一个典型的 UI 示意图

该应用程序由一个 App 组件组成，包含多个子组件，包括导航菜单、页脚和用户界面的主要部分。它可以显示为如下轮廓：

```
<App>
  <NavBar />
  <Main />
  <Footer />
</App>
```

用户界面的主要部分可能包含多个层级的组件，并且可能依赖于外部数据源和用户输入。所有这些因素都可能导致出错。

从 React 16 开始，当在应用程序中渲染任何组件遇到错误时，默认行为是卸载整个组件树并显示一个空白页面，然后将详细信息记录到控制台。在开发模式下，还会出现一个包含错误消息的覆盖窗口。

图 13-3 显示了当应用程序的任何组件出现错误时，用户界面会发生什么变化。在本例中，组件期望将一个函数作为 prop 传递，但实际并未传递。

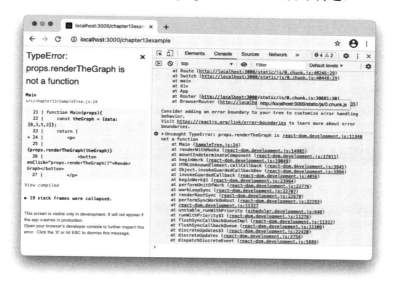

图 13-3 未捕获的错误

一旦 UI 被卸载，用户(或开发人员)就无法在应用程序的其他位置进行导航。而在 Main 组件周围添加 ErrorBoundary 将确保即使 Main 组件内部出现错误，用户界面的其余部分也依然可用。以下是新应用程序的轮廓，在 Main 组件周围有一个 ErrorBoundary：

```
<App>
  <NavBar />
  <ErrorBoundary>
    <Main />
  </ErrorBoundary>
```

```
    <Footer />
</App>
```

通过此更改，ErrorBoundary 组件现在可以根据需要任意处理，而 UI 的其余部分仍然正常运行，如图 13-4 所示。

如果需要，可以在 NavBar 组件周围和 Footer 组件周围放置一个 ErrorBoundary。甚至可以在 Main 组件的每个子组件周围放置一个 ErrorBoundary，或者在处理所有子组件事件的 App 组件周围放置一个 ErrorBoundary。更多的粒度(意味着更多的组件封装在 ErrorBoundary 中)可以提供更多关于错误出现位置的信息，并在出现问题时保证应用程序的更多功能可以正常使用。

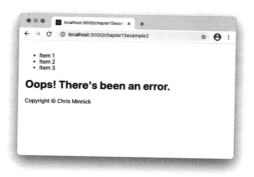

图 13-4　使用错误边界来处理错误

13.3　实现错误边界

在 React 中，错误边界不是特定的函数或组件。相反，任何组件都可以定义一个静态的 getDerivedStateFromError 或 componentDidCatch 生命周期方法(或两者兼而有之)。因为错误边界使用生命周期方法，所以它们必须是类组件。一旦定义了 ErrorBoundary 组件，就可以根据需要多次重用它，甚至可以在多个 React 应用程序中重用它。因此，如果需要，ErrorBoundary 组件可能是唯一需要编写的类组件。

13.3.1　构建自己的 ErrorBoundary 组件

获取 ErrorBoundary 组件的一种方法是构建自己的组件。代码清单 13-1 显示了 ErrorBoundary 的一个简单示例，它只使用静态的 getDerivedStateFromError 来在发生错误时显示一个回退的 UI。

代码清单 13-1：ErrorBoundary 组件

```
import {Component} from 'react';

class ErrorBoundary extends Component {
```

```
constructor(props) {
  super(props);
  this.state = { hasError: false };
}

static getDerivedStateFromError(error) {
  return { hasError: true };
}

render() {

  if (this.state.hasError) {
    return <h1>Oops! There's been an error.</h1>;
  }

  return this.props.children;
}
}

export default ErrorBoundary;
```

要 了 解 这 个 ErrorBoundary 组 件 中 的 操 作 ， 需 要 知 道 一 些 有 关 getDerivedStateFromErrors 生命周期方法的知识。

1. getDerivedStateFromErrors 是一种静态方法

getDerivedStateFromErrors 生命周期方法是一种静态方法。静态方法通常用于定义属于整个类的功能，例如实用程序。在 React 中，getDerivedStateFromErrors 和 getDeriverStateFromProps 生命周期方法被定义为静态方法，是为了使它们更难产生副作用。

换句话说，因为这些方法是静态的，所以它们属于组件，但不能访问组件实例的属性(如 this.props、this.state 等)。通过限制方法的访问范围，React 仅支持编写纯函数，从而确保了这种生命周期方法不会在 render 方法中产生不可预测的结果。

> **JavaScript 教程：静态方法**
> 静态方法是在类上定义的方法，不能在类的实例上调用。例如，下面的类 Cashier 有一个名为 makeChange 的静态方法。makeChange 方法不需要访问 Cashier 实例中的特定数据。它只接收一个 total 和一个 amountTendered 参数，并返回修改后的值：
>
> ```
> class Cashier{
>   static makeChange(total,amtTendered){
>     return amtTendered - total;
>   }
> }
> ```
>
> 在 Cashier 实例中，makeChange 方法不可用，如下所示：
>
> ```
> const bob = new Cashier();
> bob.makeChange(2,10); // bob.makeChange is not a function
> ```
>
> 然而，可以在类中调用 makeChange，如下所示：

```
Cashier.makeChange(2,10); // 8
```

2. getDerivedStateFromErrors 在渲染阶段运行

在组件生命周期中的渲染阶段，不允许执行具有副作用的操作。执行副作用的正确时间是在渲染阶段之前或之后。如果你希望 ErrorBoundary 执行副作用(例如记录错误)，那么可以在 ComponentDidCatch 生命周期方法中执行(稍后我们将讨论)。

3. getDerivedStateFromErrors 将错误作为参数接收

当使用 getDerivedStateFromErrors 的组件的后代组件中发生错误时，将调用该方法并传递错误消息。错误消息是一个字符串，包含有关错误发生的位置和错误内容的信息。与代码清单 13-1 中的示例一样，实际上不需要对该错误进行任何处理。只需要利用 getDerivedStateFromErrors 被调用的事实来触发备用用户界面的渲染。

4. getDerivedStateFromErrors 应返回一个对象以更新状态

getDerivedStateFromErrors 的返回值将用于更新状态。在代码清单 13-1 的示例中，getDerivedStateFromErrors 返回了一个将 hasError 更改为 true 的值。当然，除了更新值，更复杂的错误边界也可能会将错误本身存储在状态中，如下所示：

```
static getDerivedStateFromError(error) {
  return { hasError: true,
        error
        };
  }
```

如果 getDerivedStateFromErrors 不运行，ErrorBoundary 将通过返回 this.props.children 来渲染其子组件，就像它根本不存在一样。

如果确实运行了 getDerivedStateFromErrors，则生成的状态可用于显示备用(或回退)用户界面。检查 hasError 状态值的条件语句必须在 return this.props.children 之前运行。因此如果 hasError 为 true，则组件将返回回退 UI，甚至无法获取返回子组件的 render 方法(因为函数只能执行一个 return 语句)：

```
render() {

  if (this.state.hasError) {
    return <h1>Oops! There's been an error.</h1>;
  }

  return this.props.children;
}
```

5. 测试边界

一旦创建了 ErrorBoundary 组件，就可以通过将其封装在一个组件上进行测试，因为你知道这个组件会产生一个可以捕获的错误。代码清单 13-2 包含了一个通常会产生错误的组件，因为它试图在 render 方法中返回一个对象，而这是不允许的。

代码清单 13-2：一个产生错误的组件

```
function BadComponent(){
  return (
    {oops:"this is not good"}
  );
}
export default BadComponent;
```

尝试在没有错误边界的情况下渲染该组件将导致错误消息和/或空白屏幕。

为了防止这种错误(当然，除了修复真实组件错误之外)，可以将 BadComponent 组件封装在其父组件 render 方法的错误边界中，或者使用 ErrorBoundary 将其导出，如代码清单 13-3 所示。

代码清单 13-3：使用 ErrorBoundary 进行导出

```
import ErrorBoundary from './ErrorBoundary';

function BadComponentContainer(){
    return (
        <ErrorBoundary>
            <BadComponent />
        </ErrorBoundary>
    )
}

function BadComponent(){
    return (
        {oops:"this is not good"}
    );
}

export default BadComponentContainer;
```

一旦在错误的组件周围包含错误边界，就会渲染回退 UI，如图 13-5 所示。

图 13-5　渲染回退 UI

6. 使用 ComponentDidCatch()记录错误

当 React 组件树中发生错误时，要尽量减少它对用户的影响，但如果能实际了解错误发生的原因和位置，将有助于防止未来再次发生错误。这就是 ComponentDidCatch 生命周期方法能发挥作用的地方。

ComponentDidCatch 在 React 的提交阶段运行。提交阶段发生在渲染阶段之后。除了 ComponentDidCatch，ComponentDidMount 和 ComponentDidUpdate 也在这个阶段运行。在提交阶段，ReactDOM 实际上将渲染阶段的更改应用(或提交)到浏览器。在提交阶段，组件可以安全地执行具有副作用的操作，因为提交阶段每次更改只发生一次，而渲染阶段可能会针对任何状态更改发生多次。

ComponentDidCatch 接收两个参数：抛出的错误和一个包含抛出错误的组件信息的 info 对象。代码清单 13-4 将 ComponentDidCatch 方法添加到前面创建的 ErrorBoundary 中。在这个版本中，ComponentDidCatch 只是将 error 和 info 参数的值记录到浏览器控制台。

代码清单 13-4：将 error 和 info 对象记录到控制台

```
import {Component} from 'react';

class ErrorBoundary extends Component {
  constructor(props) {
    super(props);
    this.state = { hasError: false };
  }

  static getDerivedStateFromError(error) {
    return { hasError: true };
  }

  componentDidCatch(error,info){
    console.log(`error: ${error}`);
    console.log(`info: ${info}`);
  }

  render() {

    if (this.state.hasError) {
      return <h1>Oops! There's been an error.</h1>;
    }

    return this.props.children;
  }
}

export default ErrorBoundary;
```

通过对 ErrorBoundary 的更改，现在可以挂载 BadComponent 组件并打开控制台，以查看传递给 ComponentDidCatch 的参数，如图 13-6 所示。

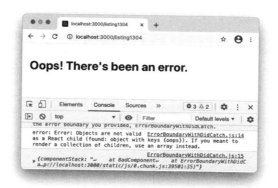

图 13-6　在控制台中查看错误和 info 参数

7. 使用日志记录服务

在开发过程中，将错误记录到控制台是可以的，但一旦应用程序上线并被其他人使用，控制台窗口中显示的所有日志消息将保留在用户的控制台窗口中，这没有任何好处。

要了解实际用户遇到的错误，要么需要他们来告诉你(除非错误非常严重，否则这是不可能的)，要么需要实现一个系统，能够在用户浏览器外自动记录错误。

基于云的日志记录服务可以捕获应用程序中发生的事件(如错误)，并提供报告，你可以使用这些报告来改进应用程序或获取有关用户如何使用应用程序的信息。

例如提供此类服务的 Loggly(详见链接[1])。Loggly 有一个免费的试用版，可用于测试下面的示例代码。

注册 Loggly 试用版后，你需要安装 Loggly 软件开发工具包(SDK)。可以在应用的根目录下输入以下命令：

```
npm install loggly-jslogger
```

安装 Loggly SDK 之后，创建一个新组件 Logger，它将为其他组件(如 ErrorBoundary 组件)提供 Loggly SDK 的功能。代码清单 13-5 显示了 Logger 组件应包含的内容。

代码清单 13-5：Logger 组件

```
import { LogglyTracker } from 'loggly-jslogger';

const logger = new LogglyTracker();

logger.push({ 'logglyKey': 'YOUR CUSTOMER TOKEN HERE' });

export default logger;
```

要获取客户令牌，请登录你的 Loggly 试用账号，然后进入 Source Browser，如

图 13-7 所示。

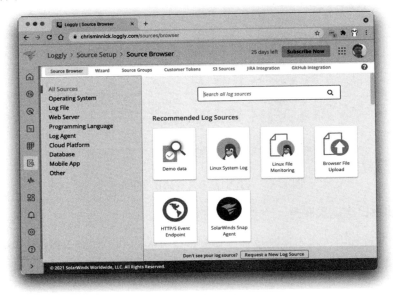

图 13-7 添加日志源

找到 Customer Tokens 链接(如图 13-8 所示)并点击它，查看需要输入到 Logger
组件中的令牌。

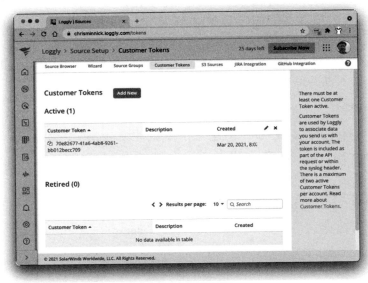

图 13-8 Loggly 中的 Customer Token 链接

安装 Loggly 并将其配置为在 React UI 中记录错误的最后一步是将其导入

ErrorBoundary 并将 ComponentDidCatch 的参数传递给它，如代码清单 13-6 所示。

代码清单 13-6：使用远程日志记录更新的 ErrorBoundary

```
import {Component} from 'react';
import logger from './logger';

class ErrorBoundary extends Component {
  constructor(props) {
    super(props);
    this.state = { hasError: false };
  }

  static getDerivedStateFromError(error) {
    return { hasError: true };
  }

  componentDidCatch(error,info){
    logger.push({ error, info });
  }

  render() {

    if (this.state.hasError) {
      return <h1>Oops! There's been an error.</h1>;
    }

    return this.props.children;
  }
}

export default ErrorBoundary;
```

现在，ErrorBoundary 将捕获的错误记录到 Loggly 中，你可以进入 Loggly 仪表板查看有关捕获错误的信息，如图 13-9 所示。

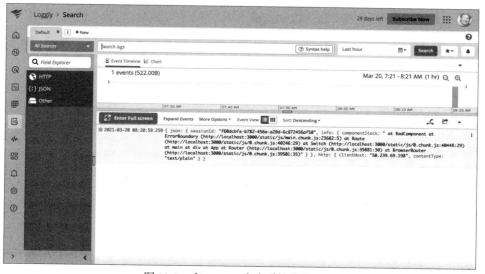

图 13-9　在 Loggly 中查看捕获的错误

8. 重置状态

如果触发错误边界的错误是临时错误，例如在网络服务不可用时，那么提供一种让用户重试的方法可以改善用户体验。

由于 ErrorBoundary 组件根据 hasError 状态值确定是否渲染回退 UI 或其子组件，因此重置 hasError 的值将导致它再次尝试渲染子组件。

为了演示如何重置状态，下面先创建一个不经常返回错误的组件。当单击按钮时，代码清单 13-7 中的组件将随机产生一个错误。

代码清单 13-7：有时会出错的组件

```
import ErrorBoundary from './ErrorBoundary';
import {useState} from 'react';

function SometimesBad(){
  const [message,setMessage] = useState();

  const handleClick = () => {
    const randomNumber = Math.floor(Math.random() * 2);
    if (randomNumber === 1){
      setMessage({error:"there has been an error"});
    } else {
      setMessage("great");
    }
  }
  return (
    <div>
      <button onClick={handleClick}>Mystery Button</button>
      {message}
    </div>
  );
}

export default SometimesBad;
```

如果渲染该组件并单击按钮，可能会将消息的值设置为一个对象，该对象将尝试进行渲染。结果将是卸载 React 组件树并显示错误消息。

如果使用本章介绍的 ErrorBoundary 组件，它将防止用户看到空白屏幕，并使应用程序的其余部分保持完整。然而，因为这个错误不一定是致命的，所以我们可以给用户一个选择，让他们再试一次。为此，提供一种将 hasError 值重置为 false 的方法，如代码清单 13-8 所示。

代码清单 13-8: 在错误边界中提供一个重置链接

```
import {Component} from 'react';
import logger from './logger';

class ErrorBoundary extends Component {
  constructor(props) {
    super(props);
    this.state = { hasError: false };
  }
```

```
static getDerivedStateFromError(error) {
  return { hasError: true };
}

componentDidCatch(error,info){
  logger.push({ error, info });
}

render() {

if (this.state.hasError) {
  return (<>
          <h1>Oops! There's been an error.</h1>
          <button onClick={()=>this.setState({hasError:false})}>Try
again</button>
          <>)
  }

  return this.props.children;
 }
}

export default ErrorBoundary;
```

在 SometimesBad 周围放置 ErrorBoundary 组件后，当确实出现错误时，用户能够单击按钮返回到带有按钮的用户界面并重试，如图 13-10 所示。

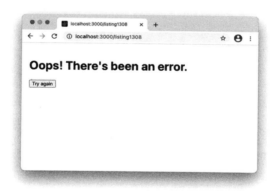

图 13-10　在错误边界中提供重置选项

13.3.2　安装预先构建的 ErrorBoundary 组件

获取 ErrorBoundary 组件的另一种方法是安装别人已经构建好的组件，详见链接[2]中的组件。

要安装 react-error-boundary，在终端中输入以下命令：

```
npm install react-error-boundary
```

react-error-boundary 包提供了一个可配置的 ErrorBoundary 组件，可以直接使用它而不必自己编写组件。要使用它，请将其导入到组件中，并将其放置在想要捕获错误的组件周围。React-error-boundary 是高度可定制的，但它最基本的用法是提供一个回退组件，并在发生错误时显示该组件，如代码清单 13-9 所示。

代码清单 13-9：使用 react-error-boundary 指定一个回退组件

```
import ErrorBoundary from 'react-error-boundary';

function ErrorFallback({error}) {
  return (
    <div role="alert">
      <p>Something went wrong:</p>
      <pre>{error.message}</pre>
    </div>
  )
}

function BadComponentContainer(){
    return (
        <ErrorBoundary
          FallbackComponent={ErrorFallback}>
            <BadComponent />
        </ErrorBoundary>
    )
}

function BadComponent(){
    return (
      {oops:"this is not good"}
    );
}

export default BadComponentContainer;
```

13.4 错误边界无法捕获的错误

错误边界是捕获组件中大多数常见错误的绝佳工具，但错误边界无法处理某些类型的错误。这些错误包括：

- ErrorBoundary 中的错误
- 事件处理程序中的错误
- 服务器端渲染中的错误
- 异步代码中的错误

13.4.1 使用 try/catch 捕获错误边界中的错误

要捕获错误边界无法捕获的错误，一种方法是使用 JavaScript 内置的 try/catch 语法。

例如，ErrorBoundary 组件无法捕获自身错误，只能捕获其子组件的错误。理论上，可以将 ErrorBoundary 封装在另一个 ErrorBoundary 中，但这将是一个无休止的任务。最好在 ErrorBoundary 组件中使用 try/catch，如代码清单 13-10 所示。

代码清单 13-10：使用 try/catch 捕获 ErrorBoundary 中的错误

```
import {Component} from 'react';
import logger from './logger';

class ErrorBoundary extends Component {
  constructor(props) {
    super(props);
    this.state = { hasError: false };
  }

  static getDerivedStateFromError(error) {
    return { hasError: true };
  }

  componentDidCatch(error,info){
    try {
      logger.push({ error, info });
    } catch(error){
      // handle the error here
    }
  }

  render() {

  if (this.state.hasError) {
    return <h1>Oops! There's been an error.</h1>;
  }

  return this.props.children;
  }
}

export default ErrorBoundary;
```

在本例中，如果调用 logger.push 时出现错误，则 catch 块中的代码可以处理该错误。

13.4.2　使用 react-error-boundary 捕获事件处理程序中的错误

与生命周期方法和 render 方法不同，React 中的事件处理程序与渲染不会同时发生。因此，事件处理程序中的错误不会导致整个 UI 崩溃，事件处理程序也不需要或不支持事件边界。

但是，最好以相同的方式处理事件处理程序和错误边界中的错误，而不是为它们编写单独的错误处理代码。

如果你使用 react-error-boundary 包，那么该包中有一个名为 useErrorHandler 的 hook，可以使用它将事件处理程序中发生的错误传递给最近的 ErrorBoundary 组件，如代码清单 13-11 所示。

代码清单 13-11：使用 useErrorHandler()

```
function Greeting() {
  const [greeting, setGreeting] = React.useState(null)
  const handleError = useErrorHandler()

  function handleSubmit(event) {
    event.preventDefault()
    const name = event.target.elements.name.value
    fetchGreeting(name).then(
      newGreeting => setGreeting(newGreeting),
      error => handleError(error),
    )
  }

  return greeting ? (
    <div>{greeting}</div>
  ) : (
    <form onSubmit={handleSubmit}>
      <label>Name</label>
      <input id="name" />
      <button type="submit">get a greeting</button>
    </form>
  )
}
```

在本例中，当 handleSubmit 方法中发生错误时，将由包含 Greeting 组件(或其祖先组件之一)的 ErrorBoundary 来处理该错误。

13.5 本章小结

软件中错误处理(也称为异常处理)的目标是将应用程序的错误对用户体验的影响降至最低。一旦处理了错误，记录它可以帮助你找到根本原因并解决问题。通过使用错误边界，就可以在 React 中启用并简化错误处理和日志记录。

在本章中，我们学习了：

- 什么是错误边界。
- 如何编写自己的错误边界。
- 如何使用错误边界显示回退 UI。
- 如何使用错误边界将错误记录到日志服务。
- 如何使用 react-error-boundary 包。
- 如何使用 try/catch 捕获错误。
- 如何使用 react-error-boundary 的 useErrorHandler hook。

在下一章中，你将学习如何将迄今为止所学的内容整合起来，并将 React 应用程序实际部署到 Web 上。

第 **14** 章

部署 React

现在，你已经知道了如何构建 React UI、实现路由、捕获和记录错误，并学会用一些方法来解决性能问题，你已准备好将应用程序放置到目标用户可访问的环境中。在软件和 Web 开发中，我们称这一步骤为部署。

在本章中，你将学到：

- React 的开发版本和生产版本之间的差异
- 如何构建用于部署的应用程序
- 用于托管 React UI 的不同选项
- 如何实现与 Git 的持续集成

14.1 什么是部署

软件部署是一个不断使软件可用的过程。对于 Web 应用程序来说，这意味着把一个应用程序放到 Web 上。对于移动应用程序来说，通常意味着将一个应用程序发布到应用程序商店中。

部署 Web 应用程序通常涉及运行代码的几个步骤，以准备好部署到 Web 上，然后将处理过的文件实际传输到服务器，在服务器上可以通过非本地 URL 来访问这些文件。

14.2 构建应用程序

构建或编译应用程序是将开发代码或源文件转换为独立应用程序的过程。对于 React 项目，这意味着应用程序必须经过以下几个步骤：

- 链接到优化后的 React 和 ReactDOM 库的生产版本。
- 捆绑应用程序在服务器上运行所需的其他链接库(如 React Router)。
- 将源文件转译为 JavaScript 的最小公分母版本，使其可在所有目标 Web 浏览器中运行。
- 将源文件组合成捆绑包，以便在网络上高效传输。
- 精简源文件以减少终端用户加载应用程序所需的带宽。
- 将静态文件(如 HTML、CSS、编译过的 JavaScript 和图像)移至 distribution 目录中。

构建 React 应用程序是一个复杂的过程，需要多个工具和脚本共同处理 React 项目包含的数百个文件。幸运的是，Create React App 使得构建应用程序变得简单。如果准备编译部署使用 Create React App 构建的 React 应用程序，只需要知道一个简单的命令：npm run build。

14.2.1　运行 build 脚本

当准备好部署应用程序时(或者任何时候你想尝试部署它时)，可以在终端中输入 npm run build 来创建应用程序的生产版本。

接下来，Create React App 将经历与运行 npm start 命令时类似的过程，只是它不会在浏览器中打开编译后的应用程序，而是将编译后的文件保存在名为 build 的目录中。

14.2.2　检查 build 目录

图 14-1 显示了在第 5 章的 React Bookstore 项目中运行 npm run build 命令后生成的 build 目录中的文件。

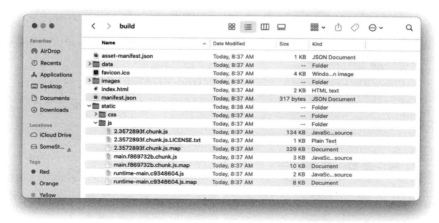

图 14-1　build 目录

如果将 build 目录与项目的其余部分进行比较，你会注意到以下内容：

- public 目录的内容成为 build 目录的根目录。images 和 data 目录，以及 favicon.ico、index.html 和 manifest. json 文件都已经复制到 build 目录中。
- 已创建新的 static 目录。此目录包含一个 css 子文件夹和一个 js 子文件夹。
- 已经创建了一个新的 asset-manifest. json 文件。

1. 已构建的 index.html

如果从 public 目录打开 index.html，从 build 目录打开 index.html，将会看到 build 目录中的 index.html 被精简，注释被删除，模板代码(由%字符标记)被替换，并插入了脚本和 CSS 的链接。然而，如果你仔细观察，会发现根节点(React 应用程序将要运行的地方)仍然不变，如图 14-2 所示。

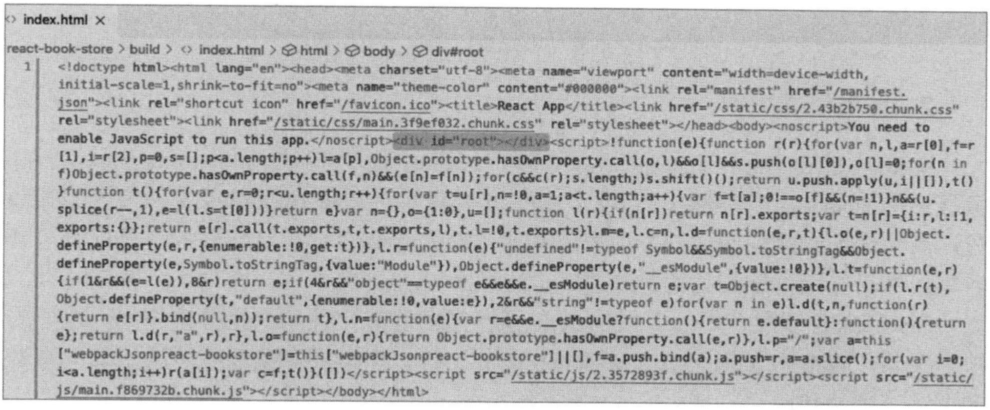

```
index.html ×
react-book-store > build > index.html > html > body > div#root
1 <!doctype html><html lang="en"><head><meta charset="utf-8"><meta name="viewport" content="width=device-width,
initial-scale=1,shrink-to-fit=no"><meta name="theme-color" content="#000000"><link rel="manifest" href="/manifest.
json"><link rel="shortcut icon" href="/favicon.ico"><title>React App</title><link href="/static/css/2.43b2b750.chunk.css"
rel="stylesheet"><link href="/static/css/main.3f9ef032.chunk.css" rel="stylesheet"></head><body><noscript>You need to
enable JavaScript to run this app.</noscript><div id="root"></div><script>!function(e){function r(r){for(var n,l,a=r[0],f=r
[1],i=r[2],p=0,s=[];p<a.length;p++)l=a[p],Object.prototype.hasOwnProperty.call(o,l)&&o[l]&&s.push(o[l][0]),o[l]=0;for(n in
f)Object.prototype.hasOwnProperty.call(f,n)&&(e[n]=f[n]);for(c&&c(r);s.length;)s.shift()();return u.push.apply(u,i||[]),t()
}function t(){for(var e,r=0;r<u.length;r++){for(var t=u[r],n=!0,a=1;a<t.length;a++){var f=t[a];0!==o[f]&&(n=!1)}n&&(u.
splice(r--,1),e=l(l.s=t[0]))}return e}var n={},o={1:0},u=[];function l(r){if(n[r])return n[r].exports;var t=n[r]={i:r,l:!1,
exports:{}};return e[r].call(t.exports,t,t.exports,l),t.l=!0,t.exports}l.m=e,l.c=n,l.d=function(e,r,t){l.o(e,r)||Object.
defineProperty(e,r,{enumerable:!0,get:t})},l.r=function(e){"undefined"!=typeof Symbol&&Symbol.toStringTag&&Object.
defineProperty(e,Symbol.toStringTag,{value:"Module"}),Object.defineProperty(e,"__esModule",{value:!0})},l.t=function(e,r)
{if(1&r&&(e=l(e)),8&r)return e;if(4&r&&"object"==typeof e&&e&&e.__esModule)return e;var t=Object.create(null);if(l.r(t),
Object.defineProperty(t,"default",{enumerable:!0,value:e}),2&r&&"string"!=typeof e)for(var n in e)l.d(t,n,function(r)
{return e[r]}.bind(null,n));return t},l.n=function(e){var r=e&&e.__esModule?function(){return e.default}:function(){return
e};return l.d(r,"a",r),r},l.o=function(e,r){return Object.prototype.hasOwnProperty.call(e,r)},l.p="/";var a=this
["webpackJsonpreact-bookstore"]=this["webpackJsonpreact-bookstore"]||[],f=a.push.bind(a);a.push=r,a=a.slice();for(var i=0;
i<a.length;i++)r(a[i]);var c=f;t()}([])</script><script src="/static/js/2.3572893f.chunk.js"></script><script src="/static/
js/main.f869732b.chunk.js"></script></body></html>
```

图 14-2 精简和编译后的 index.html

这个构建的 index.html 是 Web 浏览器将要加载的文件，它将启动 React 应用程序，并在根节点中显示根组件(及其子组件)。

index.html 文件使用绝对路径来加载链接文件。因此，如果现在在 Web 浏览器中打开 index.html，你将在控制台中看到未找到 JavaScript 和 CSS 文件的错误消息。

如果将 index.html 中的所有绝对路径更改为相对路径(通过在路径之前加上一个“.”)，实际上就可以在没有 Web 服务器的本地计算机上运行构建的应用程序，如图 14-3 所示。

然而，在 React Bookstore 的例子中，由于浏览器要求加载应用程序的数据，在本地加载应用程序会在控制台中产生两个错误。也就是说，为了使 fetch 命令能够加载 data. json，必须使用 HTTP 或 HTTPS 来查看应用程序。

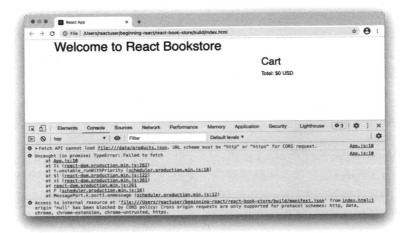

图 14-3　从文件系统运行构建的应用程序

2. static 目录

build 中的 static 目录保存了编译好的 JavaScript、CSS 文件和 sourcemap 文件。编译后的 JavaScript 文件由 React 和 ReactDOM 库、node_modules 文件夹中的其他包以及所编写的源代码构建。所有这些文件都被组合在一起，转译为与目标浏览器兼容，然后精简并输出为静态文件。CSS 文件也是如此。

sourcemap 文件(以.map 结尾)提供了精简的静态文件和原始格式化代码之间的映射关系。Web 浏览器可以读取 sourcemap 文件，以便在浏览器开发者工具中查看和调试可读的代码。

3. asset-manifest.json

作为构建过程的一部分，将创建一个名为 asset-manifest.json 的文件。该文件的功能与.map 文件非常相似，但用于生成 filenames。它包含了在编译应用程序时生成的文件及其原始 filenames。该文件不会影响应用程序的渲染，而是可被工具用来查找应用程序使用的资源，而不必解析 index.html 文件。

14.2.3　filenames 的由来

Create React App 生成的 filenames 包含位于文件原始名称和文件扩展名之间的唯一字符串，如下所示:

```
/static/js/main.ee531687.chunk.js
```

这串看似随机的字母和数字实际上是一个哈希字符串。哈希字符串是基于文件内容计算的文本字符串。由于构建过程将哈希字符串插入到 filenames 中，因此每当更改 React 组件并重新构建应用程序时，生成的 filenames 都会随之变化。这样应用程序中的文件可以由服务器和浏览器缓存，并在修改应用程序时自动更新。

为了优化文件的下载和加载，还可以将文件分割成多个"块"。这是在构建过程中自动完成的。

14.3　部署的应用程序有何不同

当使用 Create React App 的 start 命令时，它会在内存中创建 build 目录，并使用开发服务器进行服务。当使用 build 命令时，它会在磁盘上创建 build 目录，以便可以使用静态文件服务器进行服务。除了创建和服务该应用程序的位置不同之外，使用 npm start 开发和测试的应用程序版本与使用 build 创建的版本之间的最大区别在于，在 build 目录中创建的版本使用了 React 的生产版本。

14.4　开发模式与生产模式

React 的生产版本是一个精简版的库，剥离了所有有用的警告消息和其他用于调试组件的工具。精简和删除不必要的代码对 React 和 ReactDOM 的文件大小产生了很大影响。目前，开发版本的 React 和 ReactDOM 库的总文件大小为 1045 Kb，而生产版本仅为 132 Kb。

可以通过单击 Chrome 扩展菜单中的 React 图标来判断 React 应用程序是在开发模式中运行还是在生产模式中运行。在开发模式下运行的应用程序，图标将显示为红色，在生产模式下，图标为蓝色，如图 14-4 所示。

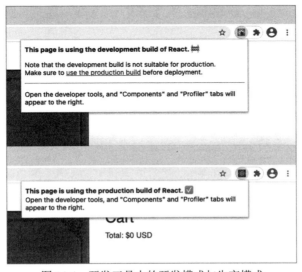

图 14-4　开发工具中的开发模式与生产模式

14.5　发布到 Web 上

React Web 应用程序可以采用多种不同的方式发布到 Web 上。选择哪种方式取决于你希望应用程序获得多少流量、是否希望将部署与版本控制系统集成，以及托管预算是多少。

14.5.1　Web 服务器托管

在 Web 上发布 React 应用程序的最简单方法是将 build 目录的内容上传到任意 HTTP 服务器，如 Apache 或 NGINX。以这种方式发布 React 应用程序与发布使用 HTML、CSS 和 JavaScript 构建的静态网站没有太大区别。

如果你注册了一个标准的 Web 主机，它支持 FTP 上传或使用基于浏览器的文件浏览器来上传文件，那么将应用程序发布到 Web 上需要经过以下步骤：

(1) 创建或查找你的 FTP 登录凭据，或者查找 Web 主机是否有基于 Web 的文件上传工具。

(2) 使用 FTP(或基于 Web 的文件上传工具)连接到你的站点，并将 build 目录中的所有内容上传到 Web 目录(名称应类似于 www 或 htdocs)。

(3) 通过在 Web 浏览器中导航到网站的根目录(如 www.example.com)，测试应用程序是否正常运行，以及是否已正确上传。

对于不使用路由的简单应用程序，前面的过程是可行的。如果应用程序使用路由，你需要进行额外的配置，将站点子目录的任何请求重定向到 index.html，这样它们就可以被 React Router 正确处理。

对于 Apache 服务器，应创建一个名为.htaccess 的文件，包含以下代码：

```
Options -MultiViews
RewriteEngine On
RewriteCond %{REQUEST_FILENAME} !-f
RewriteRule ^ index.html [QSA,L]
```

将此文件添加到 public 目录，然后将它与应用程序的其他部分一起从 build 目录上传即可。

14.5.2　节点托管

如果 Web 服务器安装了 Node.js，就可以通过安装 serve 包并运行它来部署你的 React 应用程序。

运行以下命令，全局安装 serve：

```
npm install -g serve
```

要启动 serve 并使用它来服务特定的 React 应用程序，请在项目的根目录中运行以下命令：

```
serve -s build
```

服务器将启动，站点将在 Web 服务器位于端口 5000 处的域名中可用。如果想要修改端口，可以在 serve build 命令中使用-listen(或缩写-l)，如下所示：

```
serve -s build -l 5050
```

14.5.3　使用 Netlify 进行部署

现代 Web 应用越来越多地托管在云端和后端即服务(BaaS)平台上，这些平台提供了一步部署、持续集成和持续部署(CI/CD)的功能。CI/CD 意味着当你向版本控制系统提交更改时，这些更改可以自动推送到你的实时生产环境中。

部署 React 应用程序的一个常用工具是 Netlify。

要开始在 Netlify 上托管 React 应用程序，首先访问 netlify 的官网(详见链接[1])并注册一个免费账户。由于 Netlify 直接从 Git 服务器发布，因此你应该首先注册 GitHub、GitLab 或 Bitbucket 等 Git 仓库托管服务，并将代码推送给其中一个服务。

在 Netlify 设置托管服务的第一步是单击 Overview 页面上的 New site from Git 按钮，如图 14-5 所示。

下一个屏幕将要求你选择 Git 提供程序。单击你使用的那个，如图 14-6 所示。

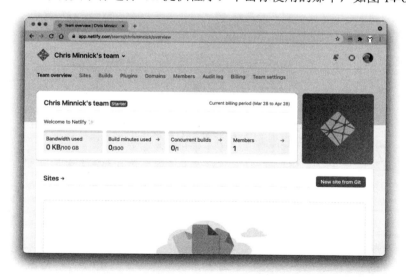

图 14-5　单击 New site from Git 按钮

一旦授权 Netlify 访问 Git 提供程序，就可以选择要导入的存储库，如图 14-7 所示。

图 14-6　选择 Git 提供程序

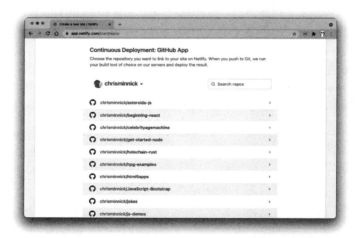

图 14-7　选择存储库

在接下来的屏幕上，将要求你提供应该部署到 Netlify 的存储库分支，然后输入构建命令并发布目录。对于 Create React App，构建命令是 npm run build，发布目录是 build。

1. 使用 Netlify 启用路由

如果你的应用程序使用路由，那么在 public 目录中创建一个名为_redirects 的目录，并在其中输入以下内容，以便正确地将站点中的任何文件请求重定向到 index.html：

```
/* /index.html 200
```

选择包含应用程序的存储库并输入构建命令和发布目录后，Netlify 将开始复制、构建项目并将其部署到自定义域。如果部署过程中出现错误，Netlify 将通知你部署失败，并显示错误日志。

如果站点部署成功，就可以使用 netlify.app 子域进行访问，如图 14-8 所示。

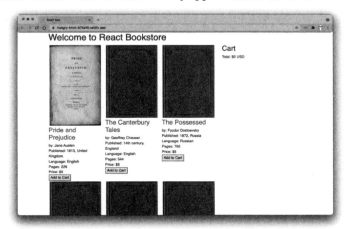

图 14-8　部署的 React 应用程序

2. 启用自定义域和 HTTPS

对于大多数公共 Web 应用程序，需要使用自定义域名(如 example.com)，并使用 HTTPS 来启用应用程序的加密服务。它们都可以在 Netlify 的域管理区域中进行配置，如图 14-9 所示。

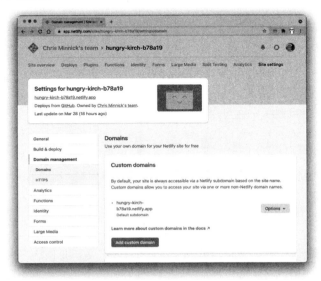

图 14-9　Netlify 中的域管理

14.6　本章小结

可以通过许多不同的方法来完成 React 应用程序的构建和部署。用于自动化流程的工具和技术已经非常普遍，使应用程序在世界范围内可靠、可重复和简单地发布成为可能。

在本章中，我们学习了：

- 如何使用 Create React App 来构建你的应用程序。
- 由 Create React App 创建的 build 目录的目录结构是什么样的。
- 如何将 React 应用程序发布到 Web 服务器。
- 如何将 React 应用程序发布到节点服务器。
- 如何将 React 应用程序发布到 Netlify。

在本书进阶部分的第一章，即下一章中，你将学习如何安装和配置 Create React App 使用的工具，以创建自己的自动化构建环境或修改现有的构建环境。

第 **15** 章

从头开始初始化 React 项目

使用预先构建的构建工具链(如 Create React App)非常方便,并且允许 React 程序员专注于手头最重要的工作——使用 React 编程。然而,有时候你需要自定义工具链或者调整 Create React App 中的某个工具的设置。了解哪些工具组成了工具链,并学习如何安装和配置这些工具然后将它们整合在一起,将为你进一步学习提供一个良好的开端。

在本章中,你将学到:

- 如何安装和配置模块打包器
- 如何安装和配置 ESLint
- 如何使用 Babel
- 如何使用 npm 脚本自动化任务
- 如何创建 React 应用程序的生产版本
- 如何管理 React 项目

15.1 构建自己的工具链

Create React App 是一个非常有用的工具,它可以自动化和简化许多涉及启动、测试、部署和维护 React 应用程序的任务。在 Create React App 框架中,许多不同的 Node.js 包以无缝的方式一起运行。拥有这样一套功能强大且持续维护和改进的工具,对 React 开发人员来说是一种解放。

然而,Create React App 并不是 React 的唯一构建工具链。Create React App 的每个组件都有替代方案,并且还有其他可用的工具链,而这些工具链具有 Create React App 所缺乏的优势和功能。

在创建 Create React App 之前,React 开发人员通常会将工具链所需的各个工具链接在一起。现在很少需要自己动手，在大多数情况下，使用由其他人构建和维护的工具链实际上会更好。

但正如房主应该具备一些基本的家庭维修技能一样，每个 JavaScript 和 React 开发人员都应该具备安装、配置和链接不同工具的经验。

15.1.1 初始化项目

构建工具链和组成 React 应用程序的文件是两个不同的事物。即使是使用 Create React App 启动的项目，也可以很容易地将其从 Create React App 中拆出来，并与其他工具链一起使用。为了说明在没有工具链的情况下构建 React 项目是多么简单，在本章中，我们将从三个文件开始，从头构建一个完整的应用程序和工具链：

(1) 在 VS Code 中选择 File | New Window。

(2) 从欢迎屏幕单击 Open Folder，并在计算机上选择一个要放置新项目的空目录。

(3) 在 VS Code 中打开一个新的终端窗口，从顶部菜单中选择 Terminal | New Terminal。

(4) 在终端中输入 npm init -y 初始化一个新的 Node.js 包，并跳过对项目相关问题的回答。package.json 文件将被创建。

(5) 在 VS Code 中打开 package.json，这样就可以在安装和配置所需的包时观察对其所做的更改。

(6) 使用以下命令将 React 和 ReactDOM 安装到新项目中：

```
npm install react react-dom
```

15.1.2 HTML 文档

要设置的第一个文件是浏览器访问应用程序时将加载的单个 HTML 文档。这非常简单：

(1) 创建名为 src 的新文件夹。我们在其中保存项目的源文件。

(2) 在 src 目录中创建一个名为 index.html 的新文件。

(3) 在 index.html 中，输入!字符，然后按下 Tab 键。这是一个自动输入 HTML 文档骨架的快捷方式。

(4) 在<body>和</body>之间创建一个空 div 元素，并赋给它一个值为 root 的 id 属性：

```
<div id="root"></div>
```

代码清单 15-1 显示了完成的 index.html。

```
<!DOCTYPE html>
<html lang="en">
<head>
    <meta charset="UTF-8">
    <meta name="viewport" content="width=device-width, initial-scale=1.0">
    <title>My App</title>
</head>
<body>
    <div id="root"></div>
</body>
</html>
```

15.1.3　主 JavaScript 文件

主 JavaScript 文件是调用 ReactDOM.render 在浏览器中渲染根组件的文件：

(1) 在 src 中创建一个名为 index.js 的新文件，并打开它进行编辑。

(2) 导入 React 和 ReactDOM：

```
import React from 'react';
import ReactDOM from 'react-dom';
```

(3) 导入根组件(稍后将创建)：

```
import App from './App.js';
```

(4) 调用 ReactDOM.render，传入根组件和目标 DOM 节点：

```
ReactDOM.render(<App />, document.getElementById('root'));
```

代码清单 15-2 显示了完成的 index.js。

代码清单 15-2：完成的 index.js

```
import React from 'react';
import ReactDOM from 'react-dom';
import App from './App';

ReactDOM.render(<App />, document.getElementById('root'));
```

15.1.4　根组件

根组件是应用程序中所有其他组件的父组件：

(1) 在 src 中创建一个名为 App.js 的新文件。

(2) 在 App.js 中，创建一个简单的函数组件作为根组件。对于我们来说，这个组件可以是任何组件。代码清单 15-3 显示了一个跟踪鼠标位置的组件。

代码清单 15-3：跟踪鼠标位置的组件

```
import React from 'react';
```

```
const App = () => {
    const [position,setPosition] = React.useState({x:0,y:0});

    const onMouseMove = (e) => {
        setPosition({x: e.nativeEvent.offsetX, y: e.nativeEvent.offsetY })
    }

    const { x, y } = position;

    return (
        <div style={{width:"500px",height:"500px"}}
            onMouseMove = {onMouseMove}>
            <h1>x: { x } y: { y }</h1>
        </div>
    )
}

export default App;
```

15.1.5 在浏览器中运行

在理想情况下，只需要将 index.js 导入到 index.html 文档中，一切都可以正常运行。让我们试试看。

(1) 使用 script 元素将 index.js 导入到 index.html 中，如代码清单 15-4 所示。

代码清单 15-4：将 index.js 导入到 index.html 中

```
<!DOCTYPE html>
<html lang="en">
<head>
    <meta charset="UTF-8">
    <meta name="viewport" content="width=device-width, initial-scale=1.0">
    <title>My App</title>
</head>
<body>
    <div id="root"></div>
    <script src="index.js"></script>
</body>
</html>
```

(2) 通过在终端中输入以下命令，安装并运行基本的本地 Web 服务器并为应用程序提供服务：

```
npx http-server src
```

(3) 打开 Web 服务器启动时提供的 URL。结果将是一个空白屏幕，同时 JavaScript 控制台中出现错误，如图 15-1 所示。

要导入 JavaScript 并在浏览器中运行包含 JSX 的 React 代码，首先要对它们进行编译。我们将使用 Webpack 模块打包器来实现这一点。

图 15-1　尝试在不编译的情况下加载 index.js

（4）安装 Webpack、Webpack 开发服务器和 Webpack 命令行界面：

```
npm install webpack webpack-dev-server webpack-cli --save-dev
```

注意，在这个安装中，我们使用了--save-dev 来表示这些工具是开发依赖项，不会被部署到生产环境中。使用--save-dev 的结果是，这些包将在 package.json 文件的一个名为 devDependencies 的单独部分中列出。

（5）现在尝试编译应用程序，使用以下命令：

```
npx webpack
```

如图 15-2 所示，你将收到一个错误消息，提示需要一个加载器。问题是 Webpack 不知道如何自行编译 JSX 代码。

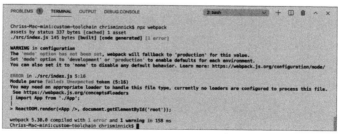

图 15-2　JSX 需要一个加载器

（6）安装 Babel，Webpack 的 Babel 加载器，以及现代 JavaScript 和 React 的 Babel 预设：

```
npm install @babel/core babel-loader @babel/preset-env @babel/preset-react
--save-dev
```

(7) 创建一个名为 babel.config.json 的新文件，并输入以下代码：

```
{
 "presets": ["@babel/preset-env", "@babel/preset-react"]
}
```

(8) 创建一个名为 webpack.config.js 的 Webpack 配置文件，并链接到 Babel 加载器：

```
module.exports = {
  mode: 'development',
  module: {
    rules: [
      {
        test: /\.js$/,
        exclude: /node_modules/,
        use: ["babel-loader"]
      }
    ]
  }
};
```

(9) 执行 npx webpack。将创建一个名为 dist 的新目录，其中包含绑定的 main.js 文件。

(10) 复制 index.html(从 src 目录)，并将其放在新的 dist 目录中。

(11) 更改 index.html 中的 script 元素并导入 main.js：

```
<script src="main.js"></script>
```

(12) 通过在终端中输入以下命令，使用 http-server 提供新的 dist 目录：

```
npx http-server dist
```

(13) 在浏览器中打开 localhost URL。现在它应该运行了，当你将鼠标移动到 App.js 创建的矩形上时，x 和 y 值应该会显示鼠标的当前位置，如图 15-3 所示。

图 15-3　正在运行的 React 应用程序

15.2　Webpack 的工作原理

Webpack 的主要功能是将现代 JavaScript 开发中使用的模块组合成优化的输出文件，以便在浏览器中使用。Webpack 的神奇之处在于从一个入口点(默认为 src/index.js)开始并构建一个依赖项图。依赖项图包含了从入口点链接的每个模块以及每个模块所具有的依赖项列表。通过使用依赖项图，Webpack 可以将所有这些文件打包在一起。

Webpack 可以将使用多种不同模块格式的文件打包在一起，包括 JavaScript 中的 import 语句、CommonJS、AMD 模块、CSS 中的@import 语句和 HTML 中的<img>元素。

15.2.1　加载器

加载器(Loader)告诉 Webpack 如何处理和捆绑它本身不支持的文件类型。许多加载器已经被编写出来，包括 CSS 加载器、HTML 加载器、文件加载器等。

可以通过在 webpack.config.js 中指定 test 属性和 use 属性来配置加载器。test 属性是一个正则表达式，用于指定哪些文件应该由加载器处理，而 use 属性则指定了匹配 test 规则的文件要使用哪个加载器。还可以使用一个名为 exclude 的可选属性，它指出哪些文件不应受到加载器的影响。

例如，在我们的项目中，使用以下设置配置了加载器：

```
rules: [
  {
    test: /\.js$/,
    exclude: /node_modules/,
    use: ["babel-loader"]
  }
]
```

该规则要求使用 babel-loader 来转换任何以.js 结尾的文件，但忽略 node_modules 中的文件。

15.2.2　插件

插件扩展了 Webpack 的功能。一些插件示例包括：

- HtmlWebpackPlugin：创建 HTML 文件以进行捆绑。
- NpmInstallWebpackPlugin：在捆绑过程中自动安装缺失的依赖项。
- ImageminWebpackPlugin：在捆绑过程中压缩项目中的图像。

插件可以在 webpack.config.js 的 plugins 数组中进行配置。

15.3   自动化构建过程

现在，你已经能够编写 React 代码，并编译代码，然后按照非常常规的方式来部署它，让我们自动化这个过程，让开发和构建工具链功能更强大一些。

15.3.1   制作 HTML 模板

将 HTML 文档从 src 目录复制到 dist 目录并将正确的路径插入到主脚本并不困难，但在自动构建中，这是一个不必记忆的步骤。以下是如何使用名为 HtmlWebpackPlugin 的 Webpack 插件来自动化该过程的方法。

(1) 安装 HtmlWebpackPlugin：

```
npm install html-webpack-plugin --save-dev
```

(2) 在 VS Code 中打开 webpack.config.js，在文件的开头插入以下内容来导入 HtmlWebpackPlugin：

```
const HtmlWebpackPlugin = require('html-webpack-plugin');
```

(3) 在 webpack.config.js 中创建名为 plugins 的新属性，如代码清单 15-5 所示。

代码清单 15-5：创建 plugins 对象

```
module.exports = {
   mode: 'development',
   module: {
     rules: [
       {
         test: /\.js$/,
         exclude: /node_modules/,
         use: ["babel-loader"]
       }
     ],
   },
   plugins: []
};
```

plugins 属性应包含一个配置对象数组，用于指定你想在 Webpack 中使用的插件。

(4) 配置 HtmlWebPackPlugin。更多关于 HtmlWebPackPlugin 的特性和功能详见链接[1]。我们使用它将 index.html 从 src 目录复制到 dist 目录，并将 main.js 脚本注入其中。在 plugins 数组中应使用以下配置对象：

```
new HtmlWebpackPlugin({
   template: __dirname + '/src/index.html',
   filename: 'index.html',
   inject: 'body'
})
```

(5) 打开 src/index.html 并从中删除<script>元素。

(6) 删除 dist 目录。

(7) 运行 npx webpack 以测试你的 Webpack 配置。如果输入的内容都正确，index.html 文件应该从 src 目录复制到 dist 目录，并且 dist 目录中的编译版本将有一个导入 main.js 的脚本标记。

(8) 启动开发服务器并在浏览器中打开应用程序，以确认一切正常运行。

15.3.2　开发服务器和热重载

在开发环境中，热重载是指对应用程序进行更改后，不需要输入编译命令即可自动反映这些更改的能力。要启用 Webpack 的热重载，可以使用 Webpack Dev Server。

我们已经在前面的步骤中安装了 Webpack Dev Server。要使用它，在终端中输入 npx webpack serve。Webpack 将在 localhost:8080(默认情况下)为你的应用程序提供服务，而不是编译到 dist 目录。

当应用程序由 Webpack 提供服务时，尝试对 App.js 进行更改并保存更改。这些更改将立即反映在浏览器窗口中。当你完成开发并希望开发服务器停止运行时，请在终端窗口中按 Ctrl+C 键。

15.3.3　测试工具

第 20 章将详细讨论测试。尽管有关如何测试 React 应用程序的内容超出了本章的范围，但自动化测试是任何专业开发环境的重要组成部分。一个好的工具链至少要包括两个与测试相关的组件：

- 静态代码分析工具(也称为 linter)
- 自动化单元测试工具

1. 安装并配置 ESLint

静态代码分析工具的作用是检查你编写的代码是否存在语法错误和代码风格问题。这个过程被称为 linting(代码检查)。目前，最常见的 JavaScript 代码检查工具是 ESLint。

ESLint 是高度可配置的。它可以仅用于检查代码的语法错误，也可以检查语法、最佳实践和代码风格。它甚至可以为你修复某些类型的问题。

要开始使用 ESLint，请将其安装到项目中：

```
npm install eslint --save-dev
```

安装后，ESLint 包含一个初始化脚本，该脚本将询问你如何使用它，并根据你的回答创建一个配置文件。可按照以下步骤配置 ESLint。

(1) 输入以下命令运行初始化脚本：

```
npx eslint --init
```

配置向导将启动，并询问你关于如何使用 ESLint 的初始问题，如图 15-4 所示。

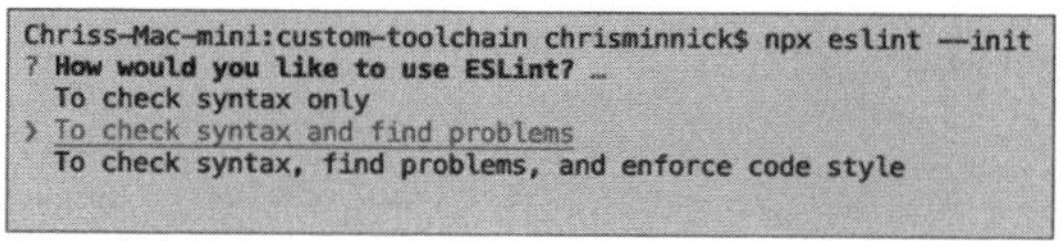

```
Chriss-Mac-mini:custom-toolchain chrisminnick$ npx eslint --init
? How would you like to use ESLint? …
  To check syntax only
> To check syntax and find problems
  To check syntax, find problems, and enforce code style
```

图 15-4　启动配置向导

(2) 使用键盘上的箭头键选择任意选项。如果以后出错或改变主意，你可以再次运行配置向导，或手动编辑配置文件。

(3) 回答配置器中的所有问题。如果有疑问，请选择默认选项。在问题的最后，应该安装 ESLint React 插件，并为 ESLint 创建一个配置文件，命名为.eslintrc.js。

(4) 在 VS Code 中打开.eslintrc.js，查看配置向导生成的内容。

(5) 运行以下命令检查 src 目录中的代码：

```
npx eslint src
```

如果你的代码没有任何错误、漏洞或样式问题(就像配置文件定义的那样)，ESLint 不应该产生任何输出。

(6) 在 App.js 中引入错误。例如，删除 return 语句中的结束标记。

(7) 再次运行 ESLint，确认它会产生错误提示。

2. ESLint 配置

配置 ESLint 最简单的方法是运行初始化脚本。但是，ESLint 的选项远远多于初始化脚本询问的选项。配置 ESLint 的主要方式是配置文件中的规则。

如果配置文件具有一个名为 extends 的属性，那么它将引入配置或插件中列出的规则。可以在 rules 属性中重写它们或添加其他规则。

ESLint 规则决定了运行 ESLint 时将产生什么输出，以及输出的严重程度(称为"错误级别")。例如，如果采用的样式是在 JavaScript 中的字符串周围使用单引号，则可以告诉 ESLint 在发现双引号时显示警告，规则如下：

```
"quotes": ["warn", "single"]
```

错误级别可以是以下三个值之一：

- 0 或"off"：禁用规则。
- 1 或"warn"：显示警告消息。
- 2 或"error"：显示错误并将退出代码设置为1，这将导致自动构建脚本失败，如本章稍后所述。

有关 ESLint 规则的完整列表详见链接[2]。

3. 如何修复错误

当 ESLint 报告错误时，至少有两种方法来解决问题。第一种方法是修改源代码来消除错误或修复错误。第二种方法是更改 ESLint 的配置，使其不将错误源算作错误，这在首次配置 ESLint 时非常常见。

例如，如果 ESLint 配置将使用双引号作为错误报告，这可能会在 ESLint 检查配置文件(如 webpack.config.js)时导致问题和错误，而你可能并不关心这些问题。

告诉 ESLint 不要报告某个错误的方法有：

(1) 将不希望被检查的文件添加到项目根目录中名为. eslintignore 的文件中。

(2) 将有问题的规则更改为低级错误或禁用它。

(3) 通过向文件添加带有 eslint-disable 指令的块注释来禁用该文件的单个规则。例如，要禁用文件的 no-console 规则，可以在文件顶部添加以下内容：

```
/* eslint-disable no-console */
```

根据错误的不同，可能还有第三种方法来修复错误：让 ESLint 来修复。在 ESLint 运行完后，ESLint 可能会报告一些可以由 ESLint 自动修复的错误，如图 15-5 所示。

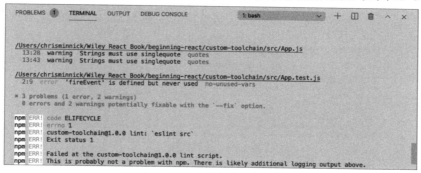

图 15-5　可自动修复的错误或警告

当出现这种情况时，可以通过向 ESLint 命令中添加--fix 并再次运行它来让 ESLint 尝试修复错误。如果 ESLint 能够解决这些问题，那么它将在发现这些问题时立即进行修复。

4. 使用 Jest 进行测试

Jest 是一个自动化的单元测试框架。单元测试是以隔离的方式测试应用程序组件的过程。在编写应用程序时(或在编写之前，在测试驱动开发的情况下)通过为应用程序的每个组件和功能编写测试，就可以更早地发现应用程序中的问题，并提高代码的质量。

代码清单 15-6 显示了本章前面提到的鼠标跟踪应用程序的基本测试示例。

代码清单 15-6：测试鼠标跟踪器

```
import React from 'react';
import {render, screen} from '@testing-library/react';
import App from './App';

  test('initial position displays as 0,0', () => {
    render(
      <App />,
    );

    expect (screen.getByText(/x:/i).textContent).toBe('x: 0 y: 0')
});
```

可按照以下步骤安装和配置 Jest。

(1) 安装 Jest 包、React Testing Library、Jest 的 Babel 插件和 React Test Renderer：

```
npm install jest @testing-library/react babel-jest react-test-renderer
--save-dev
```

(2) 运行 Jest：

```
npx jest --env=jsdom
```

默认情况下，Jest 将在名为__tests__的目录中，或以.spec.js 结尾的文件中，或以.test.js 结尾的文件中查找测试。由于当前没有任何与这些模式匹配的文件或目录，Jest 将返回一条消息，表明未找到任何测试，如图 15-6 所示。

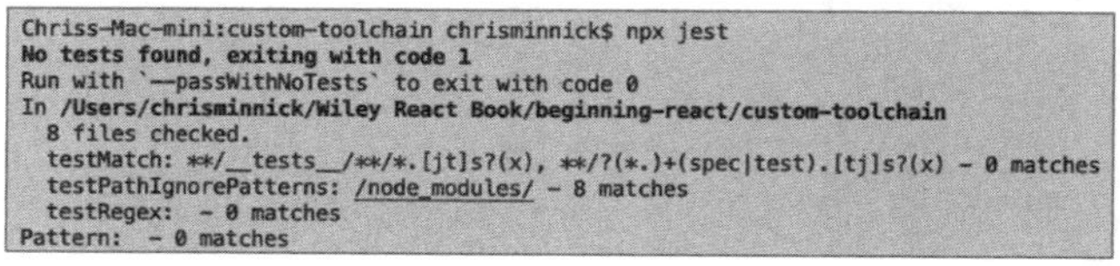

```
Chriss-Mac-mini:custom-toolchain chrisminnick$ npx jest
No tests found, exiting with code 1
Run with `--passWithNoTests` to exit with code 0
In /Users/chrisminnick/Wiley React Book/beginning-react/custom-toolchain
  8 files checked.
  testMatch: **/__tests__/**/*.[jt]s?(x), **/?(*.)+(spec|test).[tj]s?(x) - 0 matches
  testPathIgnorePatterns: /node_modules/ - 8 matches
  testRegex:  - 0 matches
Pattern:  - 0 matches
```

图 15-6　未找到测试

如果将代码清单 15-6 中的测试保存到 src 目录中一个名为 App.test.js 的文件中，并再次运行 Jest，它将运行测试并报告测试通过，如图 15-7 所示。

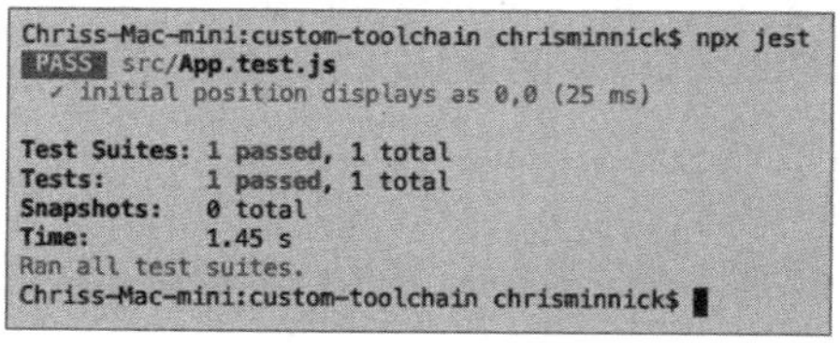

```
Chriss-Mac-mini:custom-toolchain chrisminnick$ npx jest
 PASS  src/App.test.js
  ✓ initial position displays as 0,0 (25 ms)

Test Suites: 1 passed, 1 total
Tests:       1 passed, 1 total
Snapshots:   0 total
Time:        1.45 s
Ran all test suites.
Chriss-Mac-mini:custom-toolchain chrisminnick$ ▉
```

图 15-7　测试通过

如果现在运行 ESLint，它可能会失败。原因是你在代码中添加了新的全局变量，而 ESLint 并不知道这些全局变量。为解决这个问题，可以在.eslintrc.js 中修改 env 属性，将 Jest 作为环境添加，如下所示：

```
"env": {
  "browser": true,
  "es2021": true,
  "jest": true
},
```

15.3.4　创建 npm 脚本

现在已经安装和配置了用于开发、测试和部署 React 应用程序的多个工具，下一步是使用 npm 脚本将它们链接在一起。

npm 脚本是在 package.json 的 scripts 对象中指定，可以使用 npm run 命令来运行它。可以根据需要创建尽可能多的 npm 脚本，但通常任何工具链都至少包含以下脚本：

- npm run start：启动开发服务器。
- npm run test：运行自动测试。
- npm run build：编译应用程序的生产版本。

> **注意：**
> 前两个脚本(start 和 test)在 Node.js 项目中是如此常用，以至于在运行它们时可以省略"run"这个词。

按照以下步骤编写这三个 npm 脚本，以及我们工具链中需要的其他脚本：

(1) 在 VS Code 中打开 package.json。

(2) 找到 scripts 对象。默认情况下，它将有一个名为 test 的脚本，该脚本将简单地返回一条"没有指定测试"的消息，并将报错退出。

(3) 修改测试脚本为以下内容：

```
"test": "jest --env=jsdom"
```

(4) 保存 package.json 并在终端中输入 npm test。它应该运行 Jest，就像在终端中输入 npx jest --env=jsdom 一样。

(5) 在 scripts 对象中创建另一个名为 lint 的属性。该值将是 eslint src，它将在 src 目录上运行 linter：

```
"lint": "eslint src"
```

(6) 添加另一个名为 start 的脚本，它将捆绑你的代码并启动开发服务器：

```
"start": "webpack serve"
```

(7) 添加一个 bundle 脚本：

```
"bundle": "webpack"
```

此时，package.json 中的 scripts 对象应该如代码清单 15-7 所示。

代码清单 15-7：添加 npm 脚本

```
"scripts": {
  "test": "jest",
  "lint": "eslint src",
  "start": "webpack serve",
  "bundle": "webpack"
},
```

npm 脚本的强大之处在于，可以将不同的脚本链接在一起并按顺序运行它们，从而使复杂的流程自动化。要查看实际情况，请创建一个 build 脚本，该脚本依次运行 lint 脚本，然后是 test 脚本，最后是 bundle 脚本：

```
"build": "npm run lint && npm run test && npm run bundle"
```

运行 build 脚本时，它将按顺序遍历每个组件脚本。如果其中一个脚本遇到错误，build 脚本将失败。

15.4 构建源目录

一旦有了基本的工具链，你就可以自己保存它，例如保存在 Git 存储库中，然后在需要启动新的 React 项目时复制它。或者，可以使用 Create React App，但是你能做到心里有底，知道在需要时如何修复或定制工具链。

不管怎样，工具链只是你开始真正编写应用程序之前的一个必要步骤。该过程的下一步是思考如何有效地组织源文件。当然，最终，整个项目将被 Webpack 打包成捆绑包，并且源代码的组织不会对最终的 dist 或 build 目录产生直接影响。但是，源文件的组织可以帮助你和其他开发人员在不必阅读代码的情况下直观地看到项目的结构，它还支持改进和扩展应用程序的框架。

React 并不限制编写代码或命名函数、文件和文件夹的方式。因此，你会看到很多关于"正确"操作方式的不同观点。你还会看到很多经验丰富的 React 开发人员，他们建议采用灵活的方法来构建项目——只需要迈出第一步，然后不断迭代。

然而，有一些方法已经变得很常见，采纳他人已总结的部分最佳实践可以节省你自己重新设计框架结构的时间和减少挫折感。

15.4.1 按文件类型分组

按类型对 React 源文件进行分组通常意味着从一个名为 components 的目录开始，然后根据需要向外扩展。对于小型项目，components 目录可能是你所需的全部内容。然而，对于较大的项目，在 components 目录内部创建子目录并将某些类型的文件移动到它们自己的目录中会很有帮助。

在此策略中可以创建的目录示例包括:

- css
- hooks
- utilities(通常缩写为 utils 或命名为 helpers)
- api
- routes
- images

图 15-8 显示了使用文件类型群组构建的项目示例。

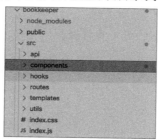

图 15-8　按文件类型分组

15.4.2　按功能分组

按功能分组意味着创建一个目录结构,该结构反映了应用程序的主要功能区域或路由。例如,一个会计应用程序可能有一个名为income的路由和一个名为expenses的路由。在这些目录中,可以继续根据用途对组件和其他源文件进行分组,也可以选择在功能区域内按文件类型进行分组。

图 15-9 显示了一个按功能对文件进行分组的示例项目结构。

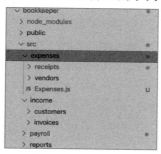

图 15-9　按功能分组

15.5　本章小结

即使你决定使用一个预先构建的工具链,比如 Create React App(这对大多数人来说实际上是一个非常好的主意),了解如何配置自己的工具链也是现代 JavaScript 和 Web 开发人员需要掌握的一项基本技能。

在本章中,我们学习了:

- 如何从头开始启动项目。
- 为什么需要模块打包器。
- Webpack 的工作原理。
- 如何自动化构建过程。
- 如何安装 ESLint 和 Jest。
- 结构化 React 源文件的常用方法。

在下一章中,你将学习如何进一步开发应用程序,从远程数据源获取数据,以及如何在会话之间存储数据。

第 **16** 章

获取和缓存数据

虽然可以构建一个功能完备的、不需要与外界交互的优秀用户界面(如许多游戏、计算器和实用程序)。但是，大多数 Web 应用程序都需要接收和存储数据。

在本章中，你将学到：

- 在 React 中何时获取和存储数据
- 如何使用 window.fetch
- 什么是 promises
- 如何使用 async/await
- 如何使用 Axios 简化网络请求
- 如何在 localStorage 中存储数据
- 如何从 localStorage 读取数据

16.1 异步代码：与时间有关

无论是更新状态、执行副作用还是在用户浏览器中存储数据，这些任务都需要花费时间。作为 React 开发人员，最棘手、最重要的技能之一是学习如何正确地处理异步任务。

通过状态更新，ReactDOM 会处理所有事务。只需要调用 setState(在类组件中)或将数据传递给 useState hook 返回的函数(在函数组件中)。大多数情况下,设置 React 状态的异步特性对开发人员和用户来说是无缝且不可见的。

另一方面，对于网络和缓存请求，每个请求都有可能对用户体验产生不利影响。在最坏的情况下，远程资源将不可用。更常见的是，请求所需的时间会因用户的互联网连接、网络拥塞和远程服务器的当前工作负载而大幅变化。

JavaScript 本身不存在问题——JavaScript 速度很快，通常只有在开发人员出错(比如创建无限循环或内存泄漏)时才会陷入困境。JavaScript 之所以如此快速，并且正确处理异步代码如此重要的原因是 JavaScript 不会等待任何操作。

16.2 JavaScript 永不休眠

JavaScript 没有 sleep 或 wait 命令。相反，JavaScript 引擎(如内置在 Chrome Web 浏览器和 Node.js 中的 V8 引擎)从脚本的开头启动，并使用单个线程以最快的速度运行代码。因为 JavaScript 是单线程的，所以它必须先完成上一条语句，才能继续执行下一条语句。

JavaScript 引擎中的调用栈是一个存放待执行命令的地方，直至这些命令可以按先进后出(FILO)的顺序依次执行。

此时，你可能会问：如何才能在只有一个线程的 JavaScript 中执行异步任务(如网络请求和缓存数据)。答案是，尽管 JavaScript 本身是单线程的，但它运行的环境(浏览器或 Node.js)是多线程的。

异步任务(如网络请求)会由 JavaScript 引擎外部的浏览器(如 Web API)与 JavaScript 外部运行时环境的另外两个机制(事件循环和回调队列)共同处理。

例如下面的代码：

```
console.log("get ready...");
setTimeout(() => {
  console.log("here it is!");
}, 1000);
console.log("end of the code.");
```

在浏览器控制台中运行此代码的结果如图 16-1 所示。

图 16-1   执行异步 JavaScript

这里的情况是，当程序启动时，三个函数调用被添加到调用堆栈中，并按顺序执行。在执行第一条语句并从调用堆栈中删除之后，JavaScript 将看到 setTimeout() 函数，该函数创建了一个仅由 JavaScript 间接管理的事件。JavaScript 将该函数交给浏览器执行，然后从调用堆栈中删除它。接着，JavaScript 可以继续执行第三条语句。

与此同时，Web API 等待一秒钟(因为传递给它的超时时间为 1000 毫秒)，然后将回调函数添加到浏览器的回调队列中。事件循环(负责侦听事件并在 JavaScript 环境中注册事件侦听器)将从回调队列中获取函数，并将其添加到 JavaScript 的调用堆栈中执行。

图 16-2 是整个过程的示意图。

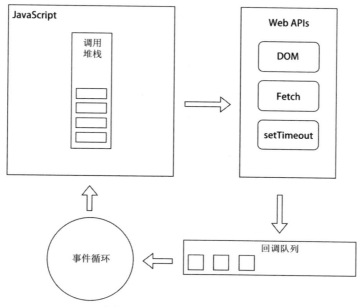

图 16-2　异步任务的处理方式

回调函数是在异步任务完成后执行的函数，通过使用回调函数，JavaScript 程序员可以根据异步任务的结果来编写代码。如果希望有多个异步任务以特定的顺序执行，可以将它们放在其他异步任务的回调函数中，如代码清单 16-1 所示。

代码清单 16- 1：回调函数中的回调

```
function userCheck(username, password, callback){
  db.verifyUser(username, password, (error, userInfo) => {
    if (error) {
      callback(error)
    }else{
      db.getRoles(username, (error, roles) => {
        if (error){
          callback(error)
        }else {
          db.logAccess(username, (error) => {
            if (error){
              callback(error);
            }else{
              callback(null, userInfo, roles);
            }
```

```
        })
      }
    })
  }
})
};
```

在前面的示例中，调用 userCheck()函数时(如果没有任何错误)，应该执行以下操作：

(1) 验证用户的凭据。

(2) 获取用户的访问权限。

(3) 创建日志条目。

然而，嵌套的回调函数可能难以阅读，因此创建了更直观的方法来执行响应异步任务的任务，即 promises 和 async/await。

JavaScript 教程：promise 和 async/await

这节 JavaScript 教程主要介绍 promise、async 和 await。

Promises

promise 是异步操作结果的占位符。它支持以同步方式编写异步代码，但它不会返回最终值，而是返回一个"promise"以在某个时刻返回最终值。

Promise 有以下三种状态。

● **挂起**：这是 promise 的初始状态。

● **完成**：操作已成功完成。

● **拒绝**：操作失败。

当一个 promise 变为已完成状态时，可以使用 then 方法将它链接到其他 promise，如下例所示：

```
receiveHamburger
  .then(eatHamburger)
  .then(payForHamburger)
```

为了使前面的代码正常运行，每个函数都必须返回 Promise 对象。例如，receiveHamburger 函数可能是这样的：

```
const receiveHamburger = function(){
  return new Promise((resolve,reject) => {
  getHamburger((result) => {
    resolve(result);
  })
))
};
```

如果出现错误，promise 被拒绝，可以使用 catch 方法来处理错误：

```
receiveHamburger
  .then(eatHamburger)
  .then(payForHamburger)
```

```
      .catch((err)=>{ //handle the error here }
```

async/await

Promise 确实很好，但它们仍然需要使用回调。在异步代码编写方面，两个最佳改进就是 async 和 await 语句。使用 async 和 await，可以编写看起来真正同步的代码。例如，下面是我们用 async 和 await 编写的汉堡包示例：

```
const tradeForHamburger = async function() {
  try {
    await receiveHamburger();
    await eatHamburger();
    await payForHamburger();
  } catch(e) {
    // handle errors
  }
}
```

尽管 async/await 是 promise 的一种抽象，但它比回调或 promise 更容易编写和读取。在幕后，async 函数总是返回 Promise。如果 async 函数的返回值不是显式的 Promise，那么它将被隐式地封装在 Promise 中。

例如，下面的函数：

```
async function eatHamburger(){
  return 1;
}
```

实际上，async 的作用与以下函数相同：

```
function eatHamburger(){
  return Promise.resolve(1);
}
```

一旦创建了 async 函数，就可以使用内部的 await 关键字来等待其中的任何 promise，而不必对其他函数进行任何更改。在 async 函数中，await 关键字将导致函数等待，直到返回后面的语句，然后再转到下一条语句。

16.3　在 React 中如何运行异步代码

可以在组件的生命周期的多个阶段完成异步代码(如数据获取)操作，包括：

- 组件首次挂载时。
- 响应用户操作(如单击按钮)。
- 响应组件中的更改(例如接收新 props)。
- 响应计时器(如定期刷新的应用程序)。

在类组件中，可以使用 componentDidMount 生命周期方法加载初始数据，并使用 componentDidUpdate 方法对数据进行更新以响应组件更改，如代码清单 16-2 所示。

> **注意：**
> 要尝试使用代码清单 16-2 和代码清单 16-3 中的代码，你需要一个免费的 API key(详见链接[1])。

代码清单 16-2：在类组件中加载初始数据

```
import {Component} from 'react';

class NewsFeed extends Component {
    constructor(props){
        super(props);
        this.state={
            news:[]
        }
    }
    componentDidMount(){
        fetch('https://newsapi.org/v2/top-headlines?country=us&apiKey=
            [YOUR KEY]')
        .then(response => response.json())
        .then(data => {
            this.setState({news:data.articles})})
        .catch(error => console.error(error))
    }
    render(){
        const todaysNews = this.state.news.map((article)=>{
            return (<p>{article.title}</p>);
        })
        return(
            <>
                <h1>Today's News</h1>
                {todaysNews}
            </>
        )
    }
}

export default NewsFeed;
```

在函数组件中，**useEffect hook** 可用于获取组件的初始数据，也可用于响应接收新数据的组件，如代码清单 16-3 所示。

代码清单 16-3：在函数组件中加载初始数据

```
import {useState,useEffect} from 'react';

const NewsFeedFunction = () => {
    const [news,setNews] = useState([]);
    useEffect(()=> {
        fetch('https://newsapi.org/v2/top-headlines?country=us&apiKey=
            [YOUR KEY]')
            .then(response => response.json())
            .then(data => {
                setNews(data.articles)
            })
            .catch(error => console.error(error))
    },[])

    const todaysNews = news.map((article)=>{
```

```
        return (<p>{article.title}</p>);
    })

    return(
        <>
            <h1>Today's News</h1>
            {todaysNews}
        </>
    )
}

export default NewsFeedFunction;
```

16.4　获取数据的方法

　　一旦知道了如何在 React 组件中运行异步代码以及在何处运行异步代码，剩下的就是了解要使用的工具的属性和方法，以及数据源的结构。

　　通常，大多数单页 Web 应用程序使用基于 REST 架构风格的 Web API 来访问数据源。在用户界面和 RESTful API 之间发送和接收的数据都采用 JSON 格式。

> ## JavaScript 教程：REST
>
> 　　表述性状态转移(Representational State Transfer，REST)是一种应用程序编程接口(API)的体系结构风格。RESTful API 使用 HTTP 请求来获取、添加、更新和删除使用唯一 URL 的数据。RESTful API 依赖于这样一个事实，即 HTTP 内置了不同的访问资源的方法。REST 将这些方法映射到可以使用 API 执行的操作：
> - 要获取数据，使用 HTTP GET 方法。
> - 要添加数据，使用 HTTP POST 方法。
> - 要更新数据，使用 HTTP PUT 方法。
> - 要删除数据，使用 HTTP DELETE 方法。
>
> 　　例如，要使用 RESTful API 获取 ID 为 23 的用户的数据，可以向下面的 URL 发出 HTTP GET 请求：
>
> ```
> https://www.example.com/user/23/
> ```
>
> 　　要删除 ID 为 23 的用户，可以使用 HTTP DELETE 方法访问同一 URL。
>
> 　　要尝试使用 RESTful API，请打开浏览器窗口，并在地址栏中输入以下 URL：
>
> ```
> https://api.github.com/users/facebook/repos
> ```
>
> 　　这将执行 HTTP GET 来检索 GitHub 上的 Facebook 存储库列表，并在浏览器窗口中显示返回的 JSON。
>
> 　　要在 JavaScript 程序中从同一 URL 获取并返回数据，可以使用 Fetch API 和 Promises：

```
fetch(' https://api.github.com/users/facebook/repos ', {
  method: 'GET',
  headers: {
    'Content- Type': 'application/json'
  }
})
  .then(response => response.json())
  .then(data => {
    console.log('Success:', data);
  })
```

16.5 使用 Fetch 获取数据

window.fetch 是所有现代浏览器内置的一个方法，它支持从 JavaScript 执行 HTTP 请求，而不需要加载单独的库。代码清单 16-4 是 React 组件中使用 Fetch API 获取数据并将其记录到控制台的示例。

代码清单 16-4：使用 Fetch 响应事件

```
import {useState} from 'react';

function Restful(){
    const [repos,setRepos] = useState([]);
    const [status,setStatus] = useState();

    const getRepos = function(){
        fetch('https://api.github.com/users/facebook/repos')
            .then(response => response.json())
            .then(data => {
                setRepos(data);})
            .then(setStatus("fetched"))
            .catch(error => console.error(error))
    }

    const logRepos = function(){
        console.log(repos);
    }

    return(
        <>
          <button onClick={getRepos}>{status?"Fetched":"Fetch Repos"}</button>
          <button onClick={logRepos}>Log Repos</button>
        </>
    )
}

export default Restful;
```

16.6 使用 axios 获取数据

axios 是一个流行的 AJAX 库，你可以用它来代替浏览器的原生 Fetch API。在易用性和功能方面，axios 比 window.fetch 有优势，但使用它需要加载一个单独的库。

要安装 axios，请使用以下命令：

```
npm install axios
```

axios 有一个名为 axios 的方法，它将 config 对象作为其参数。config 对象可以
包含许多不同的属性，但执行基本的 HTTP GET 请求所需的属性只有 method 和 urln
属性：

```
axios({
  method: 'GET',
  url:'https://api.github.com/users/facebook/repos'
});
```

与 window.fetch 方法类似，axios 方法也返回 Promise，然后可以将其链接到其
他方法以处理返回的数据。

但与 window.fetch 不同，axios 会自动解码返回的 JSON 数据。这意味着，在使
用 axios 时，不需要像 window.fetch 那样在使用返回的数据之前将响应转换为 JSON
数据。

代码清单 16-5 是使用 axios 在组件中执行 GET 请求的示例。

代码清单 16-5：使用 axios 执行 GET 请求

```
import {useState} from 'react';
import axios from 'axios';

function Restful(){
    const [repos,setRepos] = useState([]);
    const [status,setStatus] = useState();

    const getRepos = function(){
        axios({
            method:'get',
            url:'https://api.github.com/users/facebook/repos'
            }).then(resp => {setRepos(resp.data);})
            .then(setStatus("fetched"))
            .catch(error => console.error(error))
    }

    const logRepos = function(){
        console.log(repos);
    }

    return (
        <>
    <button onClick={getRepos}>{status?"Fetched":"Fetch Repos"}</button>
        <button onClick={logRepos}>Log Repos</button>
        </>
    )
}

export default Restful;
```

除了 axios 方法，Axios 还为每种 HTTP 方法提供了方便的函数。这些方便函数
是对完整 axios 调用的别名，不需要传递 config 对象即可使用。Axios 提供的方便方

法包括:

- axios.get
- axios.post
- axios.delete
- axios.put

使用以上这些方法可以很容易地传递请求的 URL,如下所示:

```
axios.get('/user/1');
```

GET 和 DELETE 调用通常不需要传递任何额外的数据,因为在服务器上执行操作所需的全部数据都已包含在 URL 中。但 POST 和 PUT 方法需要一个有效负载 (payload),可以使用 config 对象中的 data 属性来指定。

例如,要使用 axios 从注册表单中提交数据,可以使用以下代码:

```
axios.post('/user/',{
    firstName:'Frank',
    lastName:'Columbo',
    email:'f.columbo@lapdonline.org'
    });
```

16.7 使用 Web Storage

默认情况下,Web 应用程序不会在会话之间保留数据。对于 React 用户界面来说,这意味着如果用户离开了应用程序并稍后返回,或者刷新了浏览器窗口,状态数据将返回到初始状态。

在会话之间持久化数据的一种解决方案是将数据保存在服务器上,并将其与用户的登录信息或存储在浏览器 cookie 中的唯一键相关联。当用户再次访问应用程序时,他们可以登录或读取 cookie 并从服务器下载数据。

然而,从服务器下载速度慢且效率低,如果能在本地存储数据,便可以提高用户界面的性能。Web Storage API 是一种简便的方法,支持所有现代浏览器,可以在用户浏览器中存储键/值对形式的字符串数据。

16.7.1 Web Storage 的两个属性

Web Storage 包括两个对象:window.sessionStorage 和 window.localStorage。这两个属性的用法是相同的:它们访问 Storage 对象,其中存储了与当前应用程序关联的数据,这些数据由其 origin 标头标识。Web 应用程序的 origin 标头由协议(HTTP 或 HTTPS)、主机域和端口组成。Web Storage 为每个 origin 标头提供了至少 5MB 的存储空间。

sessionStorage 和 localStorage 的区别在于 sessionStorage 只在当前浏览器选项卡打开时持续，而 localStorage 在选项卡和会话之间持续。因为 localStorage 除了具有 sessionStorage 的所有优点外，还能在会话之间持久存在，所以它更常用。

16.7.2 何时使用 Web Storage

Web Storage 可以用来记住用户上次访问应用程序时所在的位置。例如，如果应用程序包含一个冗长的表单，那么用户对该表单的输入可以保存到 Web Storage 中，这样如果他们在填写表单时发生了什么事情(比如浏览器崩溃)，他们就可以返回到表单并在中断的位置继续输入。Web Storage 的一个简单而常见的用途是在会话之间记住用户的登录名，例如图 16-3 所示的用户界面。

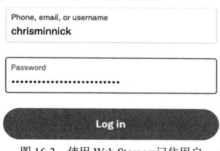

图 16-3 使用 Web Storage 记住用户

16.7.3 何时不使用 Web Storage

Web Storage 无法在不同浏览器、不同计算机或不同 origin 标头之间保存数据，如果用户清除浏览器缓存，数据将被删除。出于这些原因，它不能替代存储在服务器上的数据，因为服务器数据可以下载到任何具有互联网接入的设备上。相反，Web Storage 应该作为用户输入或从服务器下载的数据的临时缓存。

Web Storage 也绝不能用来存储敏感数据，如信用卡信息或密码。尽管同源策略提供了一些安全性，使其他站点能够读取存储在应用程序 Web Storage 中的数据，但它的保护作用并不大。如果组成 JavaScript 应用程序的数百个模块中的一个模块被破坏，恶意代码就会插入其中，以访问被窃取的 Web Storage 数据并将其传输到远程服务器。

16.7.4 Web Storage 是同步的

尽管 Web Storage 有助于提高应用程序的性能，但如果过度使用，也会导致性能问题。与从服务器检索数据的 API(如 Fetch)和其他本地存储 API(如 indexedDB)不同，Web storage 是同步的。从 Web Storage 读取或写入的每个调用都会阻塞应用程序的执行，直到操作完成。

尽管如此，Web storage 速度非常快。在大多数情况下，使用 Web storage 来避免发出 HTTP 请求将提高用户界面的性能。但是，注意不要过度使用。

16.7.5 使用 localStorage 的示例

为了演示如何使用 localStorage，我们将从一个不使用 localStorage 的简单应用程序开始。例如，代码清单 16-6 显示了一个简单的计数器 Web 应用程序，零售商店的人员可以在移动设备上使用它。每次单击按钮，计数器就会递增。

代码清单 16-6：Clicker 应用程序

```
import {useState} from 'react';
import './style.css';

function Clicker(){
    const [count,setCount] = useState(0);

    const incrementCount = ()=>{
    setCount((prev)=>prev+1);
        }

    return(
        <div className="container">
            <h1 className="current-count">{count}</h1>
            <button className="increment-button"
                    onClick={incrementCount}>+</button>
        </div>
    )
}

export default Clicker;
```

Clicker 应用程序的理念是，员工可以使用它来跟踪每天有多少人光顾商店。但是，正如现在代码中所写的那样，每次离开页面并返回页面时，数据都会被删除。为了解决这个问题，我们可以在本地缓存数据的值。

16.7.6 使用 localStorage 存储数据

要在 localStorage 中存储键/值对，请使用 setItem 方法。这个方法有两个参数：键和值，例如：

```
localStorage.setItem('zipcode', '97103');
```

请记住，Web Storage 只能存储字符串数据。如果你想在 Web Storage 中存储另一种数据类型，需要将其转换为字符串，然后在读取它时再转换回来。

因为在 localStorage 中存储数据是一种副作用，所以调用 setItem 的最佳位置是在 useEffect hook 内部(在函数组件中)或生命周期方法中(在类组件中)。可以使用 useEffect 的第二个参数来指定每次想要存储的状态值更改时应当运行 useEffect，如代码清单 16-7 所示。

代码清单 16-7：当状态更改时写入 localStorage

```
import {useState,useEffect} from 'react';
import './style.css';

function Clicker(){
   const [count,setCount] = useState(0);

   const incrementCount = ()=>{
      setCount((prev)=>prev+1);
 }

   useEffect(()=>{
      localStorage.setItem('counter',count);
   },[count]);

   return(
      <div className="container">
         <h1 className="current-count">{count}</h1>
         <button className="increment-button"
               onClick={incrementCount}>+</button>
      </div>
   )
}

export default Clicker;
```

要验证该值是否被写入 localStorage，可以打开 Chrome 的开发控制台，并进入 Application 选项卡。你将在 Application 选项卡的左侧窗格中找到 Local Storage 的条目，如图 16-4 所示。

16.7.7　从 localStorage 读取数据

现在，Clicker 应用程序会将数据存储在 localStorage 中，接下来需要在页面加载时加载该数据。要从 localStorage 中获取数据，可使用 getItem 方法，它接收一个你想要从 localStorage 中获取的键并返回该值：

```
localStorage.getItem('zipcode');
```

在 useState 的初始状态参数中，可以很容易检索函数组件中的缓存数据。通过使用条件运算符，可以将初始状态更新为 localStorage 中的值(如果存在)，否则设置为默认值(如果不存在)。

代码清单 16-8 显示了 Clicker 应用程序，其中将 count 的值设置为缓存值(如果存在)。

图 16-4　在 Chrome Developer Tools 中查看 Local Storage

代码清单 16-8：在 Clicker 中读取 localStorage 数据

```
import {useState,useEffect} from 'react';
import './style.css';

function Clicker(){
    const [count,setCount] = useState(Number(localStorage.getItem('counter'))
|| 0);

    const incrementCount = ()=>{
        setCount((prev)=>prev+1);
    }

    useEffect(()=>{
        localStorage.setItem('counter',count);
    },[count]);
    return(
        <div className="container">
            <h1 className="current-count">{count}</h1>
            <button className="increment-button"
                    onClick={incrementCount}>+</button>
        </div>
    )
}

export default Clicker;
```

现在，每次访问 Clicker 时，它都会递增并记住数据。下一步是实现重置计数器的方法。

16.7.8 从 localStorage 中删除数据

要从 localStorage 中删除数据，可以使用以下两种方法之一：

- removeItem 会将一个键作为其参数，从 localStorage 中删除该键。
- clear 会清除当前 origin 标头的所有键。

由于 Clicker 应用程序只有一个键，我们可以使用任一方法来重置 localStorage。但是，因为我们在计数器更改时使用 useEffect 来更新 localStorage，所以也可以只实现一个重置按钮，将计数器值更改为 0。重置 localStorage 或删除键时需要注意的一点是，重置 localStorage 值本身不会改变应用程序的当前状态。

在代码清单 16-9 中，Clicker 更新了一个 Reset 按钮，该按钮既清除 localStorage 又将计数器的值设置为 0。

代码清单 16-9：清除 Clicker 中的 localStorage

```
import {useState,useEffect} from 'react';
import './style.css';

function Clicker(){
    const [count,setCount] = useState(Number(localStorage.getItem('counter'))
|| 0);

    const incrementCount = ()=>{
        setCount((prev)=>prev+1);
    }

    const resetCount = ()=>{
        localStorage.clear();
        setCount(0);
    }

    useEffect(()=>{
        localStorage.setItem('counter',count);
    },[count]);

    return(
        <div className="container">
            <h1 className="current-count">{count}</h1>
            <button className="increment-button"
                    onClick={incrementCount}>+</button><br />
            <button className="reset-button"
                    onClick={resetCount}>reset</button>
        </div>
    )
}

export default Clicker;
```

16.8 本章小结

尽管 React 没有自己的 AJAX，也不支持浏览器存储，但在 React 组件中通过集成原生浏览器 API 或第三方 API 可以轻松完成这些常见任务。

在本章中，我们学习了：

- JavaScript 如何运行异步代码。
- 如何使用 promise。
- 如何使用 async/await。
- 如何使用 window.fetch 进行 HTTP 请求。
- 如何使用 Axios 进行 HTTP 请求。
- 如何使用 Web Storage 存储、检索和删除数据。

在下一章中，你将学习如何使用 React 的 Context API 在组件树中共享全局数据。

第 17 章

Context API

在 React 中将数据从父组件传递到子组件的主要方法是通过 props。然而，在某些情况下，props 用起来会很烦琐，并且会导致代码更难阅读和维护。为此，Context API 应运而生。

在本章中，你将学到：

- 什么是 prop drilling
- 什么时候适合使用 Context
- 如何创建 Provider
- 如何在类组件中使用 Context
- 如何在函数组件中使用 Context
- Context 的最佳实践和惯例

17.1　什么是 prop drilling

React props 使得将数据从父组件传递到子组件变得简单和直观。如果组件中有一段数据希望提供给子组件使用，那么只需要向子组件的元素添加一个属性，就可以在子组件中使用该值。如果希望在孙组件中使用组件中的数据，则可以将数据传递给子组件，然后再传递给孙组件。

这种通过组件树的多个级别传递数据的过程称为 prop drilling。在组件树中，可能有多个级别的组件并不使用特定的数据，而是使用 prop 将数据传递给其后代，如代码清单 17-1 所示。

代码清单 17-1：使用 prop drilling

```
const Grandpa = (props) => {
  return (<Dad story = {props.story} />);
}
```

```
const Dad = (props) => {
  return (<Son story = {props.story} />);
}

const Son = (props) => {
  return (<Grandson story = {props.story} />);
}

const Grandson = (props) => {
  return (<p>Here's the story that was passed down to the Grandson component:
{props.story}</p>);
}

export default Grandpa;
```

17.2 Context API 如何解决问题

Prop drilling 不一定是一个问题。在大多数情况下，这正是你应该使用的方法。然而，如果应用程序中有数据或函数可以被视为"全局的"(或者对于特定的组件树是全局的)，那么使用 Context 可以避免 prop drilling 带来的问题。

来看看 Context 是如何工作的：

(1) 创建一个 Context 对象，其中包括 Provider 和 Consumer 组件和属性。

(2) 为 Context 创建一个 Provider，它将向其后代发布一个值。

(3) Provider 的任何后代都可以订阅这个 Provider。

(4) 订阅 Provider 的组件将在 Provider 数据发生变化时更新。

17.2.1 创建 Context

要创建 Context，可以使用 React.createContext：

```
const MyContext = React.createContext(defaultValue);
```

CreateContext 方法返回一个 Context 对象。传递给 createContext 的 defaultValue 参数是在没有匹配的 Provider 时将提供给其后代的数据。由于默认值很可能永远都用不上，许多开发人员将默认值保留为 undefined，或者将其设置为某个示例对象。

例如，在代码清单 17-2 中，我为用户偏好创建了一个 Context，它传递 lang 和 timezone 属性的默认值。

代码清单 17-2：针对用户偏好的 Context

```
const PrefsContext = React.createContext({lang:'English',timezone:'Pacific
Time'});
```

需要将 Context(在本例中为 PrefsContext)导入要使用它的组件中，因此通常将对 createContext 的调用放在它自己的模块中，或者放在包含 Provider 的模块中。

17.2.2　创建 Provider

Context Provider 是一个组件，它将对上下文数据的变化发布给后代组件。Provider 组件接收一个名为 value 的属性，该属性将重写 React.createContext 中设置的默认值：

```
<MyContext.Provider value={/*some value here*/}>
```

在函数组件和类组件中使用 Provider 的过程是相同的。要使用 Provider，将它封装在需要访问其值的组件中。为了简化代码并使 Provider 更易于重用，通常会创建一个更高阶的组件来渲染 Provider 组件及其子组件，如代码清单 17-3 所示。

代码清单 17-3：使用 Provider 组件

```
import React, {useState} from 'react';
import {PrefsContext} from './contexts/UserPrefs';

const UserPrefsProvider = ({ children }) => {
  const [lang, setLang] = useState("English");
  const [timezone, setTimezone] = useState("UTC");
  return (
    <PrefsContext.Provider value={{ lang, timezone }}>
      {children}
    </PrefsContext.Provider>
  );
};

function App(){
  return (
    <UserPrefsProvider>
      <Header />
      <Main />
      <Footer />
    </UserPrefsProvider>
  )
}

export default App;
```

Provider 组件可以根据需要多次使用，并且可以嵌套在组件树中。使用 Context 的组件将会访问最近的 Provider 祖先组件，如果没有 Provider 祖先组件，则会使用 Context 的默认值。

17.2.3　使用 Context

一旦有了 Context 和 Provider，后代组件就可以成为 Context 的 Consumer。Context Consumer 将在 Provider 的值发生变化时重新渲染。

1. 在类组件中使用 Context

在类组件中使用 Context 有两种方法：

- 设置类的 contextType 属性。
- 使用 Context.Consumer 组件。

如果只需要在类中使用一个 Context，那么设置 contextType 类属性是最简单的方法。因为 contextType 是一个类属性，所以可以使用公共类字段语法来设置它，如代码清单 17-4 所示。

代码清单 17-4：在类组件中使用 Context

```
import React from 'react';
import {PrefsContext} from './contexts/UserPrefs';

class TimeDisplay extends React.Component {

  static contextType = PrefsContext;

  render() {
    return (
      <>
        Your language preference is {this.context.lang}.<br />
        Your timezone is {this.context.timezone}.
      </>
    )
  }
}

export default TimeDisplay;
```

如果组件需要使用多个 Context 对象，可以使用 Context.Consumer 组件。Context.Consumer 需要一个函数作为其子函数，并且将 Context 的值作为参数传递给该函数，如代码清单 17-5 所示。

代码清单 17-5：使用 Context.Consumer 组件

```
import React from 'react';
import {PrefsContext} from './contexts/UserPrefs';

class TimeDisplay extends React.Component {

  render() {
    return (
      <PrefsContext.Consumer>
        {userPrefs => {
          <>
            Your language preference is {userPrefs.lang}.<br />
            Your timezone is {userPrefs.timezone}.
          </>
        }};
      </ PrefsContext.Consumer >
    )
  }
}

export default TimeDisplay;
```

2. 在函数组件中使用 Context

可以通过使用 Context.Consumer 组件或使用 useContext hook 在函数组件中使用 Context。

要使用 useContext，在函数组件中导入 Context 并将其传递给 useContext，useContext 将返回 Provider 中的值。代码清单 17-6 显示了一个使用 useContext 获取用户偏好的函数组件。

代码清单 17-6：在函数组件中使用 Context

```
import {useContext} from 'react';
import {PrefsContext} from './contexts/UserPrefs';

function TimeDisplay(props){
 const userPrefs = useContext(PrefsContext);

 return (
    <>
        Your language preference is {userPrefs.timezone}.<br />
        Your timezone is {userPrefs.timezone}.
    </>
 );
}

export default TimeDisplay;
```

17.3　Context 的常见用例

Context 在管理全局数据方面非常有用。什么样的数据适合作为全局数据要根据具体情况来判断，但如果某个数据需要被多个不同嵌套级别的组件访问，那么使用 Context 可能是一个合适的选择。

Context 适用的示例包括：

- 为应用程序设置主题(例如，亮模式或暗模式)。
- 用户偏好设置。
- 语言偏好设置。
- 用户授权和角色。

17.4　不适用 Context 的情况

当组件使用 React Context 时，它会依赖全局状态，这使得组件的可重用性降低。

如果组件很可能会被重用，最好避免使用 Context 将其与全局状态耦合。在许多情况下，除了 prop drilling 和 Context，还有其他替代方法可以完成相同的任务，同时保证以一种标准的、显式的 React 方式从父组件向子组件传递数据。其中一种替代方案是合成模式。

17.5 合成模式作为 Context 的替代方案

一个很好的替代 Context 和 prop drilling 的方案是合成(composition)。在 React 合成中，你可以创建一个组件，它渲染其子组件，并在此过程中为它们添加一些功能。

为了理解合成是比 Context 更好的 prop drilling 替代方案，来看代码清单 17-7 中的示例应用程序。这个应用程序有一个登录按钮，当单击该按钮时，会将 username 变量和 setUsername 函数传递到 Dashboard 组件中。username 及其 setter 函数会通过两层不使用它们的嵌套组件传递，然后在 WelcomeMessage 和 Logout 组件中使用。

代码清单 17-7：使用 prop drilling 将数据传送到深度嵌套的组件

```
import {useState} from 'react';

const App = () => {
    const [username,setUsername] = useState();
     if (username) {
        return <Dashboard setUsername={setUsername} username={username} />
    } else {
        return <button onClick={()=>setUsername('Chris')}>Login</button>
    }
}

const Dashboard = (props) => {
    return<Header setUsername={props.setUsername}username={props.username} />
}

    const Header = (props) => {
        return <UserControls setUsername={props.setUsername}
        username={props.username} />
}

const UserControls = (props) => {
    return (<>
     <WelcomeMessage username={props.username} />
     <Logout setUsername={props.setUsername} />
    </>)
}

const WelcomeMessage = (props) => {
    return <> Welcome {props.username}!</>
}

const Logout = (props) => {
    return <button onClick = {()=>{props.setUsername('')}}>Logout</button>
}

export default App;
```

代码清单 17-8 显示了如何使用 React Context 来消除该应用程序中的 prop drilling。

代码清单 17-8：使用 Context 消除 prop drilling

```
import React,{useState,useContext} from 'react';
const UserContext = React.createContext();

const App = () => {
  const [username,setUsername] = useState();

    if (username) {
      return (
        <UserContext.Provider value={{username,setUsername}}>
          <Dashboard/>
        </UserContext.Provider>
      )
    } else {
      return <button onClick={()=>setUsername('Chris')}>Login</button>
    }
}

const Dashboard = (props) => {
    return <Header />
}

const Header = (props) => {
  return <UserControls />
}

const UserControls = (props) => {
    return (<>
      <WelcomeMessage />
      <Logout />
    )</>
}

const WelcomeMessage = () => {
    const {username} = useContext(UserContext);
    return <> Welcome {username}!</>
}

const Logout = (props) => {
    const {setUsername} = useContext(UserContext);
    return <button onClick = {()=>{setUsername('')}}>Logout</button>
}

export default App;
```

尽管在前面的示例中，Context 消除了使用 prop drilling 的必要，但它也使得 WelcomeMessage 组件和 Logout 组件依赖于 UserContext。为了说明为什么不能这样做，在代码清单 17-9 中，我尝试在 Context 之外重用 Logout 组件。

代码清单 17-9：在所需的 Context 之外使用组件

```
const App = () => {
  const [username,setUsername] = useState();
  const UserContext = React.createContext();
```

```
    if (username) {
        return (
          <>
            <UserContext.Provider value={{username,setUsername}}>
              <Dashboard/>
            </UserContext.Provider>
            <Logout />
          </>
        )
    } else {
        return <button onClick={()=>setUsername('Chris')}>Login</button>
    }
}
```

这段代码的结果将是一个错误，如图 17-1 所示。

通过合成可消除 prop drilling，同时保持 WelcomeMessage 组件和 Logout 组件的
可重用性。要使用合成，可以在 Dashboard、Header 和 UserControl 组件中渲染 children
属性，然后在 App 组件中编写用户界面，如代码清单 17-10 所示。

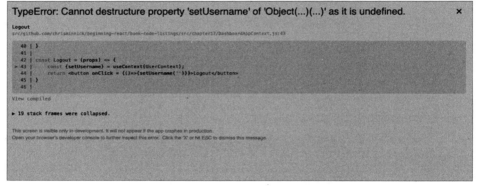

图 17-1　在其 Context 之外使用组件

代码清单 17-10：使用合成而不是 Context

```
import React,{useState} from 'react';

const App = () => {
  const [username,setUsername] = useState();

    if (username) {
        return (
          <Dashboard>
            <Header>
                <UserControls>
                    <WelcomeMessage username={username} />
                    <Logout setUsername={setUsername} />
                </UserControls>
            </Header>
          </Dashboard>
        )
    } else {
        return <button onClick={()=>setUsername('Chris')}>Login</button>
    }
```

```
}

const Dashboard = (props) => {
    return (<>{props.children}</>);
}

const Header = (props) => {
    return (<>{props.children}</>);
}

const UserControls = (props) => {
    return (<>{props.children}</>);
}

const WelcomeMessage = (props) => {
    return <>Welcome {props.username}!</>
}

const Logout = (props) => {
    return <button onClick = {()=>{props.setUsername('')}}>Logout</button>
}

export default App;
```

17.6　示例应用程序：用户偏好设置

在这个示例应用程序中，我们将创建一个用户界面，用于为一个应用程序设置全局的温度单位和长度单位的首选项。至于在哪个大型应用程序中使用该界面并不重要，因为它可以在许多不同类型的应用程序中重复使用。

图 17-2 显示了完成的用户界面。用户可以在下拉菜单中切换公制和英制单位，从而改变相应的状态并更新 Provider 的值。

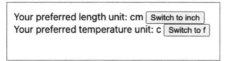

图 17-2　带有 Context 的用户偏好组件

创建这个用户界面的第一步是创建 Context 和 Provider，如代码清单 17-11 所示。

代码清单 17-11：创建 Provider

```
import React, {createContext, useState} from 'react';
export const UnitsContext = createContext();

export const UnitsProvider = ({ children }) => {
    const [lengthUnit, setLengthUnit] = useState("cm");
    const [tempUnit, setTempUnit] = useState("c");
    return (
        <UnitsContext.Provider value={{ lengthUnit, setLengthUnit,
tempUnit,setTempUnit }}>
            {children}
        </UnitsContext.Provider>
```

```
    );
};
```

在较小的应用程序中，通常将对 createContext 和 Provider 高阶组件(如果你创建了一个)的调用与 Context 组件树中的顶层组件放在同一个文件中。如果应用程序使用多个 Context 或多次使用同一个 Context 或 Provider，通常将它们放在单独的文件中，一般在名为 context 的目录下。

下一步是用 Provider 组件封装将使用该 Context 的组件树，如代码清单 17-12所示。

代码清单 17-12：使用 Provider 组件封装 Context 组件树

```
import { UnitsProvider } from './contexts/UnitsContext';
import Header from './Header';

const App = (props) => {
    return (
        <UnitsProvider>
            <Header />
        </UnitsProvider>
    )
}

export default App;
```

有了 Provider，就可以从 Header 组件及其子组件中的任何位置使用 Context。代码清单 17-13 显示了一个 Header 的后代组件，它使用 Context 显示 lengthUnit 和 tempUnit 的当前值，并允许用户更改它们。

代码清单 17-13：使用 Context

```
import {useContext} from 'react';
import {UnitsContext} from './contexts/UnitsContext';

const UserPrefs = (props) => {

    const unitPrefs = useContext(UnitsContext);

    const changeLengthUnit = () => {
        unitPrefs.setLengthUnit((unitPrefs.lengthUnit === 'cm')?"inch":"cm");
    }

    const changeTempUnit = () => {
        unitPrefs.setTempUnit((unitPrefs.tempUnit === 'c')?"f":"c");
    }

    return (
        <>
          Your preferred length unit: {unitPrefs.lengthUnit} 
          <button onClick={changeLengthUnit}>Switch to {(unitPrefs.lengthUnit
=== 'cm')?"inch":"cm"}</button><br />
          Your preferred temperature unit: {unitPrefs.tempUnit} 
          <button onClick={changeTempUnit}>Switch to {(unitPrefs.tempUnit ===
'c')?"f":"c"}</button><br />
<br />
```

```
        </>
    )
}

export default UserPrefs;
```

17.7　本章小结

通过使用 useContext Hook，使得在函数组件中使用 Context 更直观和简洁，这让 React Context 变得简便易用。但是，React Context 是一个在大多数应用程序中应该谨慎使用甚至避免使用的工具。不过，在需要时，作为一种管理全局数据块的方法，它是非常有用的。

在本章中，我们学习了：

- 什么是 prop drilling，如何使用 React Context 来消除它带来的问题。
- 何时使用 React Context。
- 何时不使用 React Context。
- 如何使用合成作为 Context 的替代方案。

在下一章中，你将了解如何使用 React Portals 来突破 React 应用程序根 DOM 节点的限制。

第 **18** 章

React Portal

ReactDOM.render 是在网页的单个 DOM 节点中渲染 React 应用程序。但 DOM 节点之外可能存在一个庞大的文档，有时应用程序也需要访问节点之外的内容。React Portal 提供了一种访问和控制根节点之外的 DOM 节点的方法。

在本章中，你将学到：
- 如何创建 Portal
- Portal 的常见用例
- 如何使用 Portal 生成模态对话框
- 如何侦听和处理 Portal 中的事件
- 如何使用 Portal 正确处理键盘焦点

18.1　什么是 Portal

Portal 是一种渲染子组件到不同 DOM 节点(不限于 React 应用程序的根节点)的方法。例如，如果用户单击帮助链接时出现了模态对话框，则 Portal 允许在 HTML 中的一个单独元素中渲染该对话框，并将其样式显示在 React 应用程序之上，如图 18-1 所示。

18.1.1　如何创建 Portal

因为 Portal 涉及到与 DOM 交互，所以它们是 ReactDOM 库的一部分。要创建 Portal，可以在 React 组件中使用 ReactDOM.createPortal 方法。ReactDOM.createPortal 的用法与 ReactDOM.render 相同，只不过它是在 React 组件的 render 方法内部使用。与 ReactDOM.render 一样，它接收两个参数：要渲染的组件和渲染它的 DOM 节点。

图 18-1　Portal 启用模态对话框

创建 React Portal 首先要了解渲染应用程序的 HTML 文档结构。与迄今为止看到的示例不同，Portal 依赖于 HTML body 元素中的多个根节点。代码清单 18-1 显示了一个 HTML 文档，其 body 中包含两个元素。

代码清单 18-1：body 元素中有多个节点的 HTML 文档

```
<!DOCTYPE html>
<html lang="en">
<head>
    <meta charset="UTF-8">
    <meta name="viewport" content="width=device-width, initial-scale=1.0">
    <title>Portal Demo</title>
</head>
<body>
    <div style="display:flex;">
      <div id="root" style="width:50%"></div>
      <div id="sidebar" style="width:50%"></div>
    </div>
</body>
</html>
```

我们想在 id 为 root 的 div 元素中使用 ReactDOM .render 来渲染 React 应用程序。而 id 为 sidebar 的 div 元素是我们希望渲染 Portal 的地方。

React 应用程序中的任何组件都可以调用 ReactDOM.createPortal。例如在代码清单 18-2 中，名为 SidebarHelp 的组件将一段文本渲染为 Portal。

代码清单 18-2：创建 Portal

```
import {createPortal} from 'react-dom';

function SidebarHelp(props){
  return createPortal(
    <p>{props.helpText}</p>,
     document.getElementById('sidebar')
```

```
  );
}

export default SidebarHelp;
```

代码清单 18-3 是一个渲染 SidebarHelp 组件的组件示例。请注意，从该组件的角度来看，渲染包含 Portal 的组件与渲染任何其他组件没有区别。

代码清单 18-3：使用 SidebarHelp 组件

```
import Chart from './Chart';
import SidebarHelp from './SidebarHelp';

function SalesChart(props){
  return (
    <>
      <Chart type="sales" />
      <SidebarHelp helpText="This chart shows your sales over time." />
    </>
  )
}

export default SalesChart;
```

图 18-2 显示了渲染 SalesChart 组件的结果。

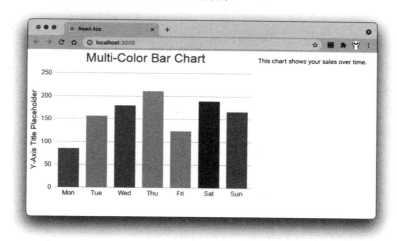

图 18-2　渲染 SalesChart 组件

如果在 Chrome Developer Tools 中检查生成的 HTML，你将看到 SidebarHelp 组件生成的 HTML 在根组件之外渲染，如图 18-3 所示。

如果使用 React Developer Tools 检查应用程序，你将看到 SidebarHelp 组件渲染为普通的子组件，如图 18-4 所示。

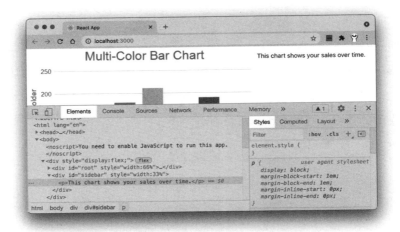

图 18-3   使用 Chrome Developer Tools 查看带有 Portal 的应用程序

图 18-4   使用 React Developer Tools 查看带有 Portal 的应用程序

18.1.2   为什么不直接渲染多个组件树

将 React 组件渲染到多个 DOM 节点的另一种方法是使用对 ReactDOM.render 的多次调用。如果两个 DOM 节点中的组件不需要交互，并且它们使用单独的数据，那么可以使用该方法。

使用 React Portal 的好处是，Portal 的行为与 React 应用程序中的任何其他子组件一样。这意味着 Portal 同时位于 React 用户界面的内部和外部。它们在根 DOM 节点之外挂载和卸载，但它们的行为与普通 React 子节点一样，它们接收 props，可以侦听和处理事件等。

18.2 常见用例

Portal 对任何需要在应用程序根节点之外显示和与 DOM 节点进行交互的情况都非常有用。Portal 的常见用例包括：

- 在浏览器窗口的其他位置渲染子元素。
- 模态对话框。
- 工具提示。
- 悬停卡。

可以在不使用 Portal 的情况下创建模态对话框和其他类型的临时弹出窗口。但是，任何未使用 Portal 渲染的元素都会继承其父元素的高度和宽度。这可能会导致一些问题，例如对话框被其父元素裁剪的情况，如图 18-5 所示。

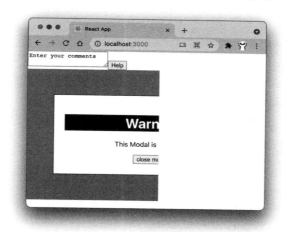

图 18-5 不使用 React Portal 渲染模态对话框会产生意外结果

18.2.1 模态对话框的渲染与交互

根据打开和关闭的方式及原因不同，覆盖 HTML 文档主要内容的临时窗口有不同的名称，包括模态对话框、弹出窗口、工具提示和悬停卡。大多数时候，它们的打开和关闭都是由应用程序中发生的事件触发的，例如单击帮助链接或鼠标悬停在图表的某一行上。

可以按照以下步骤创建带有 Portal 的模态对话框：

(1) 在 DOM 树中为模态创建节点。它可以是根节点之外的任何元素。它应该有一个 id 属性，以便于选择：

```
<!DOCTYPE html>
<html lang="en">
<head>
    <meta charset="UTF-8">
```

```
        <meta name="viewport" content="width=device-width, initial-scale=1.0">
        <title>Modal Dialog with React</title>
    </head>
    <body>
        <div id="main"></div>
        <div id="modal"></div>
    </body>
    </html>
```

(2) 创建模态组件。我们的示例组件将显示一个标题和 children prop。通过渲染 children prop，我们使模态对话框成为一个灵活的容器，可以在整个用户界面中重用它：

```
import "./styles.css";

function Modal(props){
  return (
    <div className="modalOverlay">
      <div className="modalContainer">
        <h1 className="modalTitle">{props.title}</h1>
        <div className="modalContent">
          {props.children}
        </div>
      </div>
    </div>

  )
}

export default Modal;
```

(3) 创建一个 CSS 文档，我们将其命名为 styles.css，它将定位和样式化模态。你可以用任何喜欢的方式设计模态。我的示例样式如代码清单 18-4 所示。

代码清单 18-4：样式化模态的一种方法

```
.modalOverlay {
    position: absolute;
    top: 0;
    left: 0;
    height: 100%;
    width: 100%;
    padding-top: 60px;
    background-color: rgba(50,50,50,0.6);
}
.modalContainer {
    border:1px solid black;
    background: white;
    width: 50%;
    margin: 0 auto;
    padding: 25px;
}
.modalTitle {
    text-align:center;
    background-color: black;
    color: white;
}
.modalContent {
```

```
    background: white;
    text-align: center;
  }
```

(4) 创建渲染模态的 App 组件：

```
import Modal from './Modal';
import './styles.css';

function App() {
  return (
    <div>
      <Modal title="Warning" isOpen={isModalOpen}>
        <p>This Modal is awesome.</p>
      </Modal>
    </div>
  );
}

export default App;
```

(5) 向 App 添加一个状态变量以设置模态是否打开，并创建一个函数、按钮和事件侦听器来切换打开状态。请注意，与任何其他子元素一样，将事件侦听器传递给 Portal 并处理 Portal 中发生的事件的方式也一样。你在第 7 章中学到的关于事件侦听器和事件处理程序的所有内容都适用于 Portal。

```
import {useState} from 'react';
import Modal from './Modal';
import './styles.css';

function App() {

  const[isModalOpen,setModalOpen] = useState(false);
  const toggleModal = () => setModalOpen(!isModalOpen);

  return (
    <div>
      <button onClick={toggleModal}>Open the Modal</button>

      <Modal title="Warning" isOpen={isModalOpen}>
        <p>This Modal is awesome.</p>
        <button onClick={toggleModal}>close modal</button>
      </Modal>
    </div>
  );
}

export default App;
```

当前的 App 组件如代码清单 18-5 所示。此时，我们只是将一个名为 isOpen 的 Boolean prop 传递给 Modal 组件。在接下来的步骤中，我们将使用该值来确定是否显示 Portal。

代码清单 18-5：App 组件

```
import {useState} from 'react';
```

```
import Modal from './Modal';
import './styles.css';

function App() {

  const[isModalOpen,setModalOpen] = useState(false);
  const toggleModal = () => setModalOpen(!isModalOpen);

  return (
    <div>
      <button onClick={toggleModal}>Open the Modal</button>

      <Modal title="Warning" isOpen={isModalOpen}>
        <p>This Modal is awesome.</p>
        <button onClick={toggleModal}>close modal</button>
      </Modal>
    </div>
  );
}

export default App;
```

(6) 导入 ReactDOM，并使用 ReactDOM.createPortal 封装 Modal 组件中的子元素，然后将指针传递到应该渲染它的 DOM 节点：

```
import ReactDOM from 'react-dom';
import "./styles.css";

function Modal(props){
  return (
  ReactDOM.createPortal((
    <div className="modalOverlay">
      <div className="modalContainer">
        <h1 className="modalTitle">{props.title}</h1>
        <div className="modalContent">
          {props.children}
        </div>
      </div>
    </div>)
   ,document.getElementById('modal'))
  )
}

export default Modal;
```

(7) 使用从 App 组件传递的 Boolean prop 有条件地渲染 Portal：

```
import ReactDOM from 'react-dom';
import "./styles.css";

function Modal(props){

  return (
    <>
      {props.isOpen &&
        ReactDOM.createPortal((
          <div className="modalOverlay">
            <div className="modalContainer">
              <h1 className="modalTitle">{props.title}</h1>
              <div className="modalContent">
```

```
                {props.children}
            </div>
          </div>)
        </div>)
      ,document.getElementById('modal'))}
    </>
  )
}

export default Modal;
```

完成的 Modal 组件如代码清单 18-6 所示。

代码清单 18-6：完成的 Modal 组件

```
import ReactDOM from 'react-dom';
import "./styles.css";

function Modal(props){

  return (
    <>
    {props.isOpen &&
      ReactDOM.createPortal((
        <div className="modalOverlay">
          <div className="modalContainer">
            <h1 className="modalTitle">{props.title}</h1>
            <div className="modalContent">
              {props.children}
            </div>
          </div>
        </div>)
      ,document.getElementById('modal'))}
    </>
  )
}

export default Modal;
```

图 18-6 显示了 isOpen 变量设置为 true 的 UI。

图 18-6　打开的模态

18.2.2 使用模态管理键盘焦点

模态对话框，如工具提示、帮助对话框和模态表单，可以使用户界面更具可用性。如果没有正确实现，它们也有可能让用户感到困惑。模态对话框的一个特别重要的注意事项是关闭模态时要正确管理键盘焦点。

例如，一个冗长的注册表单或申请表单可以使用模态窗口来输入详细信息并查看帮助内容，如图 18-7 所示。

当用户单击链接打开一个模态并与该模态的内容交互时(即使只是单击"关闭"按钮)，焦点将离开主要的表单的内容。当模态关闭时，用户将被迫再次单击或使用 Tab 键切换到下一个表单字段才能填写。这至少会带来一些不方便。最坏的情况下，对于依赖屏幕阅读器的用户来说，这是一个无障碍性问题。

为在从模态返回时正确设置焦点，要使用 useEffect hook 和 ref 来检查 isModalOpen 的值是否已更改为 false 并设置焦点，如代码清单 18-7 所示。

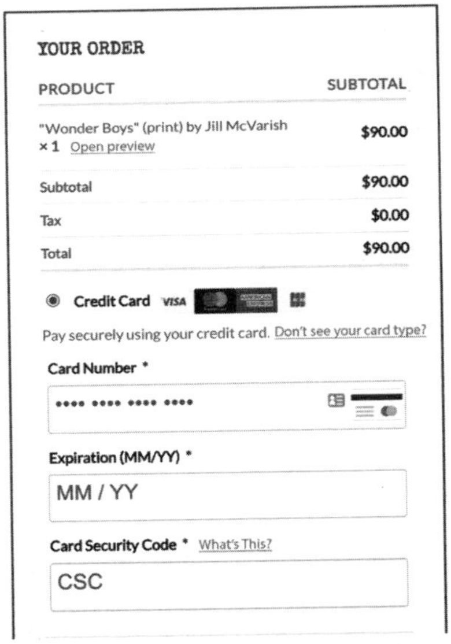

图 18-7　带有帮助链接的结账表单

代码清单 18-7：使用 ref 设置键盘焦点

```
import {useState,useRef,useEffect} from 'react';
import Modal from './Modal';
import './styles.css';

function App() {
  const CSCRef = useRef()
  const[isModalOpen,setModalOpen] = useState(false);

  const toggleModal = () => {
    setModalOpen(()=>!isModalOpen);
  }
```

```
useEffect(() => {
  setTimeout(()=>{!isModalOpen && CSCRef.current.focus()},1000) },
[isModalOpen]);

return (
  <>
  <div style={{padding:"60px"}}>
    <label>Card Security Code:<input ref={CSCRef} /></label>
    <button onClick={toggleModal}>What's This?</button>
      <Modal title="What is the CSC Code?" isOpen={isModalOpen}>
        <p>A credit card security code is the 3-4 digit number that
          is printed, not embossed, on all credit cards. The length and location
          of a credit card's security code depend on  what network the card
          is on. </p>
        <button onClick={toggleModal}>close modal</button>
      </Modal>
  </div>
  </>
);
}

export default App;
```

在代码清单 18-7 中，我使用了 setTimeout 函数，花费 1000 毫秒(1 秒)来进行焦点的设置，这样在测试时结果就会很明显。在实际应用程序中，你可以取消 setTimeout 函数，以便在关闭模态对话框时尽快设置焦点。

18.3　本章小结

有时，能够脱离根节点并在不同的 DOM 节点中渲染 React 组件是很有用的。使用 React Portal 中包含的 ReactDOM.createPortal 方法可以实现这一功能。

在本章中，我们学到了：

- 什么是 React Portal。
- 何时使用 Portal。
- 如何创建 Portal。
- 如何与 Portal 交互。
- 如何在关闭 Portal 时管理键盘焦点。

在下一章中，你将了解编写 React 用户界面时的无障碍性问题。

第**19**章

React 中的无障碍性

无障碍性(也称为 a11y，因为 a 和 y 之间那些字母太难输入)是指网站和 Web 应用程序的设计和构建方式应考虑到残疾人使用的需求。使用 React 构建的用户界面的无障碍性与任何 Web 用户界面中的无障碍性没有什么不同，但在某些情况下，无障碍性的实现方式有所不同。

在本章中，你将学到：
- Web 应用程序无障碍的实现方法
- 使单页应用程序无障碍的特殊注意事项
- 什么是 ARIA
- 如何以及为什么使用语义 HTML
- 正确标记表单元素的重要性
- 如何使用 React 组件中的媒体查询

19.1 为什么无障碍性很重要

根据世界卫生组织的数据，全球约有 15%的人口患有某种形式的残疾。无障碍性研究发现，在 15 岁以上的人群中，有 6%到 10%的人有视力或听力障碍。对于 65 岁以上的人来说，这个数字超过了 20%。在 65 岁以上的人群中，有 8%的人难以抓取物体(包括电脑鼠标)。

随着全球平均年龄的增长，需要某种替代设备或辅助技术才能使用 Web 应用程序的人数达到数千万，即使是保守估计也是如此。

实现网络无障碍性不仅是正确的做法，也对商业有益，而且越来越多地成为法律要求。多年来，许多国家(包括美国、加拿大)的公共部门网站都被要求满足某些无障碍性标准，许多国家的私营部门网站也将被法律要求在未来几年满足无障碍性标准。

19.2 无障碍性基础

实现 Web 应用程序无障碍的大多数技术通常都是很好的实践，它们使应用程序对所有用户更友好、更容易使用，而不仅限于残疾用户。

在设计应用程序以实现无障碍性时，以下是一些需要牢记的注意事项：

- 使用有效的 HTML。
- 确保所有图像都具有 alt 属性。
- 为所有音频和视频内容添加替代内容。
- 应用程序应该可以在没有鼠标的情况下导航。
- 表单元素应正确标记。
- 色盲患者可以使用该应用程序。

19.2.1 Web 内容无障碍性指南(WCAG)

万维网联盟(W3C)已经开发并维护了一系列文档，这些文档解释了如何使网站无障碍，它们统称为"Web 内容无障碍性指南"(WCAG)。WCAG 是政府要求实现无障碍性的法律标准。

WCAG 有如下四个主要原则：

- **可感知**。所有用户界面元素必须以用户可以接收的方式呈现给用户。例如，图像必须具有可供盲人屏幕阅读器阅读的文本选项。可感知性还包括响应式设计等技术，它确保内容可以以不同的方式呈现，而不会丢失信息或结构。例如，用户界面应该响应移动设备的方向变化(从纵向到横向)以及不同大小的屏幕。
- **可操作**。用户应该能够操作用户界面。例如，所有内容、导航和组件都应该可以使用键盘而不是鼠标。
- **可理解**。用户界面的工作方式必须易于理解。这一原则包括确保在代码中指定了内容所用的语言，为用户界面控件提供适当的标签，并为用户提供帮助。
- **健壮性**。内容必须可供各种设备和用户代理使用，包括辅助技术。决定 Web 内容是否健壮的最重要因素是它是否符合 HTML 标准。例如，虽然可视化的 Web 浏览器可能能够渲染一些运行正常的错误标记，但对于屏幕阅读器等辅助设备来说，解析具有重复属性或缺少结束标记的 HTML 要困难得多，甚至不可能。

由于实施 WCAG 的完整策略超出了本书的讨论范围，完整的文档详见链接[1]，上面还有最新版本标准的快速参考指南。

19.2.2　Web 无障碍计划-无障碍富互联网应用程序(WAI-ARIA)

由 W3C 出版的"Web 无障碍计划-无障碍富互联网应用程序(WAI-ARIA)"文档,定义了让使用辅助技术的人(包括使用屏幕阅读器的人和不能使用鼠标的人)能够访问 Web 应用程序的技术。

ARIA 提供了标准的 HTML 属性,用于识别用户交互功能,并指定它们之间的关系以及它们的当前状态:

- ARIA 的 role 属性可以添加到元素中,向屏幕阅读器指出导航、搜索、标签等地标。
- aria-live 属性可用来告诉屏幕阅读器某些内容已更新。这在动态单页应用程序中尤其重要。
- tabindex 属性允许显式地确定用户界面元素之间的制表顺序。当文档中的元素位置和希望的访问顺序不同时,这非常有用。
- aria-label 和 aria-required 等属性可以用来为屏幕阅读器提供更多关于表单控件的信息。

更多关于 ARIA 的信息详见链接[2]。

19.3　在 React 组件中实现无障碍性

因为 React 应用程序的编译结果是一个标准的 HTML、CSS 和 JavaScript 网页,所以在以 React 构建的用户界面中实现无障碍性可以使用与静态 HTML 文档相同的标准和技术。

但是,由于你使用了 JavaScript 和 JSX 而不是 HTML 来编写 React 组件的输出,因此有一些需要注意的区别。

使用 React 实现无障碍性时需要考虑的主要事项是:

- ARIA 属性
- 语义化的 HTML
- 表单无障碍性
- 管理焦点
- 如何使用媒体查询

19.3.1　React 中的 ARIA 属性

JSX 支持所有 ARIA 属性。与在 JSX 中编写的大多数其他属性不同,ARIA 属性具有多个单词,例如 aria-label,其书写方式与 HTML 相同,只是使用连字符而不是驼峰式命名。

例如，以下 JSX 代码告诉屏幕读取器输入框是必填的，并指定了控件的标签：

```
<input
  type="text"
  aria-label={labelText}
  aria-required="true"
  onChange={onchangeHandler}
  value={inputValue}
  name="name"
/>
```

19.3.2　语义化的 HTML

语义化的 HTML 是指使用 HTML 元素来指示文档中元素的用途或作用。例如，页面的导航应使用 nav 元素编写，而 address 元素应用于标记联系人信息。

当使用语义化的 HTML 元素时，元素的 ARIA 角色是隐含的，这意味着不需要显式定义 ARIA role 属性。要通过辅助技术使页面或应用程序可用，最重要的是编写语义化且有效的 HTML。

因为每个 React 组件都必须返回一个单一的元素，所以在编写 React 时，往往会将组件的返回值封装在一个不必要的 div 元素中，如代码清单 19-1 所示。

代码清单 19-1：使用不必要的 div 元素对元素进行分组

```
function ListItem({ item }) {
  return (
    <div>
      <dt>{item.term}</dt>
      <dd>{item.description}</dd>
    </div>
  );
}
```

这些不必要的元素会让屏幕阅读器感到困惑，尤其是在列表中使用时。例如，代码清单 19-2 中所示的组件使用 ListItem 组件来生成定义列表。

代码清单 19-2：使用不必要的分组元素会导致 HTML 无效

```
function Glossary(props) {
  return (
    <dl>
      {props.items.map(item => (
        <ListItem item={item} key={item.id} />
      ))}
    </dl>
  );
}
```

从代码清单 19-2 返回的 HTML 将在每组术语和描述周围包含一个 div 元素。结果是一个不符合 HTML 标准的定义列表。

当需要在 JSX 中分组元素但不希望在最终 HTML 中出现多余的包装元素时，

可以使用 React. Fragment(或其简写元素)对元素进行分组，如代码清单 19-3 所示。

代码清单 19-3：使用 React. Fragment 删除不必要的 HTML 元素

```
function ListItem({ item }) {
  return (
    <>
      <dt>{item.term}</dt>
      <dd>{item.description}</dd>
    </>
  );
}
```

19.3.3　表单无障碍性

表单输入需要具有可以被屏幕阅读器读取的标签，并与输入明确关联。例如，仅在输入的上方或旁边显示一个标签是不够的，如下所示：

```
<form>
  first name: <input type="text" />
</form>
```

无障碍表单则使用 label 元素和/或 aria-label 属性来标记每个输入字段。JSX 中的 label 元素与 HTML label 元素的用法相同，只是 HTML label 元素中的 for 属性变成了 JSX 中的 htmlFor 属性。

htmlFor 的值应该是相关表单控件中 id 属性的值。代码清单 19-4 显示了一个用 JSX 编写的无障碍表单。

代码清单 19-4：使用 JSX 编写的无障碍表单

```
<form onSubmit={handleSubmit}>
  <label htmlFor="firstName">First Name</label>
  <input id="firstName" type="text" />

  <label htmlFor="lastName">Last Name</label>
  <input id="lastName" type="text" />

  <label htmlfor="emailAddress">Email Address</label>
  <input id="emailAddress" type="email" />

  <button type="submit">Submit</button>
</form>
```

19.3.4　React 中的焦点控制

Web 应用程序应该完全支持通过键盘进行访问和操作。要让应用程序仅使用键盘即可用，一个重要方面是正确地管理焦点。

1. Skip 链接

使用键盘或语音命令导航的用户通常必须使用 Tab 键从页面上的一个交互元素移动到下一个交互元素。对于页面顶部有大量导航元素的应用程序，这可能意味着用户必须通过 tab 键浏览每个元素才能访问页面的主体。为了帮助键盘或屏幕阅读器用户导航到他们想要使用的页面部分，可以实现 Skip Navigation 链接。

Skip Navigation 链接是位于页面顶部的链接，可以是可见的，也可以仅对键盘和屏幕阅读器用户可见。Skip Navigation 链接使用 HTML anchor 对象将焦点移过导航，直接进入页面的主要内容。可以使用链接和一些样式轻松地实现 Skip Navigation 链接，或者可以使用一个预先构建的组件来简化操作。代码清单 19-5 展示了一个 React 组件，它使用 react-skip-nav 组件实现了一个 Skip Navigation 链接，该组件可以从网上(详见链接[3])获得，也可以通过运行 npm install react-skip-nav 获得。

代码清单 19-5：使用 react-skip-nav 实现 Skip Navigation 链接

```
import React from 'react';
import SkipNav from 'react-skip-nav';

import "react-skip-nav/lib/style.css";

const MyComponent = (props) => {
  return (
    <>
      <SkipNav
        id='main-content'
        text='skip to main content'
        targetDomId='main-content'
      />
      <Header/>
      <div id="main-content">
        <MainContent />
      </div>
    </>
  )
}

export default MyComponent;
```

2. 以编程方式管理焦点

当浏览器的焦点从页面的正常数据流中移开，然后返回到页面上时(例如打开和关闭模态对话框时)，即使是使用鼠标的用户也必须手动将焦点返回到打开模态对话框之前使用的表单字段或交互元素上。如果没有适当的焦点管理，键盘导航或屏幕阅读器的用户必须从页面顶部重新开始，逐个移动元素，直至回到焦点转移到模态对话框之前的位置。

可以使用 ref 和 window.focus 方法在关闭模态对话框时将焦点返回到正确的位置。代码清单 19-6 显示了如何打开模态并在模态关闭时将焦点返回到适当的元素。

代码清单 19-6：在关闭模态时管理焦点

```
import ReactDOM from 'react-dom';
import {useState,useRef,useEffect} from 'react';
import './styles.css';

function Modal(props){

  return (
  <>
  {props.isOpen &&
   ReactDOM.createPortal((
    <div className="modalOverlay">
      <div className="modalContainer">
        <div className="modalContent">
          {props.children}
        </div>
      </div>
    </div>)
  ,document.getElementById('modal'))}
  </>
  )
}

function App() {
  const PasswordRef = useRef()
  const[isModalOpen,setModalOpen] = useState(false);

  const toggleModal = () => {
    setModalOpen(()=>!isModalOpen);
  }

  useEffect(() => {
    !isModalOpen && PasswordRef.current.focus()
  }, [isModalOpen]);

  return (
    <>
    <div style={{padding:"60px"}}>
      <label>Choose a Password:<input ref={PasswordRef} /></label>
      <button onClick={toggleModal}>?</button>

      <Modal title="Password Requirements" isOpen={isModalOpen}>
        <p>Your password must contain at least 8 characters,an uppercase letter,
          the name of your pet, your birthday,your child's birthday,the word
          "password" and several sequential numbers.</p>
        <button onClick={toggleModal}>close modal</button>
      </Modal>
    </div>
    </>
  );
}

export default App;
```

19.3.5　React 中的媒体查询

媒体查询会根据浏览器的属性为页面或应用程序提供不同的 CSS。媒体查询最常见的用途是实现响应式设计。

响应式设计是一种使网页和 Web 应用程序适应不同大小设备的技术。除了让应用程序更适用于可视化 Web 浏览器，响应式设计还可以使低视力用户不必水平滚动就能调整用户界面的大小。媒体查询还可以用于检测非可视化浏览器，并为这些设备定制 CSS。

因为 React 组件中的内联样式实际上是 JavaScript，而不是 CSS，所以很难将媒体查询编写为样式模块或使用内联样式来编写。在 React 组件中使用媒体查询的两种常见方法是在组件中包含 CSS 样式表或使用自定义 hook。

1. CSS 中的媒体查询

如果你的 React 工具链被配置为允许导入 CSS 文件(如果使用 Create React App 的话也是这样)，就可以在 React 中使用媒体查询，就像在任何 Web 应用程序中使用它们一样。

代码清单 19-7 显示了如何在 CSS 中使用媒体查询从而以不同的相对视口宽度对 Web 应用程序进行不同的格式化。响应式设计中，样式更改的每个宽度都被称为"断点"。

应该有多少个断点

一个响应式的 Web 应用程序至少应该有一个适用于移动设备和桌面设备的不同设计。虽然移动布局在桌面设备上可以正常运行，但特定于移动设备的用户界面控件(尤其是涉及触摸事件的控件)在桌面计算机上可能无法正常运行。

代码清单 19-7 所示的样例 CSS 的断点粒度已十分细，你甚至可以进一步细化断点，以便为可能介于这些标准断点之间的设备定制 CSS。

许多网站和组织都已经创建了示例媒体查询，你可以将其复制并粘贴到应用程序中。代码清单 19-7 中的内容来自网上(详见链接[4])。

代码清单 19-7：CSS 文件中的响应式媒体查询

```
/* Smartphones (portrait and landscape) - - - - - - - - - - - */
@media only screen and (min- device- width : 320px) and (max- device- width :
480px) {
/* Styles */
}

/* iPads (portrait and landscape) - - - - - - - - - - - */
@media only screen and (min- device- width : 768px) and (max- device- width :
1024px) {
/* Styles */
}
/* Desktops and laptops - - - - - - - - - - - */
@media only screen and (min- width : 1224px) {
/* Styles */
}
```

```
/* Large screens - - - - - - - - - - - */
@media only screen and (min- width : 1824px) {
/* Styles */
}
```

2. 使用 useMediaQuery

useMediaQuery hook 是 react-responsive 库的一部分。要使用它，首先需要使用 npm install react-responsive 安装它，然后将其导入到你的组件中。一旦导入了它，就可以使用 MediaQuery 组件或 useMediaQuery hook。

要使用 useMediaQuery hook，请将查询作为参数传递给它。结果将是一个布尔值，可用于有条件地渲染 JSX。代码清单 19-8 显示了一个使用 useMediaQuery 根据视口大小有条件地渲染四个不同组件之一的示例。

代码清单 19-8：基于媒体查询有条件地渲染子组件

```
import { useMediaQuery } from 'react-responsive'

const Desktop = ({ children }) => {
  const isDesktop = useMediaQuery({ minWidth: 992 })
  return isDesktop ? children : null
}
const Tablet = ({ children }) => {
 const isTablet = useMediaQuery({ minWidth: 768, maxWidth: 991 })
 return isTablet ? children : null
}
const Mobile = ({ children }) => {
  const isMobile = useMediaQuery({ maxWidth: 767 })
  return isMobile ? children : null
}
const Default = ({ children }) => {
  const isNotMobile = useMediaQuery({ minWidth: 768 })
  return isNotMobile ? children : null
}

const Example = () => (
  <div>
    <Desktop>Desktop or laptop</Desktop>
    <Tablet>Tablet</Tablet>
    <Mobile>Mobile</Mobile>
    <Default>Not mobile (desktop or laptop or tablet)</Default>
  </div>
)

export default Example;
```

19.4　本章小结

在设计和实现任何用户界面时，无障碍性都是一个至关重要的元素。它有助于确保尽可能多的用户能够访问和使用你的应用程序。使用 React 实现无障碍性的技术与任何 Web UI 所用的技术都大体相同，但也存在一些重要的技术差异。

在本章中，我们学习了：

- 无障碍性的重要性。
- 主要的无障碍性标准是什么。
- ARIA 属性如何帮助识别用户界面组件。
- 语义化和有效的 HTML 的重要性。
- 如何使表单无障碍。
- 如何在 React 组件中控制焦点。
- 如何实现 React 中的媒体查询。

在下一章中，你将会学到一些额外的工具和资源，它们将会帮助你继续提高专业技能，成为一名更优秀的 React 程序员。

第 **20** 章
高级主题

我已经在这本书中介绍了很多内容，但是你的 React 学习之旅才刚刚开始。React 生态系统是巨大的、活跃的、不断增长的。这意味着开发人员将不断创建新的工具来与 React 一起使用，并改进现有的工具。

在所有的开发活动中，拥有下一步行动指南非常有价值。因此在本章中，我将讨论或扩展一些本书前面章节没有涵盖的主题，为你提供一些发展方向的初步指导。

在本章中，你将学到：

- 关于测试和流行的测试库
- 什么是服务器端渲染
- GraphQL 的用法
- 如何将 GraphQL 与 Apollo 一起使用
- 什么是 Flux 和 Redux
- 什么是 Next.js 和 Gatsby 以及如何使用它们
- 要跟踪哪些组织和人员以了解 React 的最新信息

20.1 测试

测试 React 组件和用户界面的过程与测试任何 JavaScript 应用程序的过程类似，并且有许多自动化测试工具可供选择。如果你使用的是 Create React App，最直接的选择就是使用 Facebook 的 Jest 测试框架，因为 Create React App 会为你安装和配置它。

虽然 Jest 很流行，而且相当不错，但其他工具和库可能会提供你更喜欢的功能或工作方式。你可以选择将这些工具与 Jest 一起使用，或者用来替代 Jest 提供的类似功能。除了 Jest 之外，这里还有一些最流行的 React 测试工具。

20.1.1　Mocha

和 Jest 一样，Mocha 是一个自动化测试框架。但 Mocha 比 Jest 具有更多的配置选项，因此可能需要更多的初始配置。与 Jest 并行运行测试不同，Mocha 测试按顺序运行。与 Jest 不同的是，Mocha 不包含自己的断言库。相反，它通常与 Chai 断言库一起使用，你将在下一节中了解它。

用 Mocha 创建的测试套件看起来与用 Jest 创建的测试套件非常相似。它们都使用一个名为 describe()的函数来创建一个测试套件，并使用一个名为 it 的函数来定义断言(也称为测试)。代码清单 20-1 显示了一个用 Mocha 和 Assert 断言库创建的简单测试套件。

代码清单 20-1：用 Mocha 创建的测试套件

```
const assert = require('assert');
describe('Array', function() {
  describe('#indexOf()', function() {
    it('should return -1 when the value is not present',function(){
      assert.equal([1, 2, 3].indexOf(4), -1);
    });
  });
});
```

20.1.2　Enzyme

Enzyme 是 AirBnB 开发的 React 测试工具。它可以用来代替 React 的内置测试库(你在第 15 章看到过)。Enzyme 提供了一套接口，用于选择和操作组件输出中的节点，类似于 jQuery 操作 DOM 元素的方式。使用 Enzyme，你可以使用熟悉的 CSS 样式选择器来定位想要测试的节点。Enzyme 使得遍历和检查应用程序 React 组件输出的元素变得更容易，而这是 React 应用程序单元测试的重要组成部分。

要使用 Enzyme，首先要使用其三种渲染方法之一来渲染组件：

- shallow：渲染单个组件。shallow 方法最常用于单元测试，在单元测试中，重要的是要确保不会间接地测试子组件的行为。
- mount：渲染组件并将其挂载到 DOM 中。mount 方法通常与 jsdom 等浏览器模拟器一起使用。Jsdom 是一个完全运行在 JavaScript 中的"无头"浏览器。可使用 mount 测试高阶组件和与 DOM 交互的组件。
- render：从组件中渲染静态 HTML。你可以使用 render 方法来测试组件返回的 HTML 结构。

Enzyme 包含了许多功能，包括 find 方法，这是一种简单的方法，用于定位并选择组件中的元素。find 方法取代了 ReactDOM 测试实用程序中的几个函数，包括 findRenderedDOMComponentWithClass 、 findRenderedDOMComponentWithTag 和 findRenderedComponentWithType。

　　代码清单 20-2 显示了如何使用 shallow 方法来渲染组件，以及如何使用 find 方法来定位其中的节点。渲染组件并使用 find 进行选择后，可以使用断言库(如本例中的 Chai)测试所选节点。

代码清单 20-2：使用 Enzyme 渲染和查找节点

```
import React from 'react';
import { expect } from 'chai';
import { shallow } from 'enzyme';

import MyComponent from './MyComponent';
import Foo from './Foo';

describe('<MyComponent />', () => {
  it('renders three <Foo/> components', () => {
    const wrapper = shallow(<MyComponent />);
    expect(wrapper.find(Foo)).to.have.lengthOf(3);
  });
});
```

20.1.3　Chai

　　Chai 是一个断言库。断言库通常与测试框架、测试库一起使用，用于声明测试中期望的结果。Chai 常与 Mocha、Enzyme 一起使用，但也可以与 Jest 一起使用。

　　Chai 有三种不同的断言方式：

- Assert
- Expect
- Should

1. Assert

　　assert 样式类似于 Node.js 自带的 assert 函数。它使用 assert 函数，后跟一个 matcher 函数，如代码清单 20 - 3 所示。

代码清单 20-3：使用 Chai 的 assert 方法

```
const assert = require('chai').assert;
let foo = 'bar';
const beverages = { tea: [ 'chai', 'matcha', 'oolong' ] };

assert.typeOf(foo, 'string'); // without optional message
assert.typeOf(foo, 'string', 'foo is a string');
// with optional message
assert.equal(foo, 'bar', 'foo equal `bar`');
assert.lengthOf(foo, 3, 'foo`s value has a length of 3');
assert.lengthOf(beverages.tea, 3, 'beverages has 3 types of tea');
```

2. Expect

Expect 通常用于行为驱动开发(BDD)。它使用一系列函数来生成一个断言，该断言类似于用英语描述测试的方式。代码清单 20-4 显示了使用 expect 的示例。

代码清单 20-4：使用 Chai 的 expect 方法

```
const assert = require('chai').assert;
let foo = 'bar';
const beverages = { tea: [ 'chai', 'matcha', 'oolong' ] };

expect(foo).to.be.a('string');
expect(foo).to.equal('bar');
expect(foo).to.have.lengthOf(3);
expect(beverages).to.have.property('tea').with.lengthOf(3);
```

3. Should

should 方法使用 should 属性扩展每个对象，该属性启动一个与 expect 使用的链类似的链。代码清单 20-5 显示了用 should 编写的断言示例。

代码清单 20-5：使用 Chai 的 should 方法

```
const should = require('chai').should();
//actually call the function
let foo = 'bar';
const beverages = { tea: [ 'chai', 'matcha', 'oolong' ] };

foo.should.be.a('string');
foo.should.equal('bar');
foo.should.have.lengthOf(3);
beverages.should.have.property('tea').with.lengthOf(3);
```

4. Karma

Jest 和 Mocha 都在 Node.js 中运行，可以使用模拟 Web 浏览器测试代码。然而，即使是最好的模拟 Web 浏览器也不能与真正的浏览器相提并论，而且 React 代码在 Firefox 中的运行方式有可能与其在 Android 设备上 Chrome 中的运行方式不完全一样。

而 Karma 是一个在真实浏览器中测试 JavaScript 代码的工具。它的工作原理是启动 HTTP 服务器，然后将你编写的测试加载到指定的浏览器列表中。然后，Karma 会报告在每个浏览器中运行每个测试的结果。

5. Nightwatch.js

Nightwatch 是一个端到端的测试工具。端到端测试的思想是从用户的角度测试场景。而 Nightwatch 用于控制 Web 浏览器模拟用户的行为。

代码清单 20-6 显示了一个示例测试套件(来源详见链接[1])，它打开 Ecosia 搜索引擎，搜索"nightwatch"，并检查第一个结果是否为 nightwatchjs.org 网站。

代码清单 20-6：Nightwatch 测试套件

```
module.exports = {
  'Demo test ecosia.org' : function(browser) {
  browser
    .url('https://www.ecosia.org/')
    .waitForElementVisible('body')
    .assert.titleContains('Ecosia')
    .assert.visible('input[type=search]')
    .setValue('input[type=search]', 'nightwatch')
    .assert.visible('button[type=submit]')
    .click('button[type=submit]')
    .assert.containsText('.mainline-results', 'Nightwatch.js')
    .end();
  }
};
```

20.2   服务器端渲染

大多数情况下，React 在 Web 浏览器中运行，并通过操作 DOM 来管理组件的渲染和更新。然而，因为 React 组件只是 JavaScript 函数，所以它们也可以在其他 JavaScript 引擎内部运行。服务器端 React 会运行 React 组件以生成静态文件，当首次请求 React 用户界面时将这些文件发送到 Web 浏览器。结果是页面的初始渲染速度更快，因为它不必在用户的浏览器中进行。

服务器端渲染则是在服务器上 (通常在 Node.js 服务器中) 有一个 ReactDOMServer 库的实例，并使用其渲染方法之一来生成静态 HTML。ReactDOMServer 有以下四种渲染方法可供选择，具体取决于你的需求。

- renderToString：将应用程序渲染为静态 HTML 字符串。在浏览器内部，可以使用 ReactDOM.hydrate 方法将这个 HTML 字符串转换为一个正常运行的 React 用户界面。

- renderToStaticMarkup：将应用程序渲染为静态 HTML，不包含 React 通常添加到 HTML 的属性。结果是一个较小的文件，但无法使用 ReactDOM.hydrate 进行交互。可以使用 renderToStaticMarkup 创建静态文件服务器。

- renderToNodeStream：返回与 renderToString 相同的 HTML，但编码为 Node Stream 而不是字符串。

- renderToStaticNodeStream：返回与 renderToStaticMarkup 相同的 HTML，但格式化为 Node Stream。

20.2.1　Flux

　　Flux 是用于管理应用程序中数据的模式。使用 Flux 模式，数据被保存在用户界面组件可以订阅的存储中。当组件订阅的存储发生变化时，用户界面组件(也称为视图)获取新数据并使用这些新数据进行更新。

　　更改存储中的数据是使用操作完成的，这些操作是为响应视图中的事件而调度的。Flux 应用程序中的所有数据都是单向流动的。图 20-1 显示了基本的 Flux 模式。

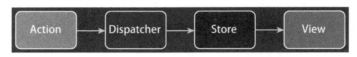

图 20-1　Flux 模式

20.2.2　Redux

　　随着用户界面变得越来越大，最好将其中的部分数据或全部数据集中起来，而不是将状态变量分散在整个组件中。

　　Redux 是一个库，用于管理实现了 Flux 模式的 React 应用程序中的状态。Redux 将应用程序中的状态数据集中到单个状态树中。通过调度"操作"，可以从组件内部修改此状态树。反过来，这些操作触发名为 reducers 的纯函数，从而更新 Redux 状态树。图 20-2 显示了 Redux 应用程序中的数据流。

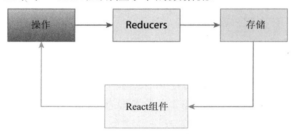

图 20-2　Redux 应用程序中的数据流

　　使用了 Redux 的 React 应用程序只有一个包含所有数据的对象。此对象被称为 Redux 存储。可以使用 createStore 方法创建存储。createStore 方法接收一个名为 reducer 的函数形参作为其参数。reducer 包含可用于处理存储中数据的所有方法。

　　下面是一个简单计数器应用程序的 reducer 函数示例：

```
const counterReducer = (state = 0, action) => {
  switch (action.type) {
    case 'INCREMENT':
      return state + 1
    case 'DECREMENT':
      return state - 1
    default:
      return state
  }
}
```

要创建一个存储，需要将 reducer 函数传入 Redux 的 createStore 函数中，如下所示：

```
import { createStore } from 'redux';

const store = createStore(counterReducer)
```

reducer 的 switch 语句中的每个 case 分支都对应一个操作，该操作可以被调度以响应用户界面中的事件。

Redux 中的操作是一个 JavaScript 对象，它具有一个类型和一个可选的有效负载。例如，在一个 Redux 计数器应用程序中，单击 Increment 按钮不会调用 setState 函数。相反，它会触发 Redux 调度程序(这是 store 对象的一个方法)，并向其传递一个 action 对象：

```
<button onClick={() => store.dispatch({ type: 'INCREMENT' })}>
  +
</button>
<button onClick={() => store.dispatch({ type: 'DECREMENT' })}>
  -
</button>
```

存储的 reducer 函数接收 action 对象并使用其 type 属性来决定如何更改存储。更改存储会导致应用程序重新渲染。

综上所述，代码清单 20-7 显示了一个完整的 Redux 计数器示例。

代码清单 20-7：Redux 计数器

```
import React from 'react'
import ReactDOM from 'react-dom'
import { createStore } from 'redux'

const counterReducer = (state = 0, action) => {
  switch (action.type) {
    case 'INCREMENT':
      return state + 1
    case 'DECREMENT':
      return state - 1
    default:
      return state
  }
}

const store = createStore(counterReducer)
const rootEl = document.getElementById('root')
const Counter = (props)=>{

  return (
    <p>
      Clicked: {props.value} times
      <button onClick={props.onIncrement}>
        +
      </button>
      <button onClick={props.onDecrement}>
        -
```

```
        </button>
      </p>
  )
 }
const render = () => ReactDOM.render(
  <Counter
    value={store.getState()}
    onIncrement={() => store.dispatch({ type: 'INCREMENT' })}
    onDecrement={() => store.dispatch({ type: 'DECREMENT' })}
/>,
  rootEl
)

render()
store.subscribe(render)
```

如果这个例子看起来很复杂，那是因为它确实如此。Redux 不适用于如此简单的应用程序。然而，即使对于较大的应用程序，Redux 往往涉及的复杂性也超过了必要的程度。

20.2.3　GraphQL

GraphQL 是 API 的查询语言。通过在服务类型上定义 type 和 field 来创建 GraphQL 服务。例如，你可能有一个名为 User 的类型，如下所示：

```
type User {
  id: ID
  fname: String
  lname: String
}
```

GraphQL 服务器接收请求并向客户端应用程序返回 JSON 数据。以下是 GraphQL 查询的示例：

```
{
  user(id:"1") {
    fname
    lname
  }
}
```

上述查询的响应可能如下所示：

```
{
  "data": {
    "user": {
      "fname": "Chris",
      "lname": "Minnick"
    }
  }
}
```

因为 GraphQL 查询与返回的数据具有相同的样式，所以 GraphQL 是一种比使用 REST 更具声明性的获取远程数据的方式。

20.2.4 Apollo

与 Redux 一样，Apollo 也是一个状态管理库。与 Redux 不同，Apollo 支持同时管理本地和远程数据。Apollo 有一个 client 组件，用于与远程 GraphQL 服务器交互以获取数据，还有一个 provider 组件，它使 React 应用程序中的组件可以访问数据。

使用 Apollo 的第一步是拥有一个要连接的 GraphQL 服务器。这是使用 GraphQL 和 Apollo 过程中最复杂的部分。你可以按照 Apollo 网站上关于如何创建 GraphQL 服务器的教程来创建自己的 GraphQL 服务器，详见链接[2]。

一旦有了 GraphQL 服务器，就可以使用 Apollo 客户端连接它。代码清单 20-8 显示了如何创建 Apollo 客户端。

代码清单 20-8：创建 Apollo 客户端

```
import { ApolloClient, InMemoryCache } from '@apollo/client';

const client = new ApolloClient({
  uri: 'https://my.graphql.server',
  cache: new InMemoryCache()
});
```

要将 Apollo 客户端连接到 React 应用程序，可以使用 ApolloProvider 组件，如代码清单 20-9 所示。

代码清单 20-9：使用 ApolloProvider 组件

```
import React from 'react';
import { render } from 'react-dom';
import { ApolloClient, InMemoryCache } from '@apollo/client';
import { ApolloProvider } from '@apollo/client/react';
const client = new ApolloClient({
  uri: 'https://my.graphql.server',
  cache: new InMemoryCache()
});

function App() {
  return (
    <div>
      <h2>My first Apollo app</h2>
    </div>
  );
}

render(
  <ApolloProvider client={client}>
    <App/>
  </ApolloProvider>,
  document.getElementById('root'),
);
```

20.2.5 React Native

React Native 是一个使用 React 创建原生移动应用程序的框架。React Native 的用法与 React 相同：组件是返回 JSX 的 JavaScript 函数或类。React 和 React Native 的区别在于 React Native 不对 HTML DOM 进行操作。相反，React Native 组件返回映射到移动用户界面构建块(如文本、视图和图像)的 JSX 元素。第 4 章中详细探讨了 React Native。

20.2.6　Next.js

Next.js 是一个 React 开发 Web 框架，类似于 Create React App。像 Create React App 一样，Next.js 有助于你快速上手 React 应用程序，并提供了将在应用程序整个开发和构建过程中使用的工具。

就功能而言，Next.js 和 Create React App 之间的两个主要区别是：

- Next.js 比 Create React App 提供了更多的配置。
- Next.js 支持服务器端渲染。Create React App 可以配置为支持服务器端渲染，但默认情况下不支持。

20.2.7　Gatsby

Gatsby 是一个静态网站生成器。它预渲染 React 用户界面并预获取服务器上的数据，这使得客户端上的网站渲染速度更快。除了速度之外，为浏览器提供静态页面的另一个好处是，静态页面可能更容易被搜索引擎访问，这意味着静态网站将获得更高的搜索引擎排名。由于静态网站不需要通过浏览器与服务器或数据库进行交互，因此它们通常更加安全，减少了恶意脚本以及未经授权的用户访问或修改数据的机会。

20.3　需要关注的人

考虑到 React 开发者社区的活跃程度以及 React 的受欢迎程度，了解最新的开发情况非常重要。Twitter 是了解 React 社区中有关 React 最新消息和趋势的好地方。以下是推荐你关注的 React 和 JavaScript 开发人员和组织的列表。

- React News(@ReactExpo)：提供 ReactJS 和 React Native 新闻、模板和工作机会。
- Rectiflux(@reactiflux)：由超过 147 000 名 React 和 React Native 开发者组成的聊天社区。
- Andrew Clark(@acdlite)：Facebook 的 ReactJS 开发者。Redux 的联合创始人。
- ReactJSNews(@ReactJSNews)：最新的 ReactJS 消息和文章。
- React(@reactjs)：ReactJS 的官方推特账号。

- ReactNewsletter(@reactnewsletter)：免费的每周时事通信，包括最新的 React 新闻、教程、资源等。
- Becca Bailey(@beccaliz)：Formidable 实验室的工程经理。
- MadeWithReactJS(@mmadewith_react)：使用 ReactJS 创建的项目集合。
- Jessica Carter(@jesss_codes)：自由职业软件工程师，经常在推特上发布关于 React 的内容。
- Dan Abramov(@dan_abramov)：Facebook 的软件工程师。Redux 和 Create React App 的联合创始人。
- Mark Dalgleish(@markdalgleish)：React 开发者和 CSS 模块的共同创建者。
- John-David Dalton(@jdalton)：JavaScript 开发者和 Lodash 库的创建者。
- Sean Larkin(@TheLarkinn)：Webpack 开发者。

20.4 有用的链接和资源

当你在 React 方面遇到问题或者需要帮助时，很可能其他人也遇到过类似的问题，通过快速搜索就能找到解决方案。如果你遇到了一个新问题，寻求帮助是很正常的，并且你的问题可能会帮助到其他人。开源社区之所以蓬勃发展，是因为用户之间相互帮助，而且随着你的经验积累，你很快也能够解决其他人提出的问题。以下是一些寻求 React 编程帮助的最佳场所：

- Stack Overflow：Stack Overflow 是第一个要查看的地方，也是最有可能找到答案的地方。解决与 reactjs 有关的问题，详见链接[3]。
- Reddit 的 React 社区：虽然不太可能在 Reddit 上找到特定问题的答案，但这里有很多有趣的讨论或项目，详见链接[4]。
- Dev.to：Dev.to 上的 react 标签是一个活跃的场所，可以在其中找到关于 React 和相关主题的文章和教程链接，详见链接[5]。
- Facebook 上的 React 社区：React 是由 Facebook 创建的，因此在 Facebook 上有一个活跃的 React 社区是合乎逻辑的。事实上，情况并非如此，但关注 React Facebook 社区是了解 Facebook 发布的与 React 相关公告的好方法。
- Reactiflux：Reactiflux 网站和在线聊天室(详见链接[6])都是学习 React 以及获取帮助的绝佳资源。
- Hashnode：Hashnode 是另一个拥有活跃 React 社区的网站，详见链接[7]。

20.5 本章小结

你已经阅读完了本书，希望你已很好地理解了 ReactJS 的基础知识。但学习永无止境，希望本章的简短总结能让你的 React 学习更上一层楼。

在本章中，我们学习了：

- 一些流行的测试库和框架。
- 什么是服务器端渲染。
- 什么是 GraphQL 和 Apollo。
- 关于 Next.js 以及它与 Create React App 的比较。
- 使用 Gatsby 生成静态站点。
- 在 Twitter 上关注谁。
- 获取 React 帮助的一些资源。

所有的 React 开发者都受益于庞大的 React 社区。现在你已经有了坚实的 React 知识基础，继续学习并积极壮大 React，让我们共同努力营造良好的社区氛围，不断地回馈社区。回馈的方式包括在 Stack Overflow 和其他地方回答 React 问题，为开源项目做出贡献，向他人教授 React，或写一本书。祝你好运！